II. Kühlungsborner Kolloquium

PHILOSOPHISCHE UND ETHISCHE PROBLEME DER MODERNEN GENETIK

Veranstaltet von der Gesellschaft für reine und angewandte Biophysik der DDR, der Forschungsgruppe Mikrobengenetik der Sektion Biologie der Universität Rostock und der Sektion Marxistisch-Leninistische Philosophie der Humboldt-Universität Berlin

Herausgegeben von
E. GEISSLER und H. LEY
bearbeitet von
S. SCHERNECK und H. PÖCHE

AKADEMIE-VERLAG · BERLIN 1972

Verantwortlich für die Herausgabe des Tagungsberichtes:

Prof. Dr. Erhard Geissler, Berlin
Prof. Dr. Hermann Ley, Berlin

Verantwortlich für die redaktionelle Bearbeitung des Tagungsberichtes:

Dr. Siegfried Scherneck, Berlin
Dipl. Biol. Hubert Pöche, Berlin

Erschienen im Akademie-Verlag GmbH, 108 Berlin, Leipziger Str. 3—4

Lizenznummer: 202 · 100/522/72
Offsetdruck und buchbinderische Verarbeitung:
VEB Druckerei „Thomas Müntzer", 582 Bad Langensalza
Bestellnummer: 5934 · ES 18 G 1
EDV-Nr.: 7615985
Printed in German Democratic Republic

INHALTSVERZEICHNIS

GELEITWORT

Die großartigen Erkenntnisse der Molekulargenetik bringen uns eine noch vor kurzem kaum vorstellbare Vertiefung und lebensbejahende Nutzungsmöglichkeit unseres Wissens über viele Lebensvorgänge. Aber wie jedes Wissen läßt sich auch dieses zum Schaden der Menschheit anwenden, und kommende Gefahren einer genetischen Manipulation des Menschen sind wahrscheinlich nicht weniger groß als die einer atomaren Vernichtung.

Das ist jedoch kein Grund, die Erkenntnissuche zu unterlassen. Wohl aber gehört es in den Verantwortungsbereich des Wissenschaftlers, gewissenhaft die Folgen zu prüfen, die sich aus der Anwendung neuen Wissens ergeben können. Diese Verantwortung kann nur übernehmen, wer mehr als nur sein spezielles Fachgebiet übersieht und wer seinen sicheren Standpunkt in einer die Zukunft des Menschen sichernden Gesellschaftsordnung hat.

Das Gespräch und die enge Zusammenarbeit zwischen Natur- und Gesellschaftswissenschaftlern ist hierzu unerläßlich. Wir stehen damit erst am Anfang, und sicher gibt es zunächst noch Verständigungsschwierigkeiten. Sie zu beheben bedarf es der offenen und lernbereiten Diskussion; das Kühlungsborner Kolloquium im Oktober 1970 über philosophische und ethische Probleme der modernen Genetik sollte dazu seinen Beitrag liefern. Es ist notwendig, Gespräche dieser Art fortzusetzen; darum werden die Ergebnisse des Kolloqiums mit diesem Berichtsband einer breiteren Öffentlichkeit zugänglich gemacht. Er zeigt ehrlichen Willen - und die Größe der noch vor uns liegenden Aufgaben.

M. STEENBECK

VORWORT DER HERAUSGEBER

Hiermit legen wir die Vorträge und Diskussionsbemerkungen vor, die auf dem II. Kühlungsborner Kolloqium über "Philosophische und ethische Probleme der modernen Genetik" gehalten wurden. Das Kolloqium war von der "Gesellschaft für reine und angewandte Biophysik der DDR" in Zusammenarbeit mit der Forschungsgruppe Mikrobengenetik der Sektion Biologie der Universität Rostock und Mitgliedern der Sektion Marxistisch-leninistische Philosophie der Humboldt-Universität Berlin im Oktober 1970 im Ostseebad Kühlungsborn unter Beteiligung von mehr als einhundert Natur- und Gesellschaftswissenschaftlern an Anwesenheit mehrerer Kunstschaffender veranstaltet worden. Besonderes Gewicht gewann das Kolloquium durch die Teilnahme von Prof. R. ROMPE, Mitglied des Zentralkomitees der Sozialistischen Einheitspartei Deutschlands, Prof. M. STEENBECK, Vorsitzender des Forschungsrates der DDR und Prof. H. STUBBE, Ehrenpräsident der Deutschen Akademie der Landwirtschaftswissenschaften zu Berlin.

Hauptanliegen der Veranstalter war es, erstmalig eine größere Zahl von Molekularbiologen und anderen Naturwissenschaftlern mit Gesellschaftswissenschaftlern in eine gemeinsame Diskussionsrunde einzubeziehen, um die allgemein interessierenden philosophischen und ethischen Probleme der Molekularbiologie zu diskutieren. Das Bedürfnis an einer Klärung derartiger Probleme erhellt ja nicht zuletzt aus der Tatsache, daß im gleichen Jahr von der Redaktion der Zeitschrift "Woprossy filosofii" und vom Institut für Medizinische Genetik der Akademie der Medizinischen Wissenschaften der UdSSR ein Rundtischgespräch über "Philosophische, soziale und ethische Probleme der Humangenetik" veranstaltet wurde. Außerdem wies Prof. M. STEENBECK in der Zeit der Vorbereitung unseres Kolloqiums auf der 22. Tagung des Staatsrates der Deutschen Demokratischen Republik auf die Notwendigkeit hin, daß sich die Gesellschaftswissenschaftler mit solchen ethischen Problemen beschäftigen, wie sie sich beispielsweise aus den jüngsten Entwicklungen auf dem Gebiet der modernen Genetik ergeben.

Die in Kühlungsborn gehaltenen Vorträge sind - mit Ausnahme der in einer Spezialsitzung vorgetragenen Referate, die die eigentliche Thematik des Kolloqiums nur am Rande berührten - im Folgenden im Wortlauf, die Diskussionbemerkungen in gekürzter Form wiedergegeben. Wir sind uns klar darüber, daß in der Veröffentlichung Bemerkungen enthalten sind, die nicht immer den Meinungen aller Leser entsprechen werden und deshalb auch auf einen gewissen Widerspruch stoßen dürften. Aber es war ja gerade der Sinn unseres gemeinsamen Kolloqiums und soll auch die Aufgabe dieses Berichtsbandes sein, eine allgemeine, umfassende, sachliche, nüchterne, emotionsfreie Diskussion über Fragen zu beginnen, um deren Beantwortung wir zum Teil schon in unmittelbarer Zukunft nicht mehr herumkommen. Und zu diesem Meinungsstreit, zur Fortführung des in Kühlungsborn begonnenen Gesprächs soll dieser Band in erster Linie anregen.

Allerdings sehen wir uns leider außerstande, einen Diskussionsbeitrag ganz besonderer Art in den vorliegenden Bericht mit aufzunehmen: Das Opernensemble des Landestheaters Dessau führte entgegenkommenderweise ausführliche szenische Ausschnitte aus der Gegenwartsoper "Die zweite Entscheidung" vor. In dieser Oper behandeln die Herren Ingo und Udo ZIMMERMANN das Problem der Verantwortung des Wissenschaftlers am Beispiel eines Molekularbiologen, dem es zusammen mit seinen Mitarbeitern gelingt, ein Gen zu isolieren und der sich angesichts eines möglichen Mißbrauchs seiner Entdeckung vor die Frage gestellt sieht, ob er das Ergebnis seiner Forschungen bekanntgeben darf. Die - trotz unzulänglicher technischer örtlicher Voraussetzungen - sehr gelungene Darbietung löste anschließend eine stundenlange lebhafte und fruchtbare Diskussion zwischen den Küstlern einschließlich des Librettisten I. ZIMMERMANN und den Teilnehmern des Kolloqiums aus, die für Künstler, Natur- und Gesellschaftswissenschaftler gleichermaßen anregend war.

Abschließend ist es den Herausgebern eine angenehme Pflicht, all denen herzlich zu danken, die bereit waren, ihre Gedanken zu diesem aktuellen Thema auf dem II. Kühlungsborner Kolloqium darzulegen. Unser besonderer Dank gilt allen Mitarbeitern, die an der Vorbereitung, Durchführung und Auswertung beteiligt waren, insbesondere der ehemaligen Forschungsgruppe Mikrobengenetik der Sektion Biologie der Universität Rostock, jetzt Abteilung Somatische Zellgenetik des Forschungszentrums für Molekularbiologie und Medizin der Deutschen Akademie der Wissenschaften zu Berlin-Buch, den Herren S. SCHERNECK, H. SCHLECHTE und M. THEILE. Gleiches gebührt auch Herrn G. LEPS von der Sektion

Marxistisch-leninistische Philosophie der Humboldt-Universität zu Berlin und dem Sekretariat der Gesellschaft für reine und angewandte Biophysik der DDR, Frau A. KOLLAT und Frau M. KOCH.

Schließlich möchten wir an dieser Stelle auch denjenigen Tagungsteilnehmern unseren herzlichsten Dank aussprechen, die sich an der Blutspenderaktion beteiligt haben, zu der wir im Eröffnungsvortrag aufgerufen hatten.

E. GEISSLER H. LEY

EINFÜHRUNG

ERHARD GEISSLER

Sektion Biologie, Forschungsgruppe Mikrobengenetik der Universität Rostock

Kaum eine andere naturwissenschaftliche Disziplin hat in den vergangenen Monaten und Jahren eine derart stürmische Entwicklung genommen wie die Molekulargenetik. Lassen Sie mich das nur durch die Aufzählung einiger besonders spektakulärer molekulargenetischer Befunde belegen, die in jüngster Zeit erhoben werden konnten:

Erstmalig konnte biologisch aktive Nukleinsäure - je eines DNS- und RNS-Virus - in vitro synthetisiert werden.

Erstmalig gelang die Isolierung und Darstellung eines einzelnen Gens.

Erstmalig konnte ein bestimmtes Gen in vitro synthetisiert werden.

In Proto- und Eukaryoten gelang der Nachweis und die Teilaufklärung einer Vielzahl intrazellulärer Reparaturmechanismen, mit deren Hilfe Schäden des genetischen Materials ausgebessert werden.

Es konnten verschiedene Verfahren zur Sequenzanalyse von Nukleinsäuren ausgearbeitet werden, wodurch tiefere Einblicke in die Mechanismen der Informationsspeicherung und -abgabe gewonnen werden können.

Erste biologisch aktive Proteine konnten in vitro totalsynthetisiert werden.

Es konnte eine Reihe von Methoden ausgearbeitet werden, die es erlauben, mit menschlichen und tierischen Zellen in vitro so zu arbeiten, als wären es Mikroorganismen. Dabei gelang unter anderem die Hybridisierung somatischer Zellen in vitro, sogar von Zellen sehr verschiedener Spezies.

All diese Befunde, deren Verzeichnis sich noch beträchtlich vergrößern ließe, vermitteln uns ganz entscheidende Einblicke in die molekularen Grundlagen der Lebensprozesse und qualifizierten damit die Molekulargenetik zur biologischen Schlüsseldisziplin. Gleichzeitig liefern sie der marxistisch-leninistischen Philosophie eine Fülle von

Material. Unter anderem bieten sie zahlreiche neue Belege für die Wahrhaftigkeit der marxistischen Dialektik und damit zugleich für die Wahrhaftigkeit unserer materialistischen Weltanschauung.

Ferner bieten sie reiches Material für die Präzisierung, sowie für eine Erweiterung der allgemeinen Definition des Materiebegriffes. In diesem Zusammenhang ist es nur zu natürlich, daß wir uns, zumal wir im Ausgang des LENIN-Jahres tagen, mittelbar und unmittelbar auch mit dem Werk LENINs beschäftigen, unter anderem - ausgehend von einem Beitrag von FUCHS-KITTOWSKI - mit der LENINschen Hypothese von der Widerspieglung als allgemeiner Eigenschaft der Materie.

Schließlich stellt die moderne Genetik, deren rasante Entwicklung sich ja unmittelbar vor unseren Augen vollzieht, einzigartiges Material zur Untersuchung der Entwicklungsprobleme der modernen Wissenschaft, sowie zur Ausarbeitung der systematischen Heuristik bereit. Hierzu stehen ja, abgesehen von zahlreichen Einzelbeiträgen, zwei inhaltsschwere einschlägige Quellenwerke zur Verfügung:

WATSONs "Doppelhelix" und die sogenannte DELBRÜCK-Festschrift "Phage and the Origins of Molecular Biology" (CAIRNS, STENT, WATSON), die 1972 in deutscher Übersetzung im Akademie-Verlag erscheint.

Andererseits wird seitens der marxistisch-leninistischen Philosophen immer wieder der Anspruch geltend gemacht, sie könnten dem Fachwissenschaftler, also beispielsweise dem Genetiker, Denkanregungen für seine weitere Arbeit vermitteln, sowohl hinsichtlich der Wertung bereits erhobener Befunde, wie auch bei der Konzipierung neuer Zielstellungen und geeigneter Lösungswege. Sicherlich wird jeder Fachwissenschaftler für derartige Anregungen äußerst dankbar sein - aber kommen derartige Anregungen tatsächlich? Zum Beispiel in der modernen Genetik? Setzt das nicht vielmehr einen sehr tiefen, im Regelfall nur dem Spezialisten möglichen Einblick in die jeweilige spezifische Materie voraus? Sollte man nicht vielleicht eher dann Erfolge erwarten, wenn man den angehenden und den fertigen Fachwissenschaftler gründlich und gezielt in marxistisch-leninistischer Philosophie ausbildet?

Derartige und ähnliche Fragen können natürlich vor allem dann einigermaßen effizient diskutiert und beantwortet werden, wenn sich Philosophen und Fachwissenschaftler gemeinsam zusammenfinden und sich im direkten Gespräch um eine Bewältigung dieser Probleme bemühen. Außerdem kann bei einer derartigen direkten Begegnung - wie sie mit unserem II. Kühlungsborner Kolloqium für das Gebiet der Genetik in unserer Republik in diesem Rahmen wohl erstmalig arrangiert wird - seitens der Fachwissenschaftler stets auf die noch bestehenden, noch nicht überwundenen Grenzen unserer heutigen Erkenntnis hingewiesen und so von vornherein vermieden werden, daß Befunde, die zwar aufregend, aber nicht reproduzierbar sind, zum Ausgangspunkt für philosophische Interpretationen herangezogen werden. Aus der einleitend gegebenen lückenhaften Aufzählung spektakulärer Ergebnisse der Molekulargenetik darf ja doch keinesfalls geschlossen werden, daß nun alles gelöst sei! Denken wir nur daran, daß vor allem dank der jüngsten Auffindung von Bakterienmutanten, denen das Enzym DNS-Polymerase fehlt, das Problem der Replikation des genetischen Materials wieder völlig offen ist; daß sich der Mechanismus der Proteinsynthese als immer komplizierter erweist, als Prozeß, an dem mindestens 150 verschiedene - ihrerseits wieder genetisch kontrollierte - Faktoren beteiligt sind; daß erste Ergebnisse von Nukleotidsequenzanalysen deutlich machen, daß es mit der Entschlüsselung des Triplettkodes noch längst nicht getan ist und daß man nun aufklären muß, wie einerseits die offenbar hochspezifische Sekundärstruktur der Messenger-RNS die spezifische Erkennung und Unterscheidung synonymer Kondons beeinflußt, und wie andererseits die spezifische Erkennung einzelner Transfer-Ribonukleinsäuren durch Aminoazyltransfer-RNS-Synthetasen erfolgt. Schließlich ist, vor allem im Zusammenhang mit der Entdeckung RNS-abhängiger DNS-Polymerasen in den Partikeln onkogener Viren erneut die Diskussion über eine mögliche Rolle der RNS als stabiler Erbträger auch in eukaryotischen Systemen aufgeflackert. Wir wollen uns aber hier in Kühlungsborn zumindest während des Hauptteiles unserer Diskussion nicht mit strittigen, ungelösten fachwissenschaftlichen Problemen beschäftigen, sondern sollten bei unseren Erörterungen nur von solchen Befunden ausgehen, die zumindest von der Mehrzahl der Fachleute als gesicherte Fakten gewertet werden.

Dabei dürfen ein derartiges gemeinsames Gespräch zwischen Fachwissenschaftlern und Philosophen auch nützlich sein, um diese oder jene Fehlinterpretation zu korrigieren bzw. um überhaupt die Möglichkeit von Fehlinterpretationen von vornherein auszuschließen. Wir haben ja gerade auf dem Gebiet der Genetik erlebt, wie sich eine leichtfertige, oberflächliche Wertung wissenschaftlicher Fakten unter bestimmten ungünstigen Umständen außerordentlich nachteilig für die Entwicklung des entsprechenden Fachgebietes auswirken kann und sich auch auf die Beziehungen zwischen Fachwissenschaftlern und Philosophen negativ auswirkt.

Nun hat diese stürmische Entwicklung der modernen Genetik aber noch einen ganz anderen Aspekt, der auch im Thema unserer Konferenz zum Ausdruck kommt: die ethisch-moralische Problematik. Dies resultiert vor allem aus drei Problemkreisen.

Erstens können die Erkenntnisse der modernen Genetik - wie ja die Ergebnisse jeder naturwissenschaftlich-technischen Entwicklung überhaupt - nicht nur zum Nutzen des Menschen angewendet, sondern auch schrecklich mißbraucht werden. Dabei liegt vor allem die mögliche Verwendung derartiger Ergebnisse bei der Entwicklung biologischer Waffen besonders nahe - wir werden uns hier ausführlich auch mit dieser Problematik auseinandersetzen.

Weniger direkt sind wir mit der Problematik einer verantwortungslosen, barbarischen Menschenzüchtung oder einer entsprechenden mißbräuchlichen Anwendung genetischer Erkenntnisse konfrontiert, obwohl gerade diese Problematik besonders seit der Veröffentlichung des berühmten CIBA-Symposions über "Man and his Future" (WOLSTENHOLME) vor allem von einer gewissen Sensationspresse immer wieder hochgespielt wurde.

Zweitens liegt eine Anwendung der neuen Erkenntnisse auf den Bereich der Humanmedizin auf der Hand. Immer mehr Symptome und Syndrome erweisen sich als genetisch kontrolliert. Auch bei den bösartigen Geschwülsten, die in der Todesursachenstatistik fast auf der ganzen Welt an zweiter Stelle rangieren, wird eine ursächliche Schädigung des genetischen Materials der betroffenen somatischen Zellen kaum noch bezweifelt, gleichgültig, ob nun onkogene Viren als auslösende Faktoren beteiligt sind oder nicht. Ferner führen die Erfolge der modernen Medizin immer mehr zu einer relativen Zunahme der Erbkrankheiten. Ob es darüber hinaus noch eine absolute Zunahme der Zahl von Erbkrankheiten gibt, etwa als Folge der ständig zunehmenden weltweiten Verseuchung unserer Umwelt mit zumindest potentiell mutagenen Stoffen, läßt sich gegenwärtig noch nicht absehen, wird jedoch von vielen Sachkennern ernsthaft in Erwägung gezogen.

So resultiert allmählich eine bedrohliche Situation: Nach einem Bericht, den

J. LEDERBERG im Sommer 1970 vor dem House Appropriations Sub-committee in Washington gegeben hat (New Scientist) wird bei 15 % aller heute in den USA geborenen Kindern irgendwann während ihres Lebens ein genetischer Schaden manifest, während heute schon andererseits 25 % aller Klinik- und Anstaltsbetten in den USA mit Patienten belegt sind, die in irgendeiner Form an einer genetisch bedingten Erkrankung leiden. In diesem Zusammenhang verweist LEDERBERG auf zuständige Autoritäten, nach deren Meinung sich diese Bürde in den nächsten fünf Jahren verdoppeln würde.

Angesichts einer derartigen Situation, selbst wenn sie von LEDERBERG etwas zu pessimistisch beurteilt wird (was mir aber als sehr viel vernünftiger erscheint als eine unverantwortliche Verharmlosung dieser so ernsten Sachlage!), darf es nicht nur darum gehen, mutagene Noxen in unserer Umwelt zu erkennen und auszuschalten, Frühdiagnosen zur sofortigen Erkennung angeborener Schäden auszuarbeiten und weitere wirksame euphänische Verfahren zur Kompensation genetischer Defekte zu entwickeln. Angesichts unserer heutigen Kenntnisse von der Struktur und Funktion des genetischen Materials wäre es verantwortungslos, wenn wir nicht auch über eine mögliche molekulargenetische Beseitigung genetischer Schäden nachdenken und darüber forschen würden. Immerhin scheint man nun heute tatsächlich in der Lage zu sein, reproduzierbar tierische somatische Zellen mit isolierter DNS zu transformieren, immerhin kann man durch an sich symptomlos verlaufende Virusinfektionen beim Betroffenen das Auftreten neuer stabiler "Merkmale" veranlassen, immerhin kann man heute Eizellen in vitro befruchten, zumindest Teilschritte der Embryogenese in vitro ablaufen lassen, mit mikrochirurgischen Methoden einzelne Chromosomen transplantieren - ganz abgesehen von der schon eingangs angedeuteten Möglichkeit zur Kreuzung von Zellen des Menschen mit solchen der Maus oder gar des Huhns.

Darf denn nun der Mensch den Menschen genetisch manipulieren, das heißt wenigstens zum Zwecke der Ausbesserung eines genetischen Schadens in sein genetisches Material eingreifen? Unter welchen Umständen? Wer muß die Erlaubnis geben? Gewiß - heute sind diese und ähnliche Fragen noch nicht akut - aber morgen, wenn möglicherweise ausgereifte Methoden zum genetic engineering zur Verfügung stehen, müssen bereits die Entscheidungen einer informierten Gesellschaft vorliegen! Wir haben ja in den letzten Jahren am Beispiel der Herzverpflanzungen erlebt, was es für Folgen haben kann, wenn eine wissenschaftlich-technologische Entwicklung (scheinbar) schneller ausreift als die Bewältigung der ethischen und rechtlichen Probleme!

Es gibt aber noch einen dritten Problemkreis der Verantwortung des Wissenschaftlers, der bisher kaum - zumindest in der Öffentlichkeit - diskutiert wurde: Angesichts unserer gewaltigen neuen Möglichkeiten müssen wir Molekularbiologen uns sehr ernsthaft fragen, wie wir unsere Mitmenschen und auch uns vor einer unbewußten Schädigung schützen können! Beispielsweise wird heute in einem grandiosen Programm weltweit überprüft, inwieweit Viren als Erreger bösartiger Geschwülste des Menschen in Frage kommen. Nach einer nicht unbegründeten Hypothese, die HUEBNER und TODARO im vergangenen Jahr vorschlugen, beherbergen alle Wirbeltiere einschließlich des Menschen ruhende, inaktive Formen derartiger Krebsviren in ihrem genetischen Material. Was geschieht nun, wenn im Verlauf entsprechender Untersuchungen plötzlich ein derartiges latentes Virus aktiviert wird und sich dann wie ein infektiöses Virus etwa vom Typ der Grippeerreger verhält? Wenn so etwas erst einmal passiert, ist es mit Sicherheit zu spät, wirksame Gegenmaßnahmen einzuleiten. Und wie war es vor einigen zehn Jahren zur Zeit der Einführung des Poliomyelitis-Impfstoffes, als hunderttausende von Kindern nicht nur mit dem Impfvirus geimpft wurden, sondern gleichzeitig, natürlich völlig unbeabsichtigt, mit dem onkogenen SV 40-Virus, einem damals noch völlig unbekannten Passagier jener Affennierenzellen, in denen das für die Impfstoffherstellung benötigte Poliomyelitisvirus vermehrt wurde. Glücklicherweise hat das SV 40-Virus bei den Betroffenen - bis jetzt! - noch keine Folgen verursacht, aber das ist ein reiner Glücksfall! Und was wäre, wenn das Thalidomid, der Wirkstoff des Contergan, das ein hervorragendes schmerzstillendes Mittel gewesen sein soll, keine vergleichsweise früh feststellbaren Mißbildungen, sondern Mutationen hervorgerufen hätte?

Nun habe ich kürzlich im Cold Spring Harbor Laboratory, wo bei allen möglichen Gelegenheiten außerordentlich intensiv über das Problem der Verantwortung diskutiert wurde, erlebt, wie von einem prominenten Virologen allen Ernstes die Ansicht vertreten wurde, man solle entsprechende Forschungen wegen ihrer potentiellen Gefährlichkeit überhaupt ganz einstellen. Das ist natürlich nicht der richtige Weg, zumal derartige Entwicklungen tatsächlich nicht vorhersagbar sind. Ein gewisses Risiko werden wir immer tragen müssen, ein Risiko, das beispielsweise durch noch so ausgeklügelte Mutagenitätsprüfungstests nicht ganz aus der Welt geschafft werden kann - ein Risiko, das wir aber gering halten können: Moderne Molekularbiologie muß mit großen hygienischen Sicherheitsvorkehrungen betrieben werden. Und das ist natürlich auch ein echtes Problem, denn solche Sicherheitsvorkehrungen sind natürlich mit erheblichem Aufwand und mit ziemlichen Restriktionen verbunden, für deren Notwendigkeiten nicht nur unsere wissenschaftsleitenden Gremien und unsere Vertragspartner überzeugt werden müssen, sondern vielerorts auch die direkt beteiligten Wissenschaftler und ihre Mitarbeiter.

Gerade in diesem Zusammenhang möchte ich noch einmal meiner aufrichtigen Freude Ausdruck geben, daß wir zu unserem II. Kühlungsborner Kolloqium einige Gesprächspartner aus den verschiedensten Bereichen der schönen Künste begrüßen dürfen. Ganz besonders freue ich mich, daß unter uns eine starke Delegation des Landestheaters Dessau weilt, die sich anläßlich eines gemeinsamen Forums im Frühjahr in Dessau sofort spontan und höchst uneigennützig bereit erklärt hat, in unserem Kreis szenische Ausschnitte aus der Gegenwartsoper, um nicht zu sagen Genetiker-Oper "Die zweite Entscheidung" von INGO und UDO ZIMMERMANN vorzutragen und dann gemeinsam mit uns und mit dem ebenfalls anwesenden Librettisten darüber zu diskutieren. Wenn ich auch hinsichtlich es Inhaltes dieser Oper bestimmte Vorbehalte habe, auf die im Programmheft in den "Notizen des Librettisten" bereits eingegangen wird, halte ich doch das ganze Unternehmen für ein außerordentlich begrüßenswertes Unterfangen, weil ja durch diese Oper auch der Theaterbesucher erstmalig mit der Problematik eben dieser unserer Tagung konfrontiert wird. Ich würde mich sehr freuen, wenn man aus der Anwesenheit anderer Kulturschaffender schließen dürfte, daß möglicherweise auch sie in der einen oder anderen, großen oder kleinen Form das Augenmerk einer breiten Öffentlichkeit auf unser Anliegen lenken würden.

In diesem Zusammenhang möchte ich Nobelpreisträger M.W. NIRENBERG zitieren, der in einem vielbeachteten Leitartikel unter der Überschrift "Wird die Gesellschaft vorbereitet sein?" in der "Science" u.a. schreibt: "Der Mensch wird fähig sein, seine eigenen Zellen mit synthetischen Informationen zu programmieren, lange bevor er in der Lage sein wird, die langzeitigen Konsequenzen derartiger Eingriffe abzuschätzen, lange bevor er Ziele formulieren kann und lange bevor er die dabei auftauchenden ethischen und moralischen Probleme lösen kann... Ich mache auf dieses Problem aufmerksam, ... da die Entscheidungen hinsichtlich der Anwendung dieser Erkenntnisse letztlich von der Gesellschaft getroffen werden müssen, und da nur eine informierte Gesellschaft solche Entscheidungen wohlüberlegt fällen kann." Auch diesem Zweck, der Information der breiten Öffentlichkeit, soll unsere Veranstaltung dienen.

Erlauben Sie mir abschließend bitte noch eine letzte Bemerkung. Im Mittelpunkt unseres II. Kühlungsborner Kolloqiums steht das Thema der Verantwortung. In den kommenden drei Tagen werden wir sehr intensiv über alle Aspekte der Verantwortung des Wissenschaftlers diskutieren. Notgedrungen werden wir uns dabei aufs Reden beschränken müssen - in der Hoffnung, in unseren Köpfen weitere Klarheit zu schaffen, in der Hoffnung, nach draußen zu wirken. Wie aber, wenn wir die Gelegenheit unseres Beisammenseins und das Thema unserer Zusammenkunft zum Anlaß einer Aktion praktizierter Verantwortung verwenden würden und am Dienstag vormittag, während hier im Konferenzsaal das unmenschliche Thema der biologischen und chemischen Kriegführung zur Debatte steht, im Nachbarraum in einer eigens eingerichteten Außenstelle des Bezirksinstitutes für Blutspende- und Transfusionswesen Rostock unser Blut für das heldenhaft kämpfende, ja unmittelbar vor einer barbarischen chemischen Kriegführung betroffene Volk von Vietnam spenden würden? Zwar wissen wir heute, im Gegensatz zu den Rassisten Hitler-Deutschlands, beider Amerikas und Südafrikas, daß mit dem Blut keine Erbanlagen übertragen werden. Trotzdem ist "Blut ein ganz besonderer Saft", und vielleicht zeigt unsere Aktion, daß wir nicht nur gewillt sind, über unsere Verantwortung zu reden, sondern auch beispielhaft praktische Solidarität üben, beispielhaft auch deshalb, weil ein derartiger Solidaritätsbeweis nicht nur von Genetikern, Kulturschaffenden und Philosophen, sondern von jedem verantwortungsbewußten Bürger erwartet werden kann.

LITERATUR

CAIRNS, J., STENT, G.S. und WATSON, J.D., Phage and the Origins of Molecular Biology. Cold Spring Harbor, L.I., N.Y. 1966

HUEBNER, R.J. and TODARO, G.J., Oncogenes of RNA tumor viruses as determinants of cancer. Proc. Nat. Acad. Sci., USA 64, (1969) 1087

LENIN, W.I., Materialismus und Empiriokritizismus. Berlin 1949
New Scientist 46, (1970), 564

NIRENBERG, M.W., Will society be prepared? Science 157, (1967) 633

WATSON, J.D., The Double Helix. New York 1968

WOLSTENHOLME, G., Man and his Future. London 1963

WISSENSCHAFTLICHE ERKENNTNIS, FORTSCHRITT UND VERANTWORTUNG

HERMANN LEY

Sektion Marxistisch-Leninistische Philosophie der Humboldt-Universität Berlin

Die Doppeldeutigkeit oder Ambivalenz, die auf Naturwissenschaft und Technik bezogen in der Gegenwart in das allgemeine Bewußtsein eingedrungen ist, besitzt eine ältere Tradition als gemeinhin reflektiert zu werden pflegt. Die am Ausgang der Antike zur Verfügung stehenden Kenntnisse und Fähigkeiten erzeugten unter den Bedingungen des ausgehenden Römischen Imperiums einen nachhaltigen Schock, der in Verbindung mit den Ereignissen der Völkerwanderung der Entfaltung gesellschaftlicher Produktivkräfte eine mehr als tausendjährige Karenzzeit auferlegte. Inzwischen hat sich in relativ kurzer Zeit ein beträchtlicher Aufschwung der verschiedensten Disziplinen vollzogen. Als MARX und ENGELS das Kommunistische Manifest schrieben, konnten sie feststellen, daß die Bourgeoisie in ihrer damals kaum hundertjährigen Herrschaft massenhaftere und kolossalere Produktionskräfte geschaffen hatte als alle vergangenen Generationen zusammen. Gegen einen bloßen Fortschrittsoptimismus und die lang tradierte Verwerfung von technischer Neuerung oder zunehmendem Wissenschaftsbetrieb hat der Marxismus-Leninismus die Entwicklungsdialektik zwischen Produktivkräften und Produktionsverhältnissen festgelegt. Von letzteren hängt ab, wie erstere Einsatz finden, welcher Klasse die mit ihnen verfolgten Zwecke dienen, in welchem Komplex von Bedingungen sie zur Wirkung kommen. Der Antihumanismus der mit dem 1. und 2. Weltkrieg einsetzenden Kriegführung, die sich zur Bestialität der ABC-Waffen gesteigert hat, erzeugte weltweite Protestbewegungen, in denen sich bürgerlicher und sozialistischer Humanismus verbünden. Vom marxistischen Standpunkt aus läßt sich die Ambivalenz der Naturwissenschaften und der Technik nur aufheben durch das Schaffen sozialistischer Produktionsverhältnisse und das Aufheben der Exploitation. Abgesehen von der Benutzung höchst entwickelter Produktivkräfte zur Aggression gegen ganze Völker und ihren Einsatz zum Genozid bleibt das menschengemäße Anwenden offensichtlich ein ständiges Problem, das jeweils erarbeitet sein will, keine Lösungen besitzt, die algorithmisch zwangsläufig herbeizuführen wären. Unter Bedingungen humanistischer Zielsetzung bleibt mindestens zu beachten, daß aus naturwissenschaftlichen und technischen Entdeckungen Folgen hervorgehen können, die bei ihrer Planung, Durchführung und Anwendung nicht abschätzbar waren, unter veränderten quantitativen Bedingungen eine andere Korrelation der Wirkungen eintritt als sich unter den anfänglichen Bedingungen nachweisen ließe und eine bestimmte Gestalt des Anwendens nahe legte, alternative Zielsetzungen sich im Prozeß der Entwicklung verschieben und umkehren können, jede beliebige Entdeckung theoretischer und empirischer Abklärung bedarf, um die unter bestimmten Kautelen geeignete Anwendung ausfindig zu machen, wobei sich aus alternativen Zielsetzungen mittlere Varianten ergeben können, die ihrerseits ständige Beobachtung erforderlich machen.

Eine Einschränkung der wissenschaftlichen Forschung und damit der gesellschaftlichen Produktivkräfte ist damit nicht gegeben. MARX hat in seinen 'Grundrissen' wie zuvor bereits in den 'Ökonomisch-philosophischen Manuskripten' den Widerspruch zwischen Produktivkräften und Produktionsverhältnissen in der antagonistischen Klassengesellschaft als den Grund des Übergangs zu einer neuen höheren Ordnung dargestellt, so daß "alle bisherigen Gesellschaftsformen ... an der Entwicklung des Reichtums - oder was dasselbe ist, der gesellschaftlichen Produktivkräfte" (MARX) untergingen. Um diesem Prozeß zu entgehen, müssen die Produktionsverhältnisse aufhören, eine Schranke der Entwicklung der Individuen zu sein. Als sozialistisches Produktionsverhältnis ist "nötig vor allem, daß die volle Entwicklung der Produktivkräfte Produktionsbedingung geworden ist; nicht bestimmte Produktionsbedingungen als Grenze für die Entwicklung der Produktivkräfte gesetzt sind" (MARX). FRIEDRICH ENGELS befaßt sich mit der Dialektik der Auseinandersetzung des Menschen mit der Natur und äußert:

"Schmeicheln wir uns indes nicht zu sehr mit unsern menschlichen Siegen über die Natur. Für jeden solchen Sieg rächt sie sich an uns. Jeder hat in erster Linie zwar die Folgen, auf die wir gerechnet, aber in zweiter und dritter Linie hat er ganz andere, unvorhergesehene Wirkungen, die nur zu oft jene ersten Folgen wieder aufheben ...
Und so werden wir bei jedem Schritt daran erinnert, daß wir keineswegs die Natur beherrschen, wie ein Eroberer ein fremdes Volk beherrscht, wie jemand, der

außer der Natur steht - sondern daß wir mit Fleisch und Blut und Hirn ihr angehören und mitten in ihr stehn, und daß unsere ganze Herrschaft über sie darin besteht, im Vorzug vor allen anderen Geschöpfen ihre Gesetze erkennen und richtig anwenden zu können" (ENGELS).

Zum richtigen Anwenden der Gesetze gehört das Erkennen moderner gesellschaftlicher Strukturen, ihrer Entwicklung und ihr Benutzen, um Naturwissen und Technik in die Gesellschaft zu integrieren. Mißbrauch ist willentlich und unwillentlich möglich. Im Verständnis des Marxismus-Leninismus vereinigt sich die unbedingte Ablehnung antihumanistischen Mißbrauchs mit ebenso unbedingter Option für unbegrenzte Entwicklung der gesellschaftlichen Produktivkräfte, zu denen eine Vereinigung von Gesellschaftswissenschaften, Technik und Naturwissenschaften gehört. Die Einheit dieser Disziplinen resultiert als Entwicklungsergebnis in hier nicht näher zu erörtender Weise aus dem gleichsam technischen Anforderungen der Anwendung und sind das Produkt von interdisziplinären Anforderungen, die mit dem Systemcharakter zahlreicher Probleme zu tun haben, Gesellschaftswissenschaft in der Technik und Technik in den Gesellschaftswissenschaften erfordern. Zugleich aber ist die Zugehörigkeit jeder wissenschaftlicher Forschung zu den Produktionsverhältnissen einer bestimmten Ordnung die Bedingung, die die Klassenbeziehungen in der Anlage der Forschungsprozesse unbedingt zur Geltung bringt. Deshalb ist die Verantwortung des Wissenschaftlers hinsichtlich der Nutzung seiner Ergebnisse ebenso wie die Verantwortung der Gesellschaftsordnung die Grundlage eines Handelns, bei dem humanistische Ethik entscheidend wirkt.

Wissenschaftliche Erkenntnis, Fortschritt und Verantwortung vereinigen sich vollständig nur in der sozialistischen Gesellschaft und bei jenen Forschern und Ingenieuren, die sich auf die Arbeiterklasse orientieren. Jeder Wissenschaftler, der gegen den imperialistischen Mißbrauch von Wissenschaft und Technik sich wendet, ist ihr natürlicher Bundesgenosse. Seine humanistische Aktivität kommt aber nur vollständig zum Tragen, wenn sich im Bündnis mit der marxistischen Arbeiterklasse damit der Einsatz gegen den Imperialismus verbindet. Professor STEENBECK bekannte deshalb: "Ich gelobe, mich nicht an solchen Arbeiten zu beteiligen oder sie zu fördern, von denen ich bei gewissenhafter Prüfung Ergebnisse erwarten muß, die dem Ziel eines Zusammenlebens der Völker der Erde in Frieden und Menschenwürde entgegenstehen" (STEENBECK).

Die Frage nach der Verantwortung des Wissenschaftlers wurde am Ende des 2. Weltkrieges relevant nach dem Abwurf der Atombombe auf Hiroshima mit der Drohung eines Kernwaffenangriffs auf die Sowjetunion. Inzwischen haben sich die Gefahren, die von B-Waffenattacken zu erwarten sind im Vergleich zu den im 2. Weltkrieg gegebenen Möglichkeiten des bakteriologischen Krieges erheblich verschärft. Sie übertreffen inzwischen die Effektivität der H-Bombe durch ein günstigeres Kosten-Wirkungsverhältnis, das der Ausnutzung der imperialistischen Rüstungsetats zugute kommt, die Aggressionsfähigkeit beträchtlich zu erhöhen geeignet ist. Progressive Kräfte unter den USA-Wissenschaftlern begannen deshalb mit Protesten gegen das Anwenden von Herbiciden und Defoliantien seitens der U.S.amerikanischen Armee gegen das vietnamesische Volk und dehnten sie auf die Armeeinstitute aus, die zugleich bakterielle Kriegführung vorbereiteten. Anläßlich des Symposiums zum 25. Jahrestag von Fort Detrick, dem Forschungszentrum für biologische Kriegführung in Maryland protestierten zahlreiche Mikrobiologen, unter ihnen der Präsident der "America Society for Microbiology" (ASM) S.E. LURIA. In einem Bericht an die 'Nature', unterschrieben von DAVID DUBNAU, EUNICE KAHAN, LEONARD MINDICH, RICHARD NOVICK, ISSAR SMITH, wird die Antipathie vieler amerikanischer Biologen gegen die biologische Kriegführung zum Ausdruck gebracht. Die Themen des Symposiums lauteten 'Entry and Control of Foreign Nucleid Acid' und 'Leaf Abscission'. Sechzehn Wissenschaftler weigerten sich, ihre Beiträge dem Symposium zu unterbreiten. MARK PTASHNE, der zusammen mit NANCY HOPKINS den Lambda Phagen Repressor isolierte, gehörte zu ihnen und erklärte, er wolle seinen Namen nicht länger mit Fort Detrick verbunden sehen. Der Mikrobiologe DEAN FRAZER, Professor an der Indiana Universität, erklärte, realistisch gesehen sei das 25jährige Jubiläum bestenfalls so etwa wie ein Memorial für die Schaffung des elektrischen Stuhls und schlimmsten Falls eine Feier für das Errichten des KZ's Dachau (Nature, Science). In England arbeitete seit 1940 das dem Kriegsministerium unterstellte Porton in Witshire an der bakteriologischen Kriegführung, damals unter Mitwirkung der deutschen Mikrobiologin AUERBACH. Inzwischen wurde die Verbindung mit dem später gegründeten Fort Detrick hergestellt und gleichfalls im Jahre 1968 erhoben sich Proteste in der englischen Öffentlichkeit gegen die in Porton in Verbindung mit den USA unternommenen bakteriologischen Kriegsvorbereitungen. Durch den Übertritt von Dr. PETRAS und anderer in die DDR wurde bekannt, daß auf gleichem Gebiete in Westdeutschland seit 1959 gearbeitet wird. Dabei wurden Versuche zur Lahmlegung strategischer Objekte im Hinterland des angegriffenen Landes mit hochpathogenen Bakterien und Virusstämmen sowie mit Botulinum-Toxin im Labor durchgeführt (GRÜMMER). Die darauf in Westdeutschland angestellte Untersuchung diente dem Reinwaschen der beteiligten Stellen. Auf einer Tagung des Bergedorfer Gesprächskreises in Hamburg wendeten sich EUGEN KONGON, ERNST von WEIZSÄCKER, ADOLF PORTMANN, von DITFURTH, der verstorbene GERHARD SCHRAMM, ELISABETH STRÖRKER und andere entschieden gegen biologische Kriegführung und SCHRAMM erklärte, er halte es für ein moralisches Versagen, wenn sich Wissenschaftler an solchen Forschungen beteiligen (Bergedorfer Gesprächskreis). Zu diesem eindeutigen Votum trug bei, daß Informationen über die sogenannte Marburger Affenseuche vom Sommer 1967 durchsickerten, bei der eine Mortalität von 50 % eingetreten zu sein scheint. Die Arbeiten mit den tödlichen Viren erfolgten im Auftrage der westdeutschen Bundeswehr in Laboratorien der Behringwerke in der Nähe Marburgs.

Es fragt sich, ob der Mißbrauch von Forschungsergebnissen Anlaß sei, entsprechende Forschung überhaupt auszusetzen und damit wesentliche Gebiete der modernen Naturwissenschaften einzustellen. Das müßte die Teilchenphysik ebenso betreffen wie die Molekularbiologie, die Mikrobengenetik nicht anders als anorganische und organische Chemie, von den dazugehörigen Industriezweigen der Optik, der Elektronik und des Maschinenbaus ganz zu schweigen. Das Urchristentum reagierte entsprechend auf die Technik des Römischen Imperiums. KARL JASPERS versicherte, wir seien, es durch unsere faktische Existenzweise bezeugend, entschieden nicht von dieser Existenzweise (JASPERS). Der spätbürgerliche Kulturpessimismus von ADORNO und HABERMAS, Repräsentanten der Frankfurter Schule im sogenannten westdeutschen Positivismusstreit, nähert sich DANIEL BELLS Entwurf einer postindustriellen Gesellschaft, in dem die Wissenschaften beschuldigt werden, Grund und Ursache gesteigerter Widersprüche im weiteren Verlauf gesellschaftlicher Entwicklung zu sein. Im Unterschied zu solchen Ansichten, die der Wissenschaft und den Wissenschaftlern zuschreiben, was innerhalb der spätbürgerlichen Klassengesellschaft an Krise, Krieg, inneren Widersprüchen auftritt, erkennt der Leninismus die Quelle der Zerrungen in den antagonistischen Produktionsverhältnissen.

Die Ambivalenz äußert sich auf unterschiedlichste Art. FRIEDRICH ENGELS bringt folgende Sachverhalte vor, um die Verantwortung und die Funktion sich entwickelnder gesellschaftlicher Erkenntnisse zu charakterisieren. In Mesopotamien, Griechenland, Kleinasien und anderswo war es den Einwohnern, die die Wälder ausrotteten und das Land urbar machten, unzugänglich, daß sie damit den Grund zur jetzigen Verödung jener Länder legten. Die Italiener der Alpen beseitigten durch das Schlagen der Wälder am Südhang die Sennwirtschaft und bereiteten Überschwemmungen der Talgebiete vor, ohne es zu wissen.

Den Verbreitern der Kartoffel in Europa war ebenso unzugänglich, wie ENGELS feststellt, daß sie damit 'die Skrofelkrankheit', wie es damals hieß, ausbreiteten, eine durch Bauhygiene, das Entdecken der Vitamine und veränderter Erziehungsgewohnheiten inzwischen fast vollständig beseitigte Erscheinung. Als die Araber den Alkohol destillieren lernten, vermochten sie nicht abzuschätzen, daß damit eines der Mittel geschaffen war, um die Ureinwohner des noch nicht entdeckten nordamerikanischen Kontinentes auszurotten. KOLUMBUS konnte nicht wissen, daß seine Entdeckung die in Europa längst überwundene Sklaverei zu neuem Leben erwecken werde. Den an der Entdeckung der Dampfmaschine im 17. und im 18. Jahrhundert beteiligten Männern, nach ENGELS mehr als jedes andere Werkzeug die Gesellschaftszustände der ganzen Welt revolutionierend, war es unmöglich vorauszusehen, welche Folgen sie auslösten: Konzentration von Reichtum und Besitzlosigkeit, Entstehen des Industriekapitalismus, Erzeugung des Proletariats und einer Klassenbewegung, die auf das Abschaffen aller Klassengegensätze abzielt (ENGELS). In diesen von ENGELS gegebenen Beispielen ist darauf verwiesen, daß es darauf ankomme, die mittelbaren entfernteren Wirkungen der gesellschaftlichen Tätigkeit zu erkennen, andererseits aber angedeutet, wie kompliziert es ist, im Prozeß des Beginns einer Wende in der Geschichte der Technologie, der Produktionsweise oder sonstiger Entdeckungen die künftigen Implikationen vorauszusehen.

Die ähnlich gelagerten modernen Beispiele für den gleichen Sachverhalt sind Legion. Einige davon seien angemerkt. Als SCHRAMM und MELCHERS mit der Forschung über das Tabakmosaikvirus begannen, konnten sie nicht wissen, daß sie damit sowohl für die Krebsforschung als auch für die biologische Kriegsführung entsprechende Ansatzpunkte legten (Bergedorfer Gesprächskreis). Die Einordnung der Röntgenstrahlen in das elektromagnetische Spektrum durch LAUE, FRIEDRICH und KNIPPING hatte nur die Frage zu beantworten, ob es sich um korpuskulare oder wellenförmige Strahlen handele, gab aber wesentliche Anregungen der gesamten Mikrophysik, deren Ambivalenz hinreichend bekannt ist. Natürlich vermochte RÖNTGEN nicht vorauszusehen, daß die von ihm entdeckten Strahlen bei ihrer Anwendung auf Drosophila der Genetik eine Wende geben werden, Mikro- und Molekularbiologie daraus in weitläufiger Vermittlung entstehen und die Mikrogenetik als eines der weiteren Resultate hervorgerufen wird (Bergedorfer Gesprächskreis). LSD sollte nach Angabe seines Entdeckers ALBERT HOFMANN ein Analepticum, dem Coramin ähnlich wirken, als Kreislauf und Atmungsstimulanz therapeutischer Breite einsatzfähig sein, wobei uterotonische Aktivität durch die Verwandtschaft mit dem Alkaloid Ergometrin nahe lag. Die medizinische Anwendung zur Erzeugung von Modellneurosen lag innerhalb der beabsichtigten medizinischen Anwendung (HOFMANN). Etwa zum gleichen Zeitpunkt wurde gefunden, daß bei medizinischer Anwendung eine bestimmte Mortalitätsquote besteht und sich die von HOFMANN in zufälligem Eigenversuch gefundene psychotomimetische Wirkung über die Hippie-Bewegung in eine mit niedrigen Gestehungskosten behaftete Rauschgiftwelle westlicher Länder umsetzte. Organische Phosphorsäureester sind Nervengase in der Verwendung als chemische Kampfmittel, zum anderen Schädlingsbekämpfungsmittel für die Landwirtschaft (Bergedorfer Gesprächskreis). Der erste Großeinsatz von DDT erfolgte im zweiten Weltkrieg in Süditalien und erleichterte den U.S.amerikanischen Truppen das Vorgehen durch das mit Malaria infizierte Gebiet. Inzwischen zeigt sich eine kumulative Wirkung im Boden, in Fischen und in der Milch, die damit DDT in den menschlichen Organismus gelangen lassen, mutationsauslösend sein können und vielleicht die Ca-Anfälligkeit steigern. Herbicide dienen der Unkrautbekämpfung, da unter geeignetem Klima durch schnelle Verkrautung von Bewässerungskanälen und Staubecken bis zur siebenfachen Menge der normalen Verdunstung durch den pflanzlichen Stoffwechsel verloren geht, Wasserkraftwerke arbeitsunfähig werden, selbst die Schiffahrt zum Stillstand kommen kann, wie es auf dem Kongo und dem Sambesi eingetreten ist und am spektakulärsten auf dem Karibastausee sich zeigte. Aus Lateinamerika stammend, 1937 in Südrhodesien signalisiert, 1965 in Senegal auf den Straßenmärkten angeboten, wie gegenwärtig noch in den Katalogen für Zierpflanzen in den USA (Science), waren nach erstem Auftreten 1952 im Jahre 1967 bereits am Kongo 600 km durch

Wasserhyzinthen verseucht, verursachten großes Fischsterben und blockierten Schiffahrt und Hafenanlagen. Der Amazonas scheint aus ökologischen Gründen wenig befallen zu sein. In Surinam, Nicaragua und El Salvador erfordert der Wasserhyzinthenbefall ständige Aufmerksamkeit und das Anwenden von Herbiciden. Im Sudan ist der obere Weiße Nil bedroht, da nahe Karthum der Staudamm am Dschebel Aulia befallen ist, das Übergreifen auf den Blauen Nil aber den bewässerten Gezira-Baumwoll-Komplex lahmlegen könnte, was sich bisher verhindern ließ. Der Befall des Weißen Nils beginnt erst mit 1958 und ist in wenigen Jahren zu einem gesamtstaatlichen Problem geworden, das höchsten Einsatz von Herbiciden erfordert, wenn auch vielleicht eines Tages ökologische Untersuchungen biologische Schutzmaßnahmen gestatten. Am Kariba-Damm hat sich Salvinia auriculata Aublet angesiedelt und hat ähnliche Wirkungen wie der Wasserhyazinthenbefall. An dem zu Sambia gehörenden Nordufer zeigt sich als Sekundärfolge die Verseuchung mit Schistosomiasis, durch die die geschaffenen Erholungszentren lahmgelegt wurden, da die an Salvinia heimisch gewordene mögliche Wirtschaftsschnecke Bulinus (Physopsis) africanus und Biamphalaria pfeifferi Schistosomen verbreiten. Bulinus africanus scheint sich in seiner dortigen Spezifikation als neuer Ökotypus ausgebildet zu haben. Andere im Salviniadickicht sich ansiedelnden Schnecken sind ebenfalls der Wirtseigenschaft verdächtig. Die Mikrohabitate werden begünstigt durch den geringfügigen Wasserdurchsatz (Nature). Wasserlattich bedroht den Voltasse in Ghana, der die Eigenschaft hat, die Moskitoplage zu steigern, diese aber als Vektoren von Encephalomyelitis und Filariasis dienen. Um den Anfall von Wasserpflanzen im Gleichgewicht mit den menschlichen Anforderungen zu halten, sind für den Einsatz von Biokontrolle in einigen Gegenden die Süßwasserschnecken Marisa cornuarietis und Pomacea australis geeignet. Die Bekämpfung der Wasserunkräuter mit Herbiciden kann außerdem Nebenerscheinungen zeigen, die zu erforschen gründlich erstmals mit den Folgen des Einsatzes durch USA-Truppen in Vietnamkrieg durchgeführt wurde. Die Herbicide finden nach dem Trainings Circular 3 - 16 von April 1969, das mir liebenswürdigerweise JOHN TAKMAN, der Präsident des Schwedischen Medizinischen Hilfskomitees für Vietnam, übersandte, nach wie vor Anwendung im Aggressionsbetrieb. Im Anschluß an die Dienstvorschrift für Flammenwerfer und Rauchmunition sind die Antipflanzen-Kampfstoffe und ihre Anwendung beschrieben, die als Agent Orange, Blue, White benannt sind und völlige Identität mit den normalen Herbiciden besitzen. Sie sind im Kampfeinsatz geeignet, Primär- und Sekundärwald zu vernichten. Bromacil dient zur Sterilisierung, d.h. der völligen Verwüstung des Bodens. Die Schädlichkeit für die Zivilbevölkerung der betroffenen Gebiete geht aus den Schutzanweisungen hervor, die für die am Einsatz beteiligten Soldaten vorgesehen sind. Die Herbicide zu verdächtigen, handele es sich um 2,4-Dichlorphenoxyessigsäure 2,4 D, Trichlorphenoxyessigsäure 2,45-T oder Kakodylsäure, geht an dem Sachverhalt vorbei, daß die ambivalente Wirkung zu Nutzen oder Schaden zu den ältesten Problemen der Menschheit gehört und die humanistische Verantwortung stets dabei das Wesentliche gewesen ist. Die in Pflanzen enthaltenen natürlichen Gifte sind in kleinen Dosen schon in der Altsteinzeit Heilmittel gewesen, Stimulantien und Tötungsmittel. LSD ist nach seiner gezielten Synthetisierung als Bestandteil der altmexikanischen Pflanze Ololiuqui-Rivea corymbosa nachgewiesen, und zwar bei einigen mexikanischen Stämmen den Priestern vorbehalten, wenn sie mit den Göttern kommunizieren wollten. Aus dem ersten Weltkrieg ist bekannt, daß die Produktion von Sprengstoff auf gleicher chemischer Basis wie anschließend die Kunstseidenproduktion durchgeführt wurde.

Das breite Spektrum möglicher Fehlanwendung und eklatantem und menschenfeindlichen Mißbrauch oder nützlicher, der Entwicklung der menschlichen Gesellschaft fördernden Möglichkeiten liegt auch in der Genetik vor. Rassistisch interpretiert, kam sie eine zeitlang in Verruf wegen des auf falscher Grundlage aufgebauten nazistischen Genocids, ein Grund der mit ebenfalls falscher Auslegung die Genetik als solche in einigen Ländern einschränkte. Auf die Genetik trifft die gleiche Ambivalenz wie für die Aerosole zu, die als Sprühmittel den Bakterienbomben beigefügt werden, im kleinen und friedlich angewendet nützlich sind und selbst in der Parfümindustrie sich unentbehrlich gemacht haben.

Die Genetik als solche hat durch die von MENDEL in die Biologie eingeführten Wahrscheinlichkeitsgesetze in neuerer Zeit gemeinsam mit DARWINS allgemeinen Überlegungen empirisch und erkenntnistheoretisch das statistische Denken gefördert, das gegenwärtig in der Technik und in der Ökonomie wie Soziologie, aber auch in anderen Naturwissenschaften, wie Physik, eine hervorragende Rolle spielt. Das Verbinden von strenger Determination und dialektischer Determiniertheit hat die allgemeine Bedeutung dieser Art von Gesetzmäßigkeit in die wissenschaftliche Praxis eingeführt. Die MENDELschen Arbeiten stellten erstmalig unter Beweis, daß die Wahrscheinlichkeit und deterministische Exaktheit keine Gegensätze sind, zwischen denen keine Verbindung besteht, sondern in einer Weise zusammengehören, die in der Philosophie dialektisch genannt wird. CHURCHMAN erkannte ihre Bedeutung in der Operationsforschung und konfrontiert das dialektische Denken mit der positivistischen Begrenzung auf formal Logik. Die allgemeine und die ethische Bewertung der Fakten ist als Einheit aufgefaßt und die Schlüssigkeit mechanistisch unbedingter Ableitung für das Verstehen und das Regeln von Systemen in Übereinstimmung mit den Tatsachen und in Widerspruch zu idealistisch, mechanistisch eingestellten Schulen auf das energischste bestritten (WEST-CHRUCHMAN). Mußte sich der Einsatz genetischer Verfahren auch in der Agrikultur erst durchsetzen, so sind die inzwischen vornehmlich durch die Mikrobengenetik in greifbare Nähe gerückten Verfahren etwaiger genetischer Manipulation ähnlichen Widerständen unterworfen. Ob sich damit eine genetische Verbesserung des Genpools von Völkern erreichen lasse oder der Mißbrauch vorherrschen werde, ist eine ernstzunehmende Alternative, die ihre Diskussion erfordert. Da sich der mögliche Verwendungszweck von Innovationen nur für den intendierten unmittelbaren Anlaß, nicht aber für weitere Entwicklungsphasen voraussehen läßt, ergibt sich der gleiche Schluß für beabsichtigte Genverbesserungen.

Angenommen, es ließe sich exakt übersehen, welche rezessiven Erbqualitäten in den menschlichen Chromosomen vorliegen, dann ließe sich nicht algrothmisch ableiten, welche künftigen Bedürfnisse gesellschaftlicher Entwicklung damit auch dann zu befriedigen wären, wenn sie zunächst nur einen belanglosen oder gar keinen Selektionswert besäßen. Die medizinische Indikation wird davon selbstverständlich in keiner Weise betroffen und rechtfertigt nach strengen Anwendungsgesichtspunkten schon allein den betriebenen Aufwand, ohne daß eine Diskussion über die Beziehung von Grundlagenforschung und Anwendung nötig wäre. Die menschliche Neugierde trägt ihren Sinn in sich selbst und erweist sich als ein Stimulanz, das sich in seiner Wirkung unter den Bedingungen der Einheit von individuellen und gesellschaftlichen Interessen im Sinn von MARX steigert. Das gesellschaftliche Bedürfnis der Gesunderhaltung des Menschen ist für den sozialistischen Menschen ausreichend, um die durch die Genetik beigetragenen neuen Kenntnisse weiterzuentwickeln. Sicherlich aber läßt sich die Erweiterung der Kenntnisse der Immunologie durch das Verstehen der Induktion von Interferon und endogenem Pyrogen (Archiv f. ges. Virusforschung) ebenso mißbrauchen wie die Darstellung genetischer Repressoren, die sich als

Resultat der Entdeckung der Beziehung von Repressor, Operon und Induktor durch JACOB und MONOD, isolieren ließen.

Der Übergang der Forschungsaktivität von Pflanzen- und Tiergenetik auf die Mikrobengenetik, auf Viren und Phagen wirft eine interessante Frage auf, die in der Epoche der Modellverfahren nicht unerörtert gelassen werden soll. Das Untersuchen von RNS dient als Modell für den komplizierteren Fall von DNS. Der geringere Umfang der Informationseinheiten erleichtert das Auffinden von Gesetzen, die unter veränderten Bedingungen auf komplizierte Organismen anwendbar sind.

Erfordert die Verantwortung zu verhindern, daß "entry and control of foreign nucleic acids" Massenvernichtung durch bakteriologische Kriegführung bedeutet, so erfordert die gleiche Verantwortung, die in der Genetik erworbenen Kenntnisse für die Gesunderhaltung des Menschen zu benutzen, also intensiv zu betreiben, um die vielschichtige Funktion der Steuerung und Kontrolle der biochemischen Zyklen durch genetische Informationseinheiten, durch DNS über Messenger- und Transfer-RNS gründlicher kennenzulernen. Nicht zufällig grassiert die Ansicht, daß die moderne Biologie inzwischen in der zweiten Hälfte des XX. Jahrhunderts die Physik an Bedeutung überholt habe, ihre Grundlagenarbeiten unmittelbarer für die menschliche Existenz von Bedeutung sein werden als die Physik der Quanten und Nukleonen, wenn eine serielle Rangordnung in bezug auf die Grundlagenwissenschaften überhaupt sinnvoll ist. Die in der Mikrobengenetik nachvollziehbare und effektiv betriebene Mikroevolution hat als Modellfall der Makroevolution der Organismen über die detaillierte Bestätigung der Ideen Darwins aber längst schon die Bedeutung erhalten, den Vorlauf für das kontinuierliche Anwenden der Chemotherapie und das Benutzen von Antibiotika zu geben, der mit dem Selektieren resistenter Stämme und dem stets möglichen Auftreten aggressiverer Mutanten notwendig geworden ist. Insofern gehört die Mikrobengenetik in das Geflecht gesellschaftlicher Produktivkräfte, die zur Grundlage der weiteren Entwicklung der menschlichen Kultur geworden sind, wie technische und gesellschaftliche Sozialhygiene.

In einer Prognose der Entwicklung der Wissenschaften bis zum Jahre 2030 steht die Mikrobiologie in ihren Implikationen mit der gesamten Biologie durch folgende Punkte zu Buche: das Entwickeln immunisierender Agentien, um gegen die meisten bakteriellen und virösen Insulte zu schützen zwischen 1975 und 1985, die laboratoriumsmäßige

Erzeugung einer primitiven Form von Leben zwischen 1978 und 1983, das Entdecken des Faktors oder der Faktoren, die Leukämie entstehen lassen zwischen 1980 und 2 000, einen beträchtlichen Beitrag mikrobischer Systeme für die Welternährung zwischen 1980 bis 2 000, das Erzeugen chemischer Mittel, um verschiedene Arten von Carcinom zu stoppen, Carcinostatica, auf die beträchliche Fonds heute schon international konzentriert sind zwischen 1984 und 2015, experimentelle Darstellung biochemischer Prozesse, die künstliche Glieder und Organe wachsen lassen zwischen 1980 und 2025, Anwenden einer Pflanzengenetik, die die Produktion an Kalorien pro Flächeneinheit verzehnfachen zwischen 1995 und 2012, eine Schätzung, die das Erreichen des Ziels auf den Endpunkt der genannten Phase legt. Mögen die Schätzungen verfrühte Daten oder Unterschätzungen der gegenwärtig bereits erarbeiteten Möglichkeiten enthalten, so läßt sich nicht verkennen, daß die Art der Fragen von einem nicht unbeträchtlichen Selbstvertrauen sprechen, aber in der Terminierung auch auf die Schwierigkeiten verweisen. Solche Prognosen zeigen ein Vertrauen in gesellschaftlichem Wachstum, das mit dem Kulturpessimismus spätbürgerlicher Idologie kontrastiert, aber andererseits auf die Ambivalenzen verzichten, die für diesen Entwicklungsprozeß als sicher angenommen werden dürfen. Die Vermutung eines baldigen totalen Schutzes gegen bakterielle und viröse Infektion berücksichtigt nicht das Entstehen anderer pathogener Insulte, die sicherlich auch der Mikrobiologie zum Abfangen bakterieller und vivaler Mutanten bedarf. Vielleicht gelingt über das bessere Verständnis von Reparaturmechanismen der DNS früher ein Beeinflussen der karzinomatös entarteten Wachstumsprozesse. An dem Wunsch, das agrarische Produkt zu verzehnfachen, zeigt sich indes die sozialökonomische Bedingtheit aller solcher prognostischer Vorstellungen. Bisher haben die spätbürgerlichen Länder die Steigerung des Ertrags pro Flächeneinheit zur Drosselung der bebauten Fläche benutzt. Eine Vervielfachung des Ertrags der Ernährung einer wachsenden Bevölkerung zur Verfügung zu stellen, erfordert ebenso eine Änderung der Klassenstrukturen der kapitalistischen Länder wie das uneingeschränkt humanistische Ausnutzen jedes beliebigen Teilschritts in der Genetik oder anderer Disziplinen einschließlich der aus den sich stürmisch weiter entwickelnden Naturwissenschaften entstehenden Technik. Von einer beliebigen Soziotechnik sind solche Sicherungen nicht zu erwarten, wenn sich nicht eine Theorie des gesellschaftlichen Fortschritts mit der entsprechenden Klassengrundlage verbindet und durchsetzt. In dem leitenden Artikel der 100jährigen

Jubiläumsausgabe der "Nature" (21) lautet der Schlußabsatz mehr oder minder pessimistisch. Der Herausgeber resumiert etwa folgendermaßen. In den dreißiger Jahren dieses Jahrhunderts war es nicht ungewöhnlich, daß die Öffentlichkeit Unbehagen äußerte, wenn ihr empfohlen wurde, man solle nur auf die Wissenschaft vertrauen. Was habe sich ereignet, daß die Luftverschmutzung eine gemeinsame Aufregung für Konservative und Maschinenstürmer geworden sei, eine wachsende Bevölkerung der Erde Hungervorstellungen erzeuge, obwohl das Nahrungsmittelprodukt auf der Erde beträchtlich gewachsen sei. Die Naturwissenschaften seien im Begriff, ein allgemeiner Sündenbock zu werden und geschmäht werde, der vorwärts blicke und seinen Optimismus nicht verleugne. Man frage, wie es möglich sei, die Technologie zu kontrollieren und vergesse, daß sie ein gesellschaftliches Produkt sei, die Technik sich von ihrem gesellschaftlichen Bezug nicht trennen lasse. Man stellt sich vor, die Wissenschaften und die Technik erzeugten ein 1984 im Sinne ORWELLS und man habe die bessere Seite der Medaille zu zeigen, also etwa, daß die Mikrobiologie weniger endlosen Schrecken hervorbringe, sondern die medizinische Praxis entscheidend zu verbessern vermöge und man in der objektiven Sprache molekularer Biochemie Wichtiges über das lebende Substrat zu verstehen vermöge. Da indes die Wissenschaften immer aufwendiger würden, müsse man sich nach den Wünschen der Steuerzahler richten. Die Hochenergiephysik sei deshalb unpopulär geworden und das gleiche gelte für Teile der Molekularbiologie. Immerhin sei es ein Weg, mögliche Exzesse der Naturwissenschaft und der Technologie zu bekämpfen. Damit ergebe sich, daß die wissenschaftlichen Entdeckungen nicht länger ein autonomer Prozeß blieben, auf denen die außerhalb befindliche Welt wenig Einfluß besitze. Die "Nature" verliert kein Wort über die sozialen Bedingtheiten der Wissenschaft und erweckt den Anschein, als ob bisher diese Gebiete und die Technik sich außerhalb der Gesellschaft befunden hätten. Die Illusion der mindestens früher vorhandenen sogenannten freien Forschung erweist sich als ein nachhaltig wirkendes Moment der spätbürgerlichen Ideologie. Die Exzesse bleiben in der "Nature" den Wissenschaften und der Technik zugeschrieben. Gemäß MARX werden die für die gesellschaftliche Entwicklung nachteiligen Folgen der gesellschaftlichen Produktivkräfte, zu denen die in der Form des Wissens und die unmittelbaren Organe der gesellschaftlichen Praxis gehören (MARX), den herrschenden Produktionsverhältnissen zugeschrieben. Sie sind objektiviert als Beziehungen zwischen den Menschen, die zu verändern und zu entwickeln den progressiven

Klassen und Klassengruppierungen aufgetragen und möglich erachtet ist. Die Zerrungen sind der kapitalistischen Ordnung zugeschrieben, ihrer herrschenden Klasse, nicht aber den Werktätigen in dem Bereich der allgemeinen Arbeit und der speziellen. Für unsere sozialistische Ordnung sind damit noch weitaus größere Aufgaben für das unter Führung der Arbeiterklasse sich verwirklichende Bündnis mit der Intelligenz gestellt. Es hat die Verantwortung für den Schutz der sich entwickelnden Kultur und höchster Effektivität für die gegenwärtigen Problemstellungen und die prognostische künftige Arbeit. Konkret wird von den Wissenschaftlern der DDR von der Partei der Arbeiterklasse und der sozialistischen Staatsführung verlangt, solche Aufgaben unmittelbar in Angriff zu nehmen, die schnellen Rücklauf der investierten Mittel erwarten lassen und zugleich die perspektivischen Ziele durch beschleunigte Akkumulation kurzfristiger näher heranbringen. Die Biologie in ihren verschiedenen Disziplinen ist davon nicht ausgenommen. Es steht zu erwarten, daß dieser Blick auf das praktische Wirken der Forschungen aber gerade die Aufmerksamkeit schärft, Verantwortung nicht allein für menschengemäße Anwendung zu betätigen, sondern zugleich für das Bewähren im realen Lebensprozeß, ein allein in der sozialistischen, von der Arbeiterklasse zu verwirklichender Prozeß.

LITERATUR

Archiv f. ges. Virusforschung 21, (1970) 4, 287

Ebenda 31, 1/2, 18 ff.

32. Bergedorfer Gesprächskreis - Die Biologie als technische Weltmacht, (1969) Protokoll 32

ENGELS, F., in: MARX/ENGELS Werke XX, (1968), 452, 453

GRÜMMER, G., Herbicide in Vietnam, Berlin 1969, 120

HOFMANN, A., Psychotomimetic Agents; in: Drugs affecting the Central Nervous System. Ed. by A. BURGER, New York 1968, 184

JASPERS, K., Wohin treibt die Bundesrepublik?, München 1966, 222

MARX, K., Grundrisse der Kritik der politischen Ökonomie 1953, 438 , 594

Nature 224 (1969), 670

Science 160, (1968) 862

Science, 166, (1969), 700

WEST-CHRUCHMAN, C., On the Ethics of Large Scale Systems, Vol. I and II, 1966, Space Sciences Laboratory, Berkeley, Cal.

DISKUSSION

GEISSLER: Sie haben sehr anschaulich nachgewiesen, daß das Problem der ambivalenten Nutzung von Entdeckungen und Entwicklungen schon seit dem Altertum aktuell ist. Aber handelt es sich bei unserer Problematik - beim Mißbrauch der Erkenntnisse der Molekulargenetik nicht um eine ganz neue Qualität des Mißbrauchs, da ja indirekte und vermutlich später sogar direkte Eingriffe in die fundamentalen Strukturen des Menschen selbst möglich sind.

LEY: Mir scheint eine der für den gesellschaftlichen und wissenschaftlichen Fortschritt gefährlichsten Slogan bürgerlicher Ideologie zu sein, anzunehmen, daß bei jeder beliebigen neuen Entdeckung wissenschaftlicher Art die Menschheit in Gefahr gerät. Damit wird über das individuelle und das gesellschaftliche Bewußtsein eine zu Kulturpessimismus neigende Unsicherheit genährt, die der Imperialismus ausnutzen möchte und als Erscheinungsform des Fatalismus unter Umständen den Kampf um den gesellschaftlichen Fortschritt zu hemmen geeignet ist. Aus diesem Grunde habe ich in meinem Referat betont, daß jeder Entwicklungsschritt der Menschheit unter Bedingungen erfolgte, die entsprechend dem jeweiligen damaligen Stand der Entwicklung der Produktivkräfte Gefährdungen anzukündigen schienen und deshalb als Analogon aufgefaßt werden sollten. Da es in der objektiven Realität der Natur und in der Gesellschaft die Entwicklung tatsächlich gibt, das Wachstum der Naturwissenschaften und der Technik, damit der Gesamtheit der Produktivkräfte als absoluter Progreß existiert, steht für den Marxismus-Leninismus dieser Gesichtspunkt gesellschaftstheoretisch im Vordergrunde. Zur Erläuterung sei betont, daß aus dem Gesichtspunkt der Gefährdung des Menschen und der Menschheit sehr häufig in den bisherigen Gesellschaftsformen die These institutionalisiert wurde, man müsse zum Wohle des Menschen die Tätigkeiten, Kenntnisse und ihre spezifischen Anwendungen unverändert lassen. Die

Entdecker neuer Sachverhalte verfielen unter das Verdikt, gesellschaftlich schädlich sich zu engagieren und wurden auszuschalten versucht. Die kapitalistische Gesellschaft begleitete deshalb seit ihrem Entstehen eine Hintergrundideologie der Entwicklungsfeindlichkeit, die am Ende des 18. Jahrhunderts ihren gravierenden Ausdruck etwa in WILLIAM BLAKE findet, der damals als Ergebnis der damaligen Naturforschung und der sie begleitenden Weltanschauung und Methodologie das Ende und den drohenden Zusammenbruch zunächst Europas heraufkommen sah. Von den Veränderungen der Naturwissenschaft, bez. ihrer spärlichsten Ansätze wurde seit der Antike, in der wir diesen Trend zu verfolgen vermögen, bis in die Gegenwart der Frankfurter Schule, GEHLENS, SCHELSKYS und den Untertönen der U.S. amerikanischen Hypothese der sogenannten postindustriellen Gesellschaft eine konstante, stets anders motivierte und konkret begründete Abwertung gegeben, deren Wirkung ebenfalls konstant als Auswirkung auf den einzelnen Menschen und die Gesellschaft aufgefaßt wurde.
Durch die erste Isolierung eines einzelnen Gens ist die Veränderung buchstäblich am genetischen Substrat der Lebewesen realisierbar geworden und, wie Sie Herr Professor GEISSLER hervorhoben, der Eingriff in die fundamentalen Strukturen des Menschen selbst möglich geworden. Die bisherigen Veränderungen, um diesen Unterschied festzuhalten, wurden als vermittelt durch gesellschaftliche Erscheinungen betrachtet, aber in jedem Falle ebenfalls als Einwirkung auf das Individuum aufgefaßt. Insofern erscheint es mir gerade leichter, von dem Gesichtspunkt der prinzipiellen Ambivalenz an die neuesten Fragestellungen heranzugehen. Der mögliche Optimismus der künftigen Entwicklung der Gesellschaft unter den Bedingungen einer durchaus möglichen vollständigen Auslöschung des Menschen auf der Erde oder einer Anreicherung schädlicher Mutationen, letaler Informationseinheiten, durch imperialistische Atomangriffe oder fahrlässige Anwendung mutationserzeugender Strahlung sowie der massiven Anwendung anderer mutagener Stoffe im Lebensprozeß oder gar die massenhaften zwangsweise genetische Umkonstruierung im Verständnis cder besser dem Unverständnis ALDOUS HUXLEYS "Schöner neuer Welt" ergibt sich aus folgender Tatsache: In der Alternative mißbräuchlicher Anwendung hat sich schließlich diejenige Gesellschaftsorganisation durchgesetzt, die es verstand, die Grundlage für weitere Entfaltung von Wissenschaft und Technik zu schaffen, ohne den etwaigen negativen Aspekten das Übergewicht zu geben, die negativen Alternativen soweit wie möglich ausschaltete. Neu ist bei dem aktiven Anwenden der Erkenntnisse der Molekulargenetik auf den Menschen, daß das

genetische Substrat unmittelbar manipulierbar geworden ist, zum Guten wie zum Bösen. Das Unterdrücken von Verfahren oder der Versuch, mögliche Anwendungen durch gesellschaftlichen Einfluß repressiver Art mit Unterstützung eines auf den größten Teil der Volksmasse ausgedehnten herrschenden Bewußtseins zu unterdrücken, scheiterte bisher eindeutig immer, was für den vorliegenden Fall innerhalb der Genetik ebenfalls anzunehmen ist. Zu groß sind die Vorteile, die sich aus einer Art der Anwendung ergeben, die sich bei geeigneter therapeutischer Anwendung für wahrscheinlich wesentlich mehr Krankheiten ergeben, als sich gegenwärtig vermuten läßt. Die Auseinandersetzung wird sich auf die Tragweite erstrecken, die den betreffenden Eingriffen zukommt. Bloßes Merzen trifft heute bereits auf den Widerstand von sozialistischem und bürgerlichem Humanismus. Gesellschaftswissenschaftlich läßt sich prinzipiell einwenden, daß die für den gesamtgesellschaftlichen Entwicklungsprozeß geforderten, physisch bedingten Eigenschaften von der gegenwärtigen wissenschaftlich-technischen Revolution bestimmt sind und Fähigkeiten erfordern, die in größerer Breite über die bisher gestellten Anforderungen hinausgehen, die ungenügende Kenntnis der Kopplung von Informationseinheiten aber zu weit gehende Eingriffe kontraindiziert erscheinen läßt, da bisher nicht als wichtig erscheinende Gene vielleicht für die neuen Anforderungen eine physische Grundlage abgeben. Das wäre also ein Moment, das geboten erscheinen läßt, nicht unnötig auf andere Weise ebenfalls beherrschbare pathogene Sachverhalte im genetischen Substrat anzugehen. Welche genetisch bedingten Insulte, gemessen am Durchschnitt der verfügbaren Eigenschaften, anzugehen sind, unterliegt demnach einer menschlich und gesellschaftlich bestimmten Diskussion, bei der entschieden allen faschistischen und faschistoiden Machenschaften entgegenzutreten ist, die mit der menschlichen Substanz bestialisch und leichtfertig umgehen.

Unter die günstigen genetischen Veränderungen im nicht pathologischen Fall gehört sicherlich vom marxistisch-leninistischen Standpunkt eine etwa gelingende Veränderung der Aufnahmefähigkeit arbeitstechnischer und intellektueller Art. Sie entspricht dem von MARX entworfenen Menschenbild, daß sich in der sozialistischen Gesellschaft bewährt und durch LENIN Formulierung und erste Verwirklichung gefunden hat. In erster Linie hat sich als Voraussetzung das Schaffen sozialistischer Produktionsverhältnisse erwiesen, wodurch ein derartiges Ziel in den entsprechenden sozialökonomischen Strukturen angelegt und durch Erziehung im Lebensprozeß sich erzielen läßt.

Eine Unterstützung durch genetische Maßnahmen könnte demnach eine weitere quantitative Auswertung dieses Entwicklungsprozesses mit sich bringen. Die HUXLEYsche Utopie projizierte in den dreißiger Jahren und danach die bisherigen Verfahren der antagonistischen Klassengesellschaft, die das Verteilen der geistigen Kultur entsprechend der Verteilung des Eigentums an den entscheidenden Produktionsmitteln durch Klassenherrschaft erzwangen und in den imperialistischen Ländern so verfahren, auf biologische Manipulationen der Embryos, in denen bereits die künftige Klassenzugehörigkeit durch eine Hierarchie der Lernfähigkeit oder Lernunfähigkeit festgehalten werden sollte, das für notwendig gehaltene Lustgefühl aber durch Psychostabilisatoren angeboten wurde. Biologisch und chemisch ließ ALDOUS HUXLEY die von antagonistischen Gesellschaften gewünschte Klassenstufung entstehen, die sie bisher mit Mitteln der gesellschaftlichen Superstruktur erzielen und auf ihre Klassenherrschaft gründen. Unter dieser Voraussetzung gehört in den Rahmen der das herrschende imperialistische Bewußtsein unterstützenden Literatur Material, das für die Entwicklung des Wissens eine Grenze setzen möchte, zuviel Intelligenz in der Persönlichkeitsentwicklung der Masse als gesellschaftsschädigend empfindet und den Nationen als ihrem eigenen Interesse entsprechend suggerieren möchte. Aus diesem Grunde möchte ich die genetische Beeeinflussung der menschlichen Persönlichkeit nicht als absoluten qualitativen Anfang einer neuen Entwicklungsstufe bezeichnen. Das gesellschaftliche Moment scheint mir nach wie vor als das entscheidende. In der Pflanzengesellschaft und in der menschlichen Gesellschaft erfolgt einmal durch Selektion die Förderung solcher Gene, die sich unter den Anforderungen der sozialökonomischen Struktur bewähren, wobei die medizinische Therapie einschließlich der Prophylaxe ein größeres Angebot bereithält, deren Funktion und selektionsfähigen Eigenschaften bis zu einem recht erheblichen Grade Bedingungen der Wahrscheinlichkeit unterliegen. In einem Brief von JIM SHAPIRO, LARRY ERON und JON BECKWITH, Mitgliedern der Gruppe, die den Erfolg der Isolierung reiner lac-Operon-DNS zu verzeichnen hatte, an die Zeitschrift "Nature" vom 27.12.69 kommt das Dilemma der Wissenschaft in der bürgerlichen Gesellschaft zum Ausdruck. Nach dem Bekanntwerden des experimentellen Erfolges kam es zu öffentlichen Diskussionen in den USA und England. Herr GEISSLER hat im "Neuen Deutschland" zu diesen Fragen damals sofort Stellung genommen, wobei in den USA und England nach Mitteilung der "Nature" vom 29.11.69 'die erschreckenden Aussichten auf die erschreckenden Möglichkeiten, zu denen die genetische Manipulation führen könne, wenn solche Praktiken jemals angewandt würden', die öffentliche Phantasie vor allem bewegt zu haben scheint. Den Grund geben SHAPIRO, ERON und BECKWITH mit den Worten: "In einem Land, das einen so beängstigenden Gebrauch von Wissenschaft und Technik macht, um Vietnamesen hinzumorden und die Umwelt zu vergiften, wäre ein solches Ansinnen (nämlich mehr Geld für Grundlagenforschung zu fordern und Forschung bloß deswegen zu betreiben, um das persönliche Prestige des Forschers und der Universität zu fördern H.L.) bestenfalls schrecklich irrelevant, schlimmstenfalls kriminell. Die wesentliche Kontrolle über wissenschaftliche Arbeit und ihre weitere Entwicklung liegt in den Händen weniger Leute in den Führungsorganen großer privater Institutionen und an der Spitze von Regierungsbürokratien. Diese Leute haben immer wieder die Wissenschaft für schädliche Zwecke ausgebeutet, um ihre eigenen Machtpositionen zu festigen. Die realen Gefahren sollten nicht verharmlost werden. Was die spezielle Frage der genetischen Manipulation betrifft, so können wir die Zukunft nicht voraussagen. Aber wer hätte 1896 (Zeit der Entdeckung der Radioaktivität durch BECQUEREL) jene Waffen zur Massenvernichtung vorausgesehen, die uns heute alle bedrohen." Die drei Gelehrten, von denen SHAPIRO inzwischen seine wissenschaftliche Tätigkeit zugunsten eines Übergangs in politische Arbeit aufgegeben hatte, fügen hinzu: "Wenn unsere Argumente dahin führen, daß 'der Fortschritt der Wissenschaft selbst unterbrochen werden könnte', so ist das eine unglückliche Folge, die wir zu akzeptieren haben werden. Sie sollte uns jedenfalls nicht daran hindern, unsere Meinung zu sagen".

Die gesellschaftliche Verantwortung der drei U.S.amerikanischen Forscher hat sie veranlaßt, mit aller Entschiedenheit auf die möglichen Folgen bestialischer Ausnutzung ihrer Entdeckung hinzuweisen, obwohl es wahrscheinlich zutrifft, daß es zunächst nicht möglich ist, durch das Isolieren der lac-Operon-DNS eine gezielte Veränderung der Erbmasse von Escherichia coli durchzuführen oder gar die viel komplexere Erbmasse des Menschen zu verändern. Direkt konfrontiert mit der USA und ihrer Aggressionspolitik verzichten jene Forscher lieber auf den weiteren wissenschaftlich-technischen Fortschritt, ehe sie sich in die Gefahr begeben, mitschuldig an reaktionärer Anwendung ihrer Ergebnisse zu werden.

Das Stoppen des wissenschaftlichen Fortschritts erscheint ihnen wichtiger. Akzeptabler ist für sie das Orientieren auf das Erledigen der notwendig gewordenen Aufgaben.

Die Probleme des Umweltschutzes, der Luftverschmutzung, der Verseuchung durch

DDT und Pestizide zu beheben, erweist sich indes als sekundäre gegenüber dem zentralen Thema, den Imperialismus zu beseitigen. Die Veränderung der Struktur der Gesellschaft ist maßgeblich, um in der gesamten Gesellschaft die Bedingungen zu schaffen, unter denen der Widerspruch zwischen Entwicklung der Produktivkräfte und der Wissenschaften sowie der Gesellschaft aufgehoben ist, das gemeinsame gesellschaftliche Interesse darin besteht, die Entwicklung ohne Gefahr für die Menschheit durchzuführen. Nicht zu beseitigen ist die mögliche Ambivalenz. Das gesamtgesellschaftliche Interesse muß indes darauf gerichtet sein, die mögliche positive Alternative zu sichern.

HAUSER: Objektiv ist die Entwicklung der Wissenschaft für den Fortbestand und die Entwicklung der Menschheit erforderlich. Sie sprachen davon, daß zu allen Zeiten, d.h. in allen bisherigen Gesellschaftsformationen auch subjektive Faktoren - hier im Sinne von gesellschaftlichen Faktoren - vorhanden waren, die wissenschaftliche Ergebnisse und Erkenntnisse zum Nutzen oder zum Schaden der Menschen wirksam werden ließen. Die heutige Lage unterscheidet sich jedoch fundamental von allen vorhergehenden Situationen. Sie besitzt eine neue Qualität. Heute bestehen die technischen Voraussetzungen, die Menschheit insgesamt zu vernichten und die Erde in einen unbelebten Planeten zu verwandeln. Der Übergang von einer Gesellschaftsordnung zu einer neuen unterlag auch in der Vergangenheit objektiven Gesetzmäßigkeiten. Die Verzögerung dieses Schrittes oder der Mißbrauch wissenschaftlicher Erkenntnisse verursachte auch in der Vergangenheit großen Schaden, bedrohte aber nie die Menschheit als Ganzes.

Heute ist die Ablösung des Kapitalismus durch den Sozialismus nicht nur objektiv, sondern zwingend notwendig geworden. Sie muß bei Strafe des Untergangs der Menschheit in einer historisch kurzen Epoche vollzogen werden, da nur die Vergesellschaftung der Wissenschaft die in ihr wohnenden Risiken kontrollierbar macht und ihre nutzbare Anwendung sichert. Die Verantwortung der Wissenschaftler und aller Menschen besteht in erster Linie darin, hierbei mitzuwirken.

PETRAS: Aus manchen Publikationen kann vielleicht der Eindruck gewonnen werden, erst seit 1959 werde in Westdeutschland B- und C-Kriegforschung betrieben. Dem muß natürlich energisch widersprochen werden. Lediglich im Institut für Aerobiologie in Grafschaft, das in gewisser Hinsicht als B- und C-Kriegforschungszentrale konzipiert war, wurde erst im Jahre 1959 - unter der unmittelbaren Ägide des damaligen

Verteidigungsministers STRAUSS - die diesbezügliche Tätigkeit aufgenommen. An zahlreichen anderen Stellen in der BRD wurde bereits spätestens zu Beginn der fünfziger Jahre wieder an Problemen der B- und C-Kampfstoff-Forschung gearbeitet, wobei von Anfang an die alten "Kampfstoff-Fachleute" Hitlers eine bestimmende Rolle spielten.

LEY: Ja, Sie haben recht. Mit dem Beginn des kalten Krieges begannen die U.S.amerikanischen Imperialisten bei allen ihren alten und neuen potentiellen Verbündeten auch die B- und C-Kriegsforschung wieder zu forcieren.
Im Prinzip ist Ihnen, verehrter Professor HAUSER, nur zuzustimmen. Die Hauptverantwortung trägt allerdings nicht der Wissenschaftler, den Sie an erster Stelle nannten, sondern die Arbeiterklasse und ihre kommunistischen und Arbeiterparteien, von deren führender Rolle es abhängt, den Imperialismus tatsächlich zu beseitigen, die gesellschaftliche Ausnutzung der Technik und der Wissenschaften, der Physik und der Molekularbiologie, im Sinne einer Chance auszunutzen, damit die Springquellen des gesellschaftlichen Reichtums stärker fließen und dieser im Interesse der menschlichen Entwicklung Anwendung findet. Noch eine Bemerkung zu Ihrer anfänglichen These. Daß es gesellschaftliche Kräfte gegeben hat, die wissenschaftliche Ergebnisse und in vorwissenschaftlicher Zeit überhaupt die vorhandenen Produktivkräfte zum Schaden der Menschen wirken ließen, ist für antagonistische, auf Ausbeutung gegründete Produktionsverhältnisse charakteristisch. Was ich im vorliegenden Zusammenhang betonen wollte, ist aber etwas anderes, da seit MARX und LENIN dieser Gesichtspunkt weltweite Verbreitung gefunden hat. Schon in der Urgemeinschaft gab es Ambivalenz der mit den benutzten Mitteln gesetzten Folgen. Diese von ENGELS geförderte Einsicht ist heute und künftig unbedingt rückzuerinnern, weil allein damit die Vorstellung auszuschalten ist, als ob eine nicht antagonistische Gesellschaftsstruktur dieses Moment zu beseitigen vermöchte. Der qualitative Unterschied liegt vermutlich auch nicht in der Möglichkeit totaler Ausrottung der Menschheit und des Lebens auf der Erde. Der Marxismus-Leninismus entwickelte sich aus zwingenden Gründen vor dem Entdecken der Spaltung des Atoms, vor der Kybernetik und dem Entdecken der Regelkreise, der schnellen Rechner und der Molekularbiologie. Nach wie vor sind es nicht die naturwissenschaftlich-technischen Entdeckungen und ihre Anwendung, sondern die antagonistischen Widersprüche, die aus der Existenz von Kapitalismus hervorgehen und diese repräsentieren, die den Übergang zum Sozialismus notwendig machen.

Anderenfalls wäre das Einfachste, Technik und Wissenschaft zu zerstören, keine Wissenschaftler mehr auszubilden oder das Erzielen von technischen Ergebnissen sowie von Grundlagenforschung zu verhindern, um der Gefahr von Atomkriegen auszuweichen. Aus diesem Grunde habe ich auf das Urchristentum hingewiesen, weil diesem tatsächlich vor 1500 Jahren gelungen ist, Kenntnis und Anwendungen von Wissen, wie es in der Antike mindestens im Bereich des Römischen Imperiums angewendet wurde, in partielle Vergessenheit geraten zu lassen, obwohl das Wiederentdecken und Weiterentwickeln sich als nicht zu verhindern herausgestellt hat. Die neue Qualität sind die gerade auf Grund der Entwicklung der Produktivkräfte und der Wissenschaften sowie der wissenschaftlichen Technik gegebenen Chancen, von Ausbeutung freie Produktionsverhältnisse und zum ersten Male eine am Gesamtinteresse der Menschheit orientierte menschliche Kultur zu schaffen. Das Neue besteht darin, daß zum ersten Male Bedingungen vorliegen, unter denen die Menschheit die Konfrontation mit den aus der Entwicklung der Produktivkräfte entstehenden Folgen auszuhalten vermag, humanistische Strukturen in der sozialistischen Gesellschaft schafft, durch die wissenschaftlich-technische Entwicklung voll in den gesellschaftlichen Fortschritt zu integrieren ist.

NÜRNBERG: Besondere Bedeutung sehe ich in der Möglichkeit einer genetischen Veränderung der Menschen. Es geht nicht nur um eine Diskussion über Existenz oder Nichtexistenz der Menschheit, sondern auch um das Problem der irreversiblen Veränderung. Das wäre der Unterschied gegenüber anderen, zunächst ebenfalls schockierenden naturwissenschaftlichen Fortschritten.

LEY: Zweifellos. Entwicklung in Natur und Gesellschaft hat sich bisher als irreversibler Prozeß herausgestellt, wobei die Irreversibilität als positives Moment vom Standpunkt des Menschen zu werten ist, da er auf Grund dieser Gesetzmäßigkeit als solcher entstanden ist, die Aufeinanderfolge der Gesellschaften ebenfalls, trotz oft verschiedener erneuter Ansätze, die benötigt wurden, die möglich gewordene höhere Stufe zu ersteigen vermochte. Die genetisch gezielte Veränderung des Menschen vermag unter der Voraussetzung bester Absicht und technischer Beherrschbarkeit und unter der weiteren, aber irrationalen Voraussetzung, man könne sämtliche Folgen solcher Veränderung übersehen und zutreffend prognostizieren, eine Beschleunigung der natürlichen Entwicklung des Menschen als zoologisches Lebewesen erreichen.

Bisher hat die natürliche Selektion den homo erectus und den homo sapiens sich zugunsten des letzteren entfalten lassen und solche Mutationen erhalten, die das Benutzen von Produktionsinstrumenten luxurieren ließen. Nachdem einmal das produzierende Mittel zwischen eines der durch Selektion und die Veränderung der natürlichen Bedingungen auf unserem Genoid möglich geworden war, wirken die artifiziellen Veränderungen der Natur und der Menschengesellschaften selbständig als Gegebenheiten, die die Selektion der ungezielt entstandenen Mutationen beeinflussen. Da die natürliche Veränderung des genetischen Substrates bei Lebewesen von der Komplexität von Säugetieren im Verhältnis zur Entwicklung von Gesellschaftsformationen langsam vor sich geht, bedeutet die sicherlich bald gegebene Möglichkeit artifizieller Veränderung der menschlichen DNS die Chance beschleunigter Entwicklung des Menschen. Abgesehen von den bereits erwähnten therapeutischen Maßnahmen fragt sich natürlich dann, ob überhaupt sich der Mensch eine Chance ausrechnet, eine Veränderung des genetischen Substrates an sich selbst zu seinen Gunsten zu vollziehen. Man sollte durchaus folgenden Gesichtspunkt in Erwägung ziehen. Bisher bedeutete die Veränderung der natürlichen Umwelt des Entstehens und Vergehen von Arten in vielen Fällen ihr Aussterben. Es wäre denkbar und ist für lange Zeiten sicher, daß die Erde aus natürlichen Gründen unbewohnbar wird. Für diesen Fall könnte für eine lange Übergangszeit es gerade umgekehrt nötig sein, die Beeinflussung des genetischen Substrates zur Konstanthaltung der physischen Eigenschaften des Menschen zu benutzen. Sicher aber käme es mehr darauf an, nicht die natürlichen Bedingungen antievolutionistisch (vom Standpunkt des Menschen) wirken zu lassen, sondern umgekehrt die Bedingungen zu beeinflussen, daß sie für den Menschen erträglich bleiben. Für relativ lange Zeit halte ich es für optimal, über das Verändern von Gesellschaftsformation und technischen Bedingungen, durch das weitere Entfalten der Gesellschaftswissenschaften und der Naturwissenschaften, dem Menschen wie er existiert und sich nur langsam durch Selektion adaptiert, sich an gesellschaftliche Entwicklung ausselektioniert, die Chancen der physischen und geistigen Entwicklung zu gestatten. Für sehr lange Zeit bleibt auch der sogenannte gezielte Eingriff, wenn es gelingt, ihn zu realisieren, risikoreicher als die in diesem Falle nicht risikofreudige Beschränkung. Selbstverständlich ist es leicht, sich in dieser Hinsicht zu irren. Das wäre allerdings keine Einschränkung der wissenschaftlichen Forschung, sondern vielmehr eine der Maßnahmen, die die Gesellschaft zur Kontrolle möglicher Folgen von wissenschaftlichen Ergebnissen vornehmen würde. Unbedingt müßte indes auch die Technik der Veränderung des genetischen Substrates des Menschen erworben werden, wenn die Anwendung molekularbiologischer Kenntnisse soweit vorgedrungen ist.

GEISSLER: Haben wir es hier nicht auch mit einer neuen Qualität von Ambivalenz zu tun, indem die an der Entwicklung direkt und unmittelbar Beteiligten über die Folgen ihrer Arbeiten nachdenken und das Thema der Verantwortung diskutieren?

LEY: Sicher. Ich möchte indes ausdrücklich betonen, daß über lange Zeiten gesehen, sich unter den Wissenschaftlern durchaus immer genügend der Zukunft zugewendete Gruppen und Individuen gefunden haben, die die positive Variante der Ambivalenz ergriffen haben. Für den Kapitalismus ist charakteristisch, daß sich in manchen Ländern erstaunlich viele gefunden haben, die sich in das kapitalistische System integrierten und unbesehen ihre Fähigkeiten dem antagonistischen Produktionsverhältnis zur Verfügung stellten. In einer Arbeit von HORTLEDER ist für den westdeutschen VDI genau dieser Gesichtspunkt nachgewiesen worden. Die Annahme der Neutralität und der Klassenindifferenz der Wissenschaften innerhalb des Kapitalismus und überhaupt ihre Unabhängigkeit von Gesellschaft hat die Illusion erweckt, als ob es nicht auf die Veränderung der Gesellschaftsordnung ankäme. Damit ist dem Monopolkapital unmittelbar zugearbeitet und eine Ideologie verbreitet worden, die jenem direkte Unterstützung gibt. Für den Imperialismus ist die Haltung von SHAPIRO, ERON und BECKWITH vorbildlich. Indem sie sich weigern, ihre wissenschaftlichen Kenntnisse dem Imperialismus zur Verfügung zu stellen und daraus praktische Schlußfolgerungen politischer Art ziehen, können sie einen beträchtlichen Widerhall finden. Es genügt indes nicht, sich gegen Teilprobleme zu wenden, die in der bürgerlichen Gesellschaft auftreten, sondern ihre Aktivität muß bis zu den Wurzeln, bis zur Aufhebung des kapitalistischen Klassenverhältnisses vordringen. Die sogenannte große Weigerung in den USA und einem Teil der westdeutschen Jugend, aber auch in anderen kapitalistischen Ländern ist indes häufig mit einer Ideologie verkoppelt, die jede Äußerung der Entwicklung der materiellen Kultur mit Verdikt belegt. Damit wird der Imperialismus leichter fertig, als wenn seine Existenz, der notwendige Übergang zum Sozialismus im Klassenkampf angestrebt wird. Da aber gegenwärtig die Auseinandersetzung zwischen Kapitalismus und Sozialismus auch auf dem Gebiet der Wissenschaft und Technik stattfindet und gerade dort besondere Intensität angenommen hat, besteht die

Verantwortung der Wissenschaftler, im Rahmen der ihnen von der sozialistischen Gesellschaft zur Verfügung gestellten Möglichkeiten hohe wissenschaftliche Leistungen zu erzielen, auch auf dem Gebiete der Molekularbiologie, sowie der Physiker, um es zu wiederholen, auch nicht auf die Chancen der Quantenphysik und der Kernphysik verzichtet, weil damit die Erdpopulationen vernichtender Mißbrauch getrieben werden kann. Inzwischen festigt sich in vielen Ländern nach dem Vorbild der sozialistischen Staaten das Bündnis zwischen Arbeiterklasse und Intelligenz. In der Deutschen Demokratischen Republik hat unter der Führung der SED, die jetzt ihren 25. Jahrestag begeht, sich dieses Bündnis seit 1945 gefestigt, hat seine Erfolge erzielt und das gesellschaftliche Verantwortungsbewußtsein des Naturwissenschaftlers geschärft. Diese Tagung von Molekularbiologen, der Philosophie Beflissenen, von Filmschaffenden und Kunstschaffenden zeigt die ernste Arbeit, die geleistet wird, um sich das gesellschaftliche Verständnis anzueignen, optimal in unseren sozialistischen Strukturen wirksam zu werden.

GENETISCHE MANIPULATION BEIM MENSCHEN
BEGRIFF, ZIELRICHTUNGEN, WEGE UND VERGLEICH MIT DER GENETISCHEN MANIPULATION BEI PFLANZEN

RUDOLF HAGEMANN

Fachbereich Genetik, Sektion Biowissenschaften der Martin-Luther-Universität, Halle (Saale)

Motto:

DSI LU sprach: "Der Fürst von WE wartet auf den Meister, um die Regierung auszuüben. Was würde der Meister zuerst in Angriff nehmen?"
Der Meister sprach: "Sicherlich die Richtigstellung der Begriffe."
DSI LU sprach: "Darum sollte es sich handeln? Da hat der Meister weit gefehlt! Warum denn deren Richtigstellung?" Der Meister sprach: "... Wenn die Begriffe nicht richtig sind, so stimmen die Worte nicht; stimmen die Worte nicht, so kommen die Werke nicht zustande... Darum sorge der Edle, daß er seine Begriffe unter allen Umständen zu Worte bringen kann und seine Worte unter allen Umständen zu Taten machen kann. Der Edle duldet nicht, daß in seinen Worten irgend etwas in Unordnung ist. Das ist es, worauf alles ankommt." (KUNG FU TSE, Gespräche, Buch XIII, 3.)

Im folgenden werden die Grundgedanken des Vortrages stichwortartig zusammengefaßt:

1. Eine wichtige Voraussetzung für die so notwendigen effektiven und erfolgreichen Gespräche und Diskussionen zwischen Genetikern und Gesellschaftswissenschaftlern sowie Philosophen ist die Verwendung klar und einheitlich definierter Begriffe. Dies gilt besonders für den Begriff "Genetische Manipulation beim Menschen".

2. Unter "Manipulation" versteht man im allgemeinen die kunstgerechte Handhabung, die Anwendung der nötigen Handgriffe und Verfahren (Liebknecht: Volksfremdwörterbuch). Der Begriff 'Manipulation' ist in Philosophie und Gesellschaftswissenschaften meist mit einer negativen Wertung verknüpft (Manipulation der öffentlichen Meinung, Manipulation von Menschen oder Menschengruppen).

3. Was versteht man in der Genetik der höheren Pflanzen unter 'Genetischer Manipulation'? Bei höheren Pflanzen, insbesondere bei Kulturpflanzen, sind sehr effektive genetische Verfahren entwickelt worden, mit deren Hilfe neue Sippen (Sorten) mit bestimmten, vom Züchter gewünschten Eigenschaften (Krankheitsresistenz, höhere Leistung, ertragsfördernde Gestaltsmerkmale u.ä.) gezüchtet werden konnten. So verschieden die dabei angewandten Züchtungsverfahren im einzelnen sind, sie stimmen doch in folgendem überein: Das Züchtungsprogramm läuft über mehrere Generationen (ca. 4 - 8 Schritte). Im Laufe des Zuchtprogramms entstehen in den mittleren Schritten sehr oft Individuen mit stark herabgesetzter Vitalität (Nullisome, Monosome, Trisome; männlich oder weiblich sterile Pflanzen oder Intersexe; Individuen mit verändertem Chromosomensatz als Folge von Röntgenbestrahlung oder Behandlung mit chemischen Mutagenen). Durch geeignete Kreuzungsschritte - verbunden mit der Ausmerzung aller ungeeigneten Individuen - werden schließlich die leistungsfähigen Typen erhalten. Ihre Vermehrung führt zu den gewünschten Sorten bzw. zu den ertragreichen Kreuzungsnachkommenschaften (BREWBAKER, WILLIAM, Mitt. Sekt. Genetik). - In deutlich anderem Sinn wird "Genetische Manipulation" in bezug auf den Menschen genutzt.

4. Wenn man den Begriff "Genetische Manipulation beim Menschen" verwendet, können damit sehr verschiedene Zielstellungen und Wege gemeint sein, die man nicht vermengen darf. Es ist nötig, die beiden folgenden Zielrichtungen klar zu unterscheiden:
Die eine Zielrichtung ist die einzelne, durch genetische Veränderungen kranke Person. Die Einwirkung hat das Ziel, diese kranke Person selbst äußerlich (phänotypisch) wieder gesund oder doch zumindest teilweise wieder gesund zu machen. Die angewandten Verfahren sind nicht darauf gerichtet, das Erbgut dieser Person zu verändern; ihr Ziel ist vielmehr, die Ausprägung der genetischen Defekte zu unterdrücken. Die hierbei anzuwendenden Verfahren sollen im folgenden unter dem Begriff "Individual-Therapie" zusammengefaßt werden.
Die andere Zielrichtung ist die folgende Generation bzw. die folgenden Generationen. Die Einwirkung hat das Ziel zu erreichen, daß die zukünftige menschliche Population prozentual nicht mehr Erbkranke und genetisch defekte Menschen enthält als unsere heutige Population, möglichst sogar weniger. Die Verfahren sind darauf gerichtet, das Erbgut der folgenden Generationen dadurch zu verbessern, daß die Häufigkeit

defekter Erbanlagen (bzw. defekter chromosomaler Konstitutionen) herabgedrückt wird. Die genetische Belastung ("genetic load") soll erniedrigt werden. Die hierbei anzuwendenden Verfahren sollen im folgenden unter dem Begriff "genetische Populations-Therapie" zusammengefaßt werden.

5. Individual-Therapie: Die genetisch kranke Person soll selbst phänotypisch wieder gesund oder doch teilweise gesund gemacht werden (Euphänik).
Diesem Ziel dienen die vielfältigen Methoden der medizinischen Therapie, zu denen in der nächsten Zeit in wohl immer stärkerem Maße genetisch-molekularbiologische Methoden hinzutreten werden. Auf dieses Ziel sind mehrere verschiedene Verfahren gerichtet, die z. T. schon angewandt werden, z. T. bezüglich ihrer Anwendung diskutiert werden:
Phänotypische Normalisierung der erkrankten Person durch Einwirkung mit Hilfe von Hormonen, Vitaminen, Enzymen und ähnlichen Stoffen. Derartige Verfahren werden bereits seit langem in der Therapie angewandt: Behandlung des Diabetes (Insulin), von Wachstums- und Entwicklungsstörungen (Wachstumshormone) u.ä.
Die Ausprägung von Erbkrankheiten wird durch geeignete Diät unterdrückt. Die monogen rezessiv vererbte Erbkrankheit Phenylketonurie führt, wenn keine Behandlung erfolgt, in den allermeisten Fällen zu völliger geistiger Umnachtung der Patienten und macht einen dauernden Anstaltsaufenthalt notwendig. Eine geeignete Diät-Behandlung (phenylalaninarme Kost), die schon in den ersten Lebenswochen beginnen muß, verhindert die Ausprägung dieser Erbkrankheit. Die so behandelten Patienten bleiben äußerlich gesund, geistig leistungsfähig und arbeitsfähig. In der DDR läuft ein Suchprogramm, das ab 1971 alle Neugeborenen in der DDR erfassen wird, um die Phenylketonurie-kranken Säuglinge zu erkennen und sie einer frühzeitigen Diät-Behandlung zuzuführen (KNAPP). Gegenwärtig sind Untersuchungen im Gange, um derartige Suchprogramme für andere Stoffwechselkrankheiten zu entwickeln (HARRIS). Außerdem gibt es Bestrebungen zu prüfen, inwieweit andere genetische Defekte (u.a. auch numerische Chromosomen-Aberrationen) in ihrer Ausprägung durch geeignete Diätbehandlung etwas abzumildern sind.

Unterdrückung der Aktivität schädlicher Gene durch gezielte Eingriffe in die Prozesse der primären Genwirkung (Transkription, Translation) in Kombination mit/oder Zuführung von relativ stabiler, wahrscheinlich synthetischer Messenger-RNS für das normale Genprodukt. Diese Verfahren sind bisher beim Menschen noch nicht erprobt; Überlegungen und Experimente an Modellobjekten lassen die Anwendung solcher Verfahren in Zukunft aber sehr wohl möglich erscheinen.

Behandlung erkrankter Personen in vivo mit transformierender DNS oder mit Hilfe der Transduktion. Derartige Behandlungsweise wurde zwar gelegentlich diskutiert; sie hat aber wohl - zumindest in absehbarer Zeit - wenig oder gar keine Aussichten auf Erfolg. Das liegt an der mangelnden Gewebsspezifität derartiger Behandlung wie auch daran, daß diese Eingriffe selbst unter den optimalen Bedingungen bakterieller Systeme stets nur einen sehr geringen Prozentsatz der behandelten Zellen betreffen (GEISSLER).

Behandlung von Gewebe erkrankter Personen in vitro. Theoretisch besteht die Möglichkeit, einem Erbkranken Gewebe zu entnehmen, daraus eine Zell- oder Gewebekultur in vitro anzulegen. An derartigen in vitro-Kulturen ließen sich Versuche zur Transformation oder Transduktion in größerem Stil durchführen. Sollten diese Versuche erfolgreich sein, bestände die Möglichkeit, derartig genetisch geheilte Zellen in die betreffende Person zurückzuverpflanzen. Natürlich müßten alle dabei auftretenden Gefahren-Momente (z.B. Krebs-Transformation) sicher ausgeschaltet werden. Es ist allerdings zu beachten, daß als wichtige Alternative einer derartigen Behandlungsweise die Gewebs- und Organ-Transplantation anzusehen ist; diese wird nach erfolgreicher Überwindung der Immun-Barrieren wegen ihrer größeren Einfachheit vermutlich sogar ziemlich eindeutig überlegen sein.

Infektion erbkranker Personen mit genetisch manipulierten, dem Menschen unschädlichen Viren. Beim Tabakmosaikvirus ist es experimentell bereits gelungen, an das Virus-Genom ein Stück synthetisch erzeugter Nukleinsäure anzuhängen, das in der infizierten Pflanze auch übersetzt wird (ROGERS und PFUDERER). Es erscheint daher möglich, bei Viren, die entweder an sich unschädlich für den Menschen sind oder durch Verlust eines Genomstückes unschädlich gemacht worden sind, Gene des Menschen anzuhängen oder einzubauen. Eine Dauerinfektion erbkranker Personen mit einem derartig genetisch manipulierten Virus könnte durch die Aktivität des dem Virus eingebauten normalen Gens des Menschen die Kompensation des vorliegenden genetischen Defektes in den Körperzellen bewirken. Der Aufbau derartiger genetisch manipulierter Viren kann in Zell- und Gewebekulturen menschlicher Zellen in vitro vollzogen werden. Eine kritische Überlegung der Möglichkeiten einer Individual-Therapie mit Hilfe molekulargenetischer Methoden führt zur Vermutung, daß der hier skizzierte Weg in Zukunft wirklich erfolgversprechend ist.

Alle die unter 5. skizzierten Verfahren zielen auf der Grundlage des unverändert bleibenden Erbgutes der genetisch defekten Person darauf ab, die Ausprägung der defekten erblichen Konstitution zu verhindern und die Ausbildung eines möglichst weitgehend gesunden Phänotyps zu erreichen. In diesem Sinne sind alle diese Verfahren unter dem Begriff der "Euphänik" (im weiteren Sinne) zusammenzufassen.

6. Das Ziel der "genetischen Populations-Therapie" ist: Die Häufigkeit genetisch defekter Individuen soll in den Folgegenerationen prozentual nicht zunehmen, sondern möglichst abnehmen. Durch Veränderung der genetischen Zusammensetzung der Population soll die genetische Belastung möglichst abnehmen. Wie kann dieses Ziel erreicht werden? Ein indirekter, aber durchaus notwendiger Weg besteht darin, die Umwelt der Menschen so zu verbessern, daß mutationsauslösende Agenzien (zahlreiche Chemikalien, verschiedene Arten energiereicher Strahlen) nicht so auf den Menschen einwirken können, daß in seinen Geschlechtszellen Erbänderungen neu ausgelöst werden: "Manipulation der Umwelt", Mutations-Prophylaxe.

Der direktere Weg besteht darin, Maßnahmen einzuleiten, welche die Verbesserung der erblichen Konstitution der menschlichen Population zum Ziel haben (STERN, VOGEL).

Gelegentlich können sich solche Verbesserungen mehr oder weniger unbeabsichtigt vollziehen. So hat sich gezeigt, daß der in der Bevölkerung laufend zunehmende Gebrauch von Ovulationshemmern zu einem Rückgang der Häufigkeit des DOWN-Syndroms (mongoloide Idiotie, Trisomie 21) führt. Die Wahrscheinlichkeit für das Auftreten des DOWN-Syndroms nimmt nämlich mit steigendem Alter der Mutter (vor allem vom 35. bis 40. Lebensjahr an) stark zu; durch die Verwendung von Ovulationshemmern sinkt die Geburtenrate von Frauen dieser Altersgruppe ab und damit die Häufigkeit des DOWN-Syndroms.

Auf solche einzelnen spontanen Verbesserungen kann sich aber eine Populations-Therapie nicht verlassen. Hier muß die Gesellschaft durch verantwortungsbewußtes Einwirken das formulierte Ziel zu verwirklichen suchen.

Es bieten sich zwei Wege an: Der erste Weg wäre die Einleitung von Maßnahmen, die dazu führen, daß bestimmte Mitglieder der Population - die Träger schädlicher Erbanlagen bzw. einer defekten genotypischen Konstitution sind - sich nicht völlig frei und ungehemmt fortpflanzen (= negative Eugenik). Eines der wichtigsten, in diese Richtung zielenden Verfahren ist die genetische Familienberatung (FUHRMANN und VOGEL). Eltern, die schon ein genetisch geschädigtes Kind haben, sowie Ehepaare, unter deren Verwandten Erbkrankheiten oder genetische Defekte aufgetreten sind, können durch eine verantwortungsvolle genetische Familienberatung darüber aufgeklärt werden, wie groß für sie die Chancen sind, gesunde oder kranke Kinder zu haben. Daraus ergibt sich dann entweder der humangenetisch begründete Ratschlag, sich auf Grund der vorliegenden erblichen Belastung keine (weiteren) Kinder anzuschaffen; oder es kann die Auskunft gegeben werden, daß keine wesentlich über dem Bevölkerungsdurchschnitt liegende Gefahr von erblichen Defekten für die gewünschten Kinder besteht.

Die genetische Familienberatung wird in Zukunft durch die Möglichkeit der Heterozygoten-Erfassung ein wesentlich erweitertes Wirkungsfeld erhalten. Unter Heterozygoten-Testung versteht man Methoden, die es erlauben, die heterozygoten - äußerlich völlig gesunden - Träger solcher schädlichen Erbanlagen zu erfassen, die ihre homozygoten Träger zu Erbkranken machen. Das Herausfinden dieser Heterozygoten erlaubt - mit Hilfe entsprechender Erbberatung - die Senkung der erblichen Belastung der Folgegenerationen.

In die gleiche Richtung zielt ein weiteres, gegenwärtig in Entwicklung befindliches Verfahren: die pränatale (= vorgeburtliche) Diagnose. Es werden gegenwärtig Methoden entwickelt, mit denen sich prüfen läßt, ob ein sich entwickelnder Embryo bestimmte genetische Defekte (z. B. numerische chromosomale Anomalien) aufweist. Im Falle des gesicherten Nachweises solcher Defekte kann daraus - im Rahmen der bestehenden gesetzlichen Bestimmungen - eine Schwangerschaftsunterbrechung abgeleitet werden.

Noch nicht erprobt, aber in absehbarer Zeit wohl durchaus zu verwirklichen, wäre eine Ausschaltung bestimmter Gametensorten in besonders geeigneten Fällen. Beim Vorliegen Geschlechts-Chromosomen-gebundener Vererbung (z. B. vom Typ der Bluterkrankheit) ließen sich die X-Chromosomen-tragenden Spermien von den Y-Chromosomen-tragenden Spermien des erbkranken Mannes trennen. Durch die Ausschaltung

der Spermien mit dem X-Chromosomen (welche die schädliche Erbanlage tragen) würden diese Familien keine Töchter, sondern nur gesunde Söhne haben. - Entsprechend modifiziert, ließe sich dieses Verfahren auf andere Fälle anwenden.
Weitere Aspekte dieses Problemkreises der "negativen Eugenik" sind in dem Beitrag von FREYE (dieses Symposium) behandelt (FREYE).

Für die gemeinsame Diskussion von Genetikern und Medizinern mit Philosophen, Gesellschaftswissenschaftlern und Juristen schält sich eine wichtige Frage zum Problemkreis der "negativen Eugenik" heraus: Wie weit ist unsere Gesellschaft willens, in Fällen der klaren genetischen Indikation einer starken genetischen Gefährdung der Nachkommenschaft über das Erteilen von Ratschlägen und Bitten an bestimmte Glieder der Gesellschaft hinauszugehen? Wo liegen die Grenzen, und was sind die Kriterien entsprechender ethischer und juristischer Entscheidungen?

Als zweiter Weg könnte folgendes vorgesehen werden: Theoretisch gibt es zur Senkung der genetischen Belastung der Bevölkerung noch folgende andere Möglichkeit: Man kann versuchen, das kranke bzw. defekte Erbgut durch gezielte genetische Eingriffe zu verändern und es dadurch wieder normal zu machen. In letzter Zeit wird von verschiedenen Seiten darauf hingewiesen, daß die Erfolge der Molekulargenetik und Molekularbiologie derartige gezielte Eingriffe auch beim Menschen möglich erscheinen lassen. Obwohl diese Möglichkeit theoretisch unbestritten ist, muß man bezüglich ihrer erfolgreichen Anwendung auf den Menschen für die absehbare nächste Zeit doch sehr skeptisch sein.

Wenn das Erbgut des Menschen gezielt verändert werden soll, so muß die Einwirkung sich auf die Keimzellen selbst beziehen; das ist schon für das männliche Geschlecht nicht einfach, für das weibliche Geschlecht aber mit außerordentlichen Schwierigkeiten verbunden.

Selbst wenn eine solche angestrebte genetische Veränderung in bestimmten wenigen Keimzellen (etwa durch Vorgänge von Transformation oder Transduktion oder durch Mikrochirurgie definierter Chromosomen) erreicht worden wäre, müßte sich daran die Selektion dieser wenigen Zellen anschließen (denn selbst bei Bakterien erfolgt eine Transformation oder Transduktion niemals in allen behandelten Zellen, sondern stets nur in einem sehr geringen Teil, $1 \cdot 10^{-5}$ bis $1 \cdot 10^{-7}$). Diese Selektion ist ein ganz wichtiger Schritt bei einem solchen Verfahren. Sie wird dadurch sehr schwierig, daß z. B. zu testende Spermien gen-physiologisch weitgehend inaktiv sind, wodurch die Ausarbeitung von wirksamen Selektionsverfahren sehr erschwert ist.

Alle Bestrebungen über die Ausschaltung (oder Umänderung) "kranker", erblicher defekter Gene hinaus zu einer weitergehenden genetischen 'Umstruktion' der Population im Sinne einer "positiven Eugenik" fortzuschreiten, werfen eine Fülle genetischer, medizinischer, philosophisch-ethischer, gesellschaftswissenschaftlicher und juristischer Probleme auf. Ihre Behandlung und Lösung kann nur mit Umsicht, Sachkenntnis und großem Verantwortungsbewußtsein erfolgen und muß von den festen humanistischen Positionen ausgehen, die unsere Gesellschaftsordnung kennzeichnen.

LITERATUR

BAITSCH, H., DEGENHARDT, K.H., KAPLAN, R.W., REMANE, A. und TRAUTNER, T.A., Künstliche Veränderung des menschlichen Erbgutes. Umschau 68, (1968), 52

BREWBAKER, J.L., Angewandte Genetik. Gustav Fischer-Verlag, Jena 1967

FREYE, H.A. Kurzer Abriß der Humangenetik, Beitr. Abstammungsl., 3, (1968) 3

FUHRMANN, W. und VOGEL, F., Genetische Familienberatung, Springer-Verl. Berlin, Heidelberg, New York 1968

GEISSLER, E., Gentransfer in Kulturen tierischer Zellen. Biol. Rundschau 8, (1970), 90

HARRIS, H., The Principles of Human Biochemical Genetics, North Holland Publ. Comp., Amsterdam, London 1970

KNAPP, A., Genetische Stoffwechselstörungen, Gustav Fischer-Verl., Jena 1970

LISSEJEW, J.K. und SCHAROW, A.J., Philosophische, soziale und ethische Probleme der Humangenetik. Sowjetwiss., Gesellschaftswiss. Beitr. 1, (1971), 72 und 2 (1971), 187

Mitteilungen der Sektion Genetik der Biolog. Ges. in der DDR 2 (1970), Genetische Erkenntnisse in ihrer Bedeutung für die Züchtung

ROGERS, S. und PFÜDERER, P., Use of viruses as carrier of added genetic information, Nature 219, (1968), 749

STERN, C., Humangenetik, Gustav Fischer-Verl., Jena 1968

VOGEL, F., Lehrbuch der Allgemeinen Humangenetik, Springer-Verl. Berlin, Göttingen, Heidelberg, 1961

WENDT, G.G. (Hrsg.), Genetik und Gesellschaft, Marburger Forum Philippinum, 1970

WILLIAMS, W., Genetical Principles and Plant Breeding, Blackwell Sci. Publ., 1964

NOTWENDIGKEITEN UND MÖGLICHKEITEN EINER EUGENIK IM LICHTE MODERNER HUMANGENETIK

HANS-ALBRECHT FREYE

Bereich Medizin der Martin-Luther-Universität Halle-Wittenberg

In "MEYERs NEUES LEXIKON" Bd. 3, 1962, ist unter dem Stichwort Eugenik zu lesen: "In den kapitalistischen Ländern weitverbreitete pseudowissenschaftliche Lehre von der 'Verbesserung der Menschenrasse', die von der reaktionären Annahme ausgeht, daß sich eine körperliche und geistige Überlegenheit 'höherer' ('Herrenrassen') über 'niedere' Rassen ständig erhalte; ..."
Nach WILHELM LIEBKNECHTs Volksfremdwörterbuch 1953 ist Eugenik "Lehre von der leiblich-geistigen Höherentwicklung des Menschengeschlechtes, insbesondere Erforschung der Vererbung."
In den "Grundlagen der Humangenetik" von CURT STERN, das ich im FISCHER-Verlag Jena 1968 in verantwortlicher Redaktion herausgeben durfte, schreibt HANS STUBBE in seinem Geleitwort: "Wer die Verantwortung für die Gesundheit eines Volkes trägt, kann sich eugenischen Maßnahmen zur Verhütung und Vorbeugung erblicher Erkrankungen zum Wohle des Menschen und der Erhaltung seiner Leistungsfähigkeit nicht entziehen."

In vielbenutzter, verantwortlicher Literatur also ein außerordentlicher und nicht zu übersehender Widerspruch in der Beurteilung der Eugenik! Die Frage ist deshalb, wie heute unter unseren sozialistischen Bedingungen und im Lichte moderner Humangenetik zu dem Problem einer Erbgesundheitspflege im sozialistischen Gesundheitsschutz, der ja eine permanente Aufgabe darstellt, Stellung genommen werden muß.

Ich hatte Gelegenheit, in meinem Übersichtsreferat "Kurzer Abriß der Humangenetik", erschienen 1968 in "Beiträge zur Abstammungslehre Bd. 3", ein eigenes Kapitel "Eugenik" aufzunehmen und damit eine Diskussion in Gang zu bringen. Ich bin dankbar, daß ich heute vor diesem Kreis zu der Gesamtproblematik wieder einmal Stellung nehmen kann.

Der Begriff "Eugenik" wurde 1883 von FRANCIS GALTON, einem Vetter von CHARLES DARWIN, geprägt. Nach ihm sollte sich die Eugenik mit allen Bedingungen befassen, die zur Pflege der Erbeigenschaften in der Generationsfolge und zur Entfaltung der Erbanlagen im individuellen Leben zum Vorteil der Gesamtheit beitragen können. Allerdings erwog GALTON in euphorischer Auslegung der Selektionstheorie seines Vetters, in Anlehnung an Erfahrungen aus der Tierzucht, bei der Darlegung seiner Eugenik in heute nicht mehr ernst zu nehmender und zu diskutierender Weise die Möglichkeit einer "Veredelung" und Höherentwicklung" der Menschheit. Hier erhebt sich natürlich sofort die Frage, welche Eigenschaften des Menschen denn wohl als verbesserungswürdig oder als besonders wertvoll anzusehen seien. Es ist geradezu absurd und mit den Grundsätzen und der Würde eines Menschen nicht vereinbar, mit ihm züchten zu wollen.

In jüngster Zeit sind aber, so auf den internationalen Symposien "Man and his future" 1962, "Genetics and the future of man" 1965, von namhaften Experimentalgenetikern und Nobelpreisträgern, wie H.J. MULLER, J.J. LEDERBERG, F. CRICK, J. HUXLEY, J.B.S. HALDANE u.a. Programme zur "biologischen Verbesserung" der Menschheit und "Menschenzüchtung" aufgestellt worden. Diese Programme gehen von der keineswegs zu beweisenden Behauptung und von der Warnung aus, daß der Mensch vor dem Gentod stehe, einer "Prothesenkultur" entgegen gehe und an die von ihm selbst geschaffene Technik biologisch nicht mehr angepaßt sei. Die Forscher sind, wenngleich keiner von ihnen Humangenetiker ist, durch ihre wissenschaftlichen Leistungen und Erfolge in der genetischen Arbeit ausgezeichnet. Sie schlagen zur Erreichung ihrer Programme und Ziele u.a. vor:

1. Die Errichtung von "Spermabanken", die nur das Sperma "Genetisch wertvoller Spender" enthalten sollen (MULLER).
2. Eine staatliche Genehmigungspflicht für die Realisierung eines Kinderwunsches (CRICK).
3. Durch Züchtung und durch vorgeburtliche Eingriffe die Größe des menschlichen Gehirns zu steigern (LEDERBERG).
4. Durch strenge Geburtenkontrolle auf Intelligenz, spezielle Begabungen, körperliche Schönheit u.a. zu züchten (HUXLEY).
5. Durch genetischen Einbau von Determinanten für neue Enzyme (z.B. Zellulase)

zur Deckung des Nahrungsmangels auf der Welt (in diesem Falle dann Verdauung von Zellulose) beizutragen (ATWOOD).

Hierzu ist allerdings mit allem Nachdruck festzustellen, daß schon allein die Problemstellung aus einer uns fremden Vorstellungswelt kommt. Aufgabe ist es ja nicht, den menschlichen Organismus an eine ihm fremde Technik anzupassen, die Technik ist nicht Maß des Menschen, sondern vielmehr muß die Technik an den Menschen angepaßt und in seinen Dienst gestellt werden.

Auch hinsichtlich der zunehmenden "genetischen Belastung" ergibt sich bei aller Widersprüchlichkeit der verschiedenen Autoren "ein durchaus differenziertes Bild, in dem ungünstige und günstige Trends sichtbar werden" (VOGEL, 1967).

Notwendigkeiten einer Eugenik: Es gibt eine quantitative und eine qualitative Seite der Bevölkerungsbewegung. Die Pflege der Erbanlagen setzt eine Umwelt voraus, die einmal die optimale Entfaltung der Erbanlagen für jedes Individuum, zum anderen aber natürlich das Leben einer entsprechenden Anzahl von Menschen erlaubt. Wenn die sich gegenwärtig explosionsartig vermehrende Menschheit sich und ihren Kindern nicht ein menschenwürdiges Leben bieten kann, wäre es unverantwortlich, eine weitere Vermehrung zu empfehlen.

Das rasche Bevölkerungswachstum auf unserem Erdball kann durch folgende Zahlen der Veränderung der Wachstumsrate der Menschheit veranschaulicht werden. Die jährliche Wachstumsrate der Weltbevölkerung betrug:

im Paläolithicum	0,02	‰
um 1600	4	‰
um 1900	10	‰
und 1965	20	‰

Im Vergleich zu früher hat sich also die Zuwachsrate der Menschheit vertausendfacht. Das rasche Wachstum zeigt sich auch an folgender Entwicklung:

1850 lebten 1 Milliarde Menschen

1925	2
1960	3

1975 werden es voraussichtlich 4,

1985	5

und um das Jahr 2000 6,5 - 7 Milliarden Menschen auf unserem Erdball sein. Für 2100 sagen die Bevölkerungsstatistiker bei anhaltender Wachstumsrate eine Zahl von 50 Milliarden Menschen auf unserem Erdball voraus.

Hinsichtlich der Qualität der Erbanlagen ist zu berücksichtigen, daß - wie auf vielen anderen Gebieten auch - die Fortschritte der Medizin in unserem Jahrhundert in einem das bisher dagewesene weit übertreffenden Tempo vor sich gehen. Dank unserer therapeutischen Erfolge, der chirurgischen Kunst und den allgemeinen Fortschritten in unserem medizinischen Wissen werden heute viele Krankheiten erfolgreich bekämpft, die noch in früherer Zeit sich jeder Behandlung oder gar Heilung entzogen. Unter solchen heute korrigierbaren und therapeutisch in den Griff zu bekommenden Krankheiten sind auch viele Erbleiden. Die Folge ist, daß viele Säuglinge und Jugendliche am Leben bleiben, die noch vor 100 Jahren ausnahmslos dem Tod verfallen waren. Die allgemeine Lebenserwartung ist erhöht, Erbkranke kommen ins geschlechtsreife Alter, können sich fortpflanzen und damit auch ihre Erbanlagen weitergeben.

Es ist ein Erfolg, daß solche Leiden wie das Retinoblastom, die Lippen-Kiefer-Gaumen-Spalten, das DOWN-Syndrom, der Diabetes mellitus oder die Phenylketonurie und manche andere heute korrigierbar oder substituierbar sind. Man kann der modernen Medizin für diese großartigen Leistungen nur dankbar sein. Der Evolutionsforscher und der Genetiker aber sind ja mit dem Denken in langen Zeiträumen (NACHTSHEIM, 1965) vertraut. Wir dürfen also nicht nur an die Euphänik denken. d. h. die Korrektur und Kompensation der Defekte von Erbkrankheiten, die eine heute nicht wegzuwischende aktuelle Notwendigkeit ist, sondern wir müssen auch, und das muß hier mit aller Offenheit betont werden, die Kehrseite der Euphänik erkennen: Eine Korrektur von Erbkrankheiten bedeutet, daß nur die Symptome einer solchen Krankheit, aber nicht ihre eigentliche Ursache, nämlich das krankhafte Gen, geheilt werden. Die Zahl der schädlichen Gene, die für die aufgeführten Krankheiten wie auch für andere Fehl- und Mißbildungen verantwortlich sind, wird sich in der Population erhöhen.

Die biochemisch-genetische Forschung hat sich auch das breite Spektrum der Mutationen vorgenommen und neben physikalischen Mutagenen (so durch ionisierende Strahlen) mehr als 300 chemische Mutagene aus der von uns selbst geschaffenen Umwelt festgestellt. Das ist Grund genug, diese Knntnisse in der Bevölkerungspolitik anzuwenden, denn das

Erbgut wird durch die Mutation nicht besser. Mit einer bestimmten Mutationsprophylaxe können wir der Schädigung der Erbanlage in einem bestimmten Umfange begegnen. Noch hält die Menschheit aber bewußt nicht mit den Mutationen Schritt; sie betreibt damit Dysgenik.

Die angeborene Mißbildungsrate liegt heute bei 1 - 2 Prozent. Allein die Frequenz der numerischen und strukturellen Chromosomenaberrationen darf heute dahingehend eingeschätzt werden, daß bei uns etwa 1 irgendwie geartete chromosomale Aberration auf 150 Lebendgeburten kommt. Darüber hinaus zeigen etwa 40 % aller Spontanaborte der ersten 3 Schwangerschaftsmonate solche cytogenetischen Defekte.

Nun gibt es nach F. VOGEL (1967), das kann nicht nachdrücklich genug betont werden, nicht nur voraussichtlich ungünstige Einflüsse in der qualitativen Erbgesundheitsentwicklung, sondern auch günstige Einflüsse. VOGEL hat, wie auch Th. DOBZANSKY und P.B. MEDAWAR, durch exakte Analysen die Haltlosigkeit der biologistischen Spekulationen und ihren antihumanen Charakter nachgewiesen. Nach ihm sind voraussichtlich ungünstige Einflüsse:

1. Die Erhöhung der Mutationsrate durch ionisierende Strahlen und chemische Substanzen.
2. Die stärkere Fortpflanzung von Erbkranken durch verbesserte und vermehrte ärztliche Therapie des Phänotyps.
3. Die stärkere Fortpflanzung leicht Schwachsinniger infolge Nichtgebrauch antikonzeptiver Mittel.

Das wahrscheinliche Ausmaß dieser Trends ist vermutlich in nächster Zukunft nicht extrem hoch.

Zu den wahrscheinlich günstigen Einflüssen rechnet VOGEL:

1. Die Verminderung von Chromosomenaberrationen, Neumutationen und Mißbildungen dadurch, daß sich die Fortpflanzung in die biologisch günstigste Zeit der Frau von 20 - 34 Zusammendrängt.
2. Freiwilliger Verzicht auf Fortpflanzung in erbkranken Familien.
3. Wegfall von unnötig gewordenen genetischen Anpassungen, z. B. gegenüber Infektionskrankheiten und Mangelernährung.

Das Ausmaß ist bei diesen Trends z. T. schon relativ gut abschätzbar, an Bedeutung zunehmend und sicher erheblich.

Möglichkeiten einer Eugenik: Die Menschheit muß also nicht genetisch verbessert werden, es gilt vielmehr, den ungünstigen qualitativen aber auch quantitativen Einflüssen, die in den nächsten Jahrzehnten überwiegen werden, zu begegnen. Dazu gehört neben der Steigerung der Therapie-Erfolge für die gegenwärtige Generation auch in humangenetischer Zielsetzung die Verantwortung für die kommenden Generationen zu tragen. LÖTHER schreibt 1970 denn auch: "Der sozialistische Humanismus richtet sich deshalb nicht auf einen biologisch verbesserten 'Übermenschen der Zukunft', sondern auf den Menschen hier und heute, auf die Beseitigung von Ausbeutung und Unterdrückung, auf die allseitige Entwicklung der sozialistischen Persönlichkeit in der sozialistischen Menschengemeinschaft."

Auch die Chancen zur Bewältigung der Bevölkerungslawine sind keineswegs schlecht, sondern die Menschheit besitzt Mittel, um durch soziale und wirtschaftliche Entwicklung überall in der Welt Armut und Not zu überwinden. DREESMANN (1968) stellt 4 Phasen eines Bevölkerungszyklus auf, abgeleitet von dem Zyklus im hochentwickelten Europa, und meint, daß weltweit dieser Zyklus in der Bevölkerungsbewegung sich durchsetzen wird.

1. Zustand mit hoher Geburts- und Sterberate in der vorindustriellen Gesellschaft
2. Rascher Rückgang der Sterberate und folglich hohes Bevölkerungswachstum bei beginnender Industrialisierung
3. Abnahme der Geburtenziffer
4. Anpassung an die Sterberate bis zum Einpendeln eines neuen Gleichgewichtes mit geringer Wachstumsrate der Bevölkerung.

Dazu ist aber nach meiner Meinung notwendig: weltweite Verbesserung von Ernährung, Entwicklung von leistungsfähigen Industrien, Erziehung der Jugend als potentieller Elterngeneration und Geburtenbeschränkung, besonders bei der Erwartung von Neugeborenen mit genetischen Defekten. Die Analyse der Bevölkerungsdynamik macht deutlich, daß mit relativem Wohlstand und zunehmender Bildung die Kinderzahl abnimmt und die Bevölkerungszunahme dadurch relativ geringer wird. Neben der Geburtenbeschränkung und Familienplanung gilt es, die sozialökonomischen Faktoren zu beachten, den Lebensstandard zu verbessern und das Bildungsniveau zu erhöhen.

Aus genetischer Sicht ist aber nicht nur die quantitative Bevölkerungsentwicklung, sondern auch die qualitative Bevölkerungszusammensetzung im Auge zu behalten. Wenn wir als das Ziel der Eugenik ansehen, dafür Sorge tragen zu müssen, daß an die folgenden Generationen in weitaus größerer Zahl vorteilhaftere als schädliche Erbanalagen weitergegeben werden, dann gibt es dafür prinzipiell 2 Wege:

1. Verhinderung der Weitergabe schädlicher Gene, das ist negative Eugenik,
2. Förderung der Weitergabe wertvoller Erbanlagen, das ist positive Eugenik.

Bei der negativen oder präventiven Eugenik gibt es eine Reihe von Möglichkeiten der aktiven Erbgesundheitspflege, die wie folgt zusammengefaßt werden kann:

1. Verbreitung sicherer Kenntnisse über die Vererbungsgesetze nicht nur bei den Medizinern, sondern in der gesamten Bevölkerung.
2. Aufklärung in erbgesundheitlichen Fragen, wie: Erbhygiene, Familienplanung, Geburtenregelung, Empfängnisverhütung, in Schule, Presse, Vorträgen, Eheberatungsstellen.
3. Humangenetische Familienberatung für erbkranke Menschen, aber auch für Gesunde und ihre Familien.
4. Ausgehend von der Feststellung MECKLINGERs, daß es sich bei der freiwilligen Sterilisierung um eine wohlerwogene Maßnahme des Gesundheitsschutzes handelt, Anwendung der im Rahmen der zentralen Kommission für Familienplanung und der Problemkommission Geburtshilfe und Gynäkologie beim Rat für Planung und Koordinierung der medizinischen Wissenschaften ausgearbeiteten und angenommenen Konzeption zur Regelung der freiwilligen Sterilisierung (irreversible Kontrazeption) sowohl bei medizinischer als auch humangenetischer Indikation (vgl. ROTHE, 1970). Sozialistische Rechtslage ist hier die "Instruktion über die irreversible Kontrazeption bei der Frau" des Ministeriums für Gesundheitswesen vom 21. April 1969, in der vermerkt ist, daß deren Anwendung dann in Übereinstimmung mit der sozialistischen Gesetzlichkeit steht, wenn sie gemäß dem von der medizinischen Wissenschaft und Praxis erreichten Erkenntnisstand objektiv indiziert ist und das ärztliche Handeln subjektiv darauf gerichtet ist, ärztliche Gefahren für Leben und Gesundheit abzuwenden.
5. Schaffung einer vollständigen Statistik aller Mißbildungen, absolute Meldepflicht für alle Mißbildungen.

6. Aufstellung eines erbhygienischen Registers nach dänischem Vorbild.

Die Anwendung dieser Möglichkeiten, die hier aufgeführt worden sind und die sich aus den Erkenntnissen der Erbbiologie ergeben, münden ein in das Ziel, das für Erbkrankheiten noch mehr als sonst in der Medizin gilt: Vorbeugen ist besser als heilen. Für verantwortungsbewußte Menschen sollte der Grundsatz gelten: die Zeugung eines Kindes muß vermieden werden, wenn die unzumutbar hohe Chance besteht, daß es eine seine Gesundheit und sein Wohlbefinden ernsthaft beeinträchtigende erbliche Anomalie aufweisen würde (VOGEL, 1967).

Die positive Eugenik, sieht man von den schockierenden und nicht zu diskutierenden Forderungen der Hypereugeniker ab, kann heute noch keinen sehr wirksamen biologischen Beitrag zu der gesamten Problematik liefern. Wenngleich E.L. TATUM 1967 meint, daß ein "biologisches Ingenieurwesen" (biological engineering) durch gerichtete Veränderung der Erbanlagen auch die Kombination des Genbestandes einer menschlichen Population beeinflussen kann, und so Genkombinationen zu umgehen vermag, die zu einer der rd. 20000 heute bekannten Erbkrankheiten führt, so meine ich, daß wir von einem solchen "biological engineering" aus genetischen Gründen noch weit entfernt sind.

Allerdings gewinnt in einem analytisch diagnostischen System die Ausarbeitung von Heterozygotentests, die in hoher Empfindlichkeit einfache Gendosen phänotypisch Gesunder aufspüren, zunehmend Bedeutung. Auch auf diesem Wege kann man über eine in der Zukunft eben nicht mehr zu umgehende verantwortungsbewußte Familienberatung die Homozygotiewahrscheinlichkeit des gleichen kranken Gens senken.

Die positive Eugenik kann heute ihren Beitrag in solchen soziologischen Fragen verstärken wie: Förderung der Begabteren, der Familie, Erziehung in der Gruppe als dem für die Ausformung der natürlichen aber auch unbekannten Erbanlagen gemäßen Wirkungsfeld sowie Schutz des Menschen vor einer inhumanen Wissenschaft, die nicht einsehen will, wo das Zulässige seine Grenzen hat und wo der Frevel beginnt.

Die Bedingungen für die Evolution der menschlichen Species - die nicht nur eine biologische, sondern auch eine gesellschaftliche Grundlage hat - und damit für die Zukunft des Menschen überhaupt, hat in klarer Form der sowjetische Genetiker M.E. LOBASCHOW 1967 zusammengestellt:

1. Schutz des Menschen vor der Wirkung von Mutagenen.

2. Erarbeiten von Methoden zur Verhütung von Erbkrankheiten und zur Behandlung Erbkranker.

3. Soziale und ökonomische Gleichstellung der Menschen, die für alle Genotypen gleiche Realisierungschancen bietet.

4. Herstellen optimaler Bedingungen für Ausbildung und Erziehung für die Weitergabe des Wissens und der Erfahrungen an die nachfolgenden Generationen.

5. Dispensairbetreuung erbkranker Familien.

6. Medizinisch-genetische Beratung vor der Eheschließung.

Das 20. Jahrhundert wurde oft als das der Naturwissenschaften bezeichnet, und der Ausgang dieses Jahrhunderts wird vermutlich - genau so wie der Eingang von der Physik und Chemie bestimmt wurde - von der Biologie im umfassenden Sinne determiniert. Allerdings tragen wir dem besonders in unserer Medizinerausbildung in keiner Weise Rechnung. Wie kann es sonst vorkommen, daß z. B. in Jena trotz anderer Anweisungen des MECKLINGERplanes das Fach Biologie überhaupt nicht mehr für die Ausbildung der Mediziner existiert? In England gibt es in der Schule das Fach Humanbiologie. Auch bei uns sollte keiner die Schule verlassen, ohne daß ihm ein modernes, ein biologisches Weltbild und Menschenbild vermittelt worden ist. Bei uns liegt auf vielen der Begriffe wie Erbgesundheitspflege, Erbkrankheiten, Familienplanung, Geburtenbeschränkung, Geburtenregelung usw. leider immer noch ein zu spürendes tabu, die Humanbiologie fällt in der Schule ganz unter den Tisch und viele taumeln in eine Ehe hinein, ohne nach dem Erbgut des Ehepartners überhaupt gefragt zu haben. Es fehlt an genetischen Beratungsstellen.

Die aufgeführten eugenischen Maßnahmen sind, und hier schließe ich mich LÖTHER voll inhaltlich an, Bestandteile des gesamtgesellschaftlichen Fortschritts und Programmpunkte seiner bewußten Gestaltung, die den Gesundheitsschutz als ständige Aufgabe sehen. Sie sind Gesichtspunkt, die wissenschaftliche Gesellschaftsprognostik und Planung zu berücksichtigen haben.

Vom therapeutischen Gesichtspunkt aus kann man die menschlichen Krankheiten in 3 Gruppen einteilen.

1. Diese Gruppe umfaßt diejenigen Krankheiten, für die es eine kausale Therapie gibt, die also vollkommen heilbar sind (Infektionskrankheiten, parasitäre Erkrankungen,

soweit sie der Chemotherapie zugänglich sind, Mangelkrankheiten wie Rachitis, Skorbut, Beri-Beri u. a.).

2. In der Gruppe finden sich diejenigen Krankheiten, die zwar nicht heilbar, aber doch soweit zu beherrschen sind, daß der Patient unter dauernder Therapie praktisch normalisiert ist. (Insulinbehandlung des Diabetes, Therapie der Schilddrüsenüberfunktion mit antithyreoidalen Stoffen, Vitamin-B12-Behandlung der perniciösen Anaemie).
Hierher gehören auch die Erbkrankheiten, die durch eine Euphänik kompensiert, substituiert und korrigiert werden.

3. Diese Gruppe schließlich stellen diejenigen Krankheiten dar, die z. Z. nur symptomatisch behandelt werden können (Krebs, Arteriosklerose, zahlreiche neurologische Erkrankungen usw.). Wir wollen aber eingedenk sein, daß in den letzten 100 Jahren die Einordnung der Krankheiten in diese Gruppen sich fortwährend geändert hat. Führt man die Entwicklungslinie einer fortwährenden Therapieverbesserung und eben auch der Euphänik in die Zukunft fort, so muß früher oder später der Zeitpunkt kommen, an dem alle Krankheiten in die 1. Gruppe einrangiert werden können, so daß für jede Krankheit eine kausale Therapie möglich wird.

Aus dieser Erkenntnis rührt unser Optimismus und die Förderung nach Verwirklichung eines Programms zur Abschaffung der Krankheiten, womit zunächst die Auffindung einer kausalen Therapie für jede Krankheit, darüber hinaus aber auch eine umfassende Prophylaxe gemeint sind. Im umfassenden Sinne gehört in dieses Programm auch die große Gruppe der Erbkrankheiten, die bei uns nicht mehr schicksalsbedingt und nur Angelegenheit des einzelnen Bürgers sind, sondern vielmehr zur Sorge von uns allen, der gesamten Gemeinschaft unseres Staates gehören. An diesem Programm haben alle Verantwortlichen mitzuarbeiten, nicht nur der Mediziner und der Humangenetiker, sondern alle, die für die quantitativen und qualitativen Veränderungen und Verbesserungen der Arbeits- und Lebensbedingungen der Menschen verantwortlich sind.

LITERATUR

DREESMANN, B., Probleme der Bevölkerungslawine, Stimmen der Zeit 93, 10, (1968), 238

FREYE, H.-A., Kurzer Abriß der Humangenetik, Beitrag zur Abstammungslehre, 3, (1968) 3

LÖTHER, R., Humangentik und die Zukunft des Menschen, Einheit 25, 2 (1970) 203

NACHTSHEIM, H., Eugenik im Lichte moderner Genetik, Forschung - Praxis - Fortbildung 17, (1966) 1

ROTHE, J., Gesundheitsschutz und irreversible Kontrazeption (Sterilisierung) der Frau, Dtsch. Ges.wesen XXV, 12, (1970) 555

STERN, C., Grundlagen der Humangenetik, Gustav Fischer-Verl., Jena 1968

VOGEL, F., Ist mit einer Manipulierbarkeit auf dem Gebiet der Humangenetik zu rechnen? Können und dürfen wir Menschen züchten? Hippokrates 38 (1967), 640

DISKUSSION

ROSENTHAL: Welche Ergebnisse haben Ehe- und genetische Beratungen in der DDR und in anderen Ländern bisher gezeitigt?

FREYE: In der DDR gibt es z. Zt. noch keine humangenetischen Familienberatungsstellen. Ehe- und Sexualberatungsstellen, die auch genetische Auskunft geben, gibt es in Leipzig, Berlin und Rostock. In England gibt es mehr als 400 Eheberatungsstellen, in denen sich die jungen Paare vor oder in der Ehe Rat einholen können über Erbgesundheitspflege, Erbkrankheiten, Geburtenbeschränkung, Familienplanung etc. In Dänemark beruhen Eheberatung und daran anschließende Maßnahmen auf vier Gesetzen (Sterilisationsgesetze, Schwangerschaftsunterbrechung). Im Jahre werden ca. 2000 Sterilisationen, 4600 Schwangerschaftsunterbrechungen, davon explicit 13 % aus eugenischer Sicht, durchgeführt. Die Zahl der genetisch defekt Geborenen ist um mehr als die Hälfte zurückgegangen und liegt unter 1 %. Ähnliche Verhältnisse herrschen in Japan vor: Hier ist die Geburtenrate rapide zurückgegangen, die Gebärperiode der Frau ist um 15 Jahre verkürzt, Sterblichkeit bei Kleinkindern an mongoloiden Mißbildungen unter 0,02 % gesunken.

STUBBE: Welche Rolle spielt die Eugenik in anderen sozialistischen Ländern?

FREYE: In Ungarn ist die Schwangerschaftsunterbrechung freigegeben, die Zahl der induzierten Aborte soll höher sein als die der Lebendgeburten. In Polen und z. T. in der ČSSR gibt es genetische Eheberatungen. In der Sowjetunion sind, ohne daß Wort Eugenik stark zu betonen, intensive Bemühungen um eugenische Maßnahmen zu verzeichnen (siehe meinen Vortragshinweis auf LOBASCHOW). Jugoslawien ist der Deklaration zum Bevölkerungswachstum der UNO beigetreten.

PAWELZIG: Zur Ergänzung möchte ich sagen, daß auch der Teminus "Eugenik" in der Sowjetunion während einer kürzlich stattgefundenen interdisziplinären Diskussion nicht als unakzeptabel angesehen worden ist.
Meine Frage lautet: Muß nicht auch hinsichtlich der Begriffe "Erbkrankheiten" und "Genetische Defekte" eine weitergehende begriffliche Differenzierung und Präzisierung erfolgen, um vorgeschlagene Maßnahmen präziser zu formulieren?

HAGEMANN: Ich habe in voller Absicht auf der einen Seite von Erbkrankheiten und andererseits von genetischen Defekten gesprochen. Eine Erbkrankheit liegt dann vor, wenn eine bestimmte Erbanlage von den Vorfahren auf die Nachkommen weitergegeben worden ist und sich dort manifestiert. Chromosomenaberrationen z.B., die leider in einer gewissen Häufigkeit auftreten, würde ich nicht als Erbkrankheit bezeichnen, denn die Eltern sind ja gar nicht erbkrank. In meinen Vorlesungen weise ich auch immer wieder darauf hin, daß es nicht nur unfair, sondern auch unzulässig ist, solche Eltern, die zum Beispiel mongoloide Kinder haben, mit dem Makel der Erbkrankheit zu behaften. Leider tritt gerade dieser Defekt in einer gleichmäßigen Streuung unter der gesamten Bevölkerung auf.

NÜRNBERG: Wäre eventuell eine Behandlung von Erbkrankheiten durch die Gesellschaft in gleicher Weise möglich und sinnvoll wie bisher bereits andere Krankheiten der Heilung zugeführt werden?

FREYE: Individualmedizinisch geschieht das natürlich. In die umfassende Prophylaxe müssen auch Erbkrankheiten einbezogen werden, wenn wir unserer Verantwortung für die folgenden Generationen gerecht werden wollen. (Als Erbkrankheit muß man nur die Fälle von Mongoloidie bezeichnen, die auf das Vorhandensein eines Translokationschromosoms zurückzuführen sind, welches Teile von Chromosom Nr. 21 enthält; diese Fälle sind aber relativ selten.)

GÜNTHER: Ich halte es für zweckmäßig, wenn wir auch hinsichtlich genetisch bedingter Krankheiten bei der Formulierung des Krankheitsbegriffes bleiben und im Verhalten der Gesellschaft gegenüber genetisch Kranken entsprechend verfahren wie gegenüber anderen, etwa infektiösen Krankheiten. Das bedeutet, daß von der Gesellschaft bestimmte Regeln festgelegt werden, die eine entsprechende Therapie empfehlen, daß also praktisch eine Therapie am Phänotyp vorgenommen werden müßte zur Normalisierung eines bestimmten Phänotyps, zu seiner Einführungsmöglichkeit in die Gesellschaft, denn das ist ja letzten Endes das Kriterium. Das wäre das gleiche Kriterium, das auch hinsichtlich einer Beratung der Nachkommenschaft vorgenommen würde - wie würde die Belastung der Einzelindividuen aussehen und wie würden sich diese in die Gesellschaft einfügen können?

SCHERNECK: Ohne Zweifel sind gegenwärtig und auch in absehbarer Zukunft negativ eugenische Maßnahmen unsere Hauptwaffe im Kampf gegen Erbkrankheiten. Daß es hier noch einen echten Nachholebedarf gibt, ist wohl auch heute deutlich geworden und diesbezüglich den Worten Prof. FREYES kaum etwas hinzuzufügen. Trotzdem, glaube ich, dürfen wir die Augen nicht davor verschließen, daß, auf der Grundlage des rasch zunehmenden genetischen Wissens, auch die realen Möglichkeiten einer direkten genetischen Einflußnahme rapide steigen. Deshalb empfinde ich es schon heute als eine ungemein wichtige Aufgabe, die Gesellschaft auf derartige Dinge aufmerksam zu machen, sie vorzubereiten und vor allen Dingen jedem klar zu machen, daß wir in unserer Gesellschaft keine Angst vor einer solchen Entwicklung zu haben brauchen.

GEISSLER: Die von Prof. HAGEMANN erwähnten Befunde mit modifizierter Tabak-Mosaik-Virus-RNS und die einleitend von mir angedeuteten, mit Shope-Papillom-Virus erhaltenen Ergebnisse legen den Gedanken nahe, daß wir möglicherweise sehr viel schneller als uns lieb ist in die Lage versetzt werden, durch Einführung genetischer Informationen von außen in das genetische Material des Menschen bewußt eingreifen zu können. Angesichts einer derartigen Situation müssen wir schon heute die möglichen Konsequenzen diskutieren.

BACH: Den Ausführungen von Herrn Prof. FREYE stimme ich vollinhaltlich zu. Hinsichtlich der öffentlichen Aufklärung über humangenetische Probleme sollte man aber künftig der negativen Eugenik größere Aufmerksamkeit schenken. Insbesondere aus den bisher bei uns erschienenen Presseveröffentlichungen heraus kann der Eindruck entstehen, als ob positive eugenische Maßnahmen schon in naher Zukunft dominieren würden, wodurch die Aufmerksamkeit der Öffentlichkeit zu einem gewissen Grade von den schon jetzt bestehenden Möglichkeiten abgelenkt wird. Es sollten deshalb möglichst bald die richtigen Proportionen in der Öffentlichkeitsarbeit hergestellt werden, wozu auch die anwesenden Kulturschaffenden einen wertvollen Beitrag leisten könnten. Da die positive Eugenik auch in philosophischer und ethischer Hinsicht sehr viel problematischer ist, sollte deshalb hier in Kühlungsborn eine enge Zusammenarbeit zwischen Genetikern, auch Humangenetikern, Philosophen, Juristen und anderen Gesellschaftswissenschaftlern herbeigeführt werden, um zunächst die wichtigsten Fragen soweit vorzuklären, daß eine fruchtbringende öffentliche Diskussion gewährleistet ist.

GÜNTHER: Die Schwierigkeit bei irreversiblen eugenischen Eingriffen liegt meines Erachtens in der Festlegung der Grenzen für derartige Maßnahmen. Welcher Defekt ist so schwer, daß er einen solchen Eingriff verlangt? Da unser Wissen ständig wächst und sich ein eugenischer Eingriff schon nach einigen Jahren als nicht notwendig gewesen erweisen kann, bedarf es einer hohen Verantwortlichkeit bei der Entscheidung.

NÜRNBERG: In der Behandlung unterliegen Erbkrankheiten ebenso wie andere Krankheiten der Problematik der fortschreitenden Wissenschaftsentwicklung, so daß vielleicht irreversible Entscheidungen des Arztes später andere Lösungsmöglichkeiten als Grundlage gehabt hätten.
Bei der positiven Eugenik etwa im Sinne einer Selektion auf Gehirngröße im Extremfall wird die Frage akut, ob wir Situationen, die im geistig-erzieherischen Prozeß zu bewältigen sind, auf die rein biologische Basis schieben.

GEISSLER: Selbstverständlich distanzieren wir uns eindeutig von den vorhin zitierten abstrusen Äußerungen, die gelegentlich des CIBA-Symposiums über "Man and his Future" gefallen sind. Aber "Genetische Manipulierung" des Menschen im weiteren Sinne ist ja auch eine Heilung von genetischen Schäden durch bewußte Eingriffe, und das wäre ja dann eine sehr begrüßenswerte Möglichkeit einer Manipulierung. Wenn wir von "Manipulierung" sprechen, müssen wir uns also darüber verständigen, was wir darunter verstehen wollen.

SCHEEL: Negativ-eugenische Maßnahmen (besonders eugenische Propaganda) sollten fachgerecht durchgeführt werden. Das ist nicht allein mit der Einführung humangenetischer Themenkomplexe in die Lehrpläne der Schulen getan. Man muß die Lehrer fachlich befähigen, humangenetische Probleme sachlich richtig und im richtigen Zusammenhang darzustellen. Dazu ist eine enge Zusammenarbeit mit dem Elternhaus notwendig. Für die Ausbildung von Lehrer- und Medizinstudenten kommt es darauf an, sie in den Vorlesungen sowohl an die negative als auch positive Eugenik-Problematik heranzuführen, sie zu befähigen, ihren späteren Beruf in genetischer Hinsicht verantwortungsbewußt auszuüben.
Ein zweites Problem: Inwieweit soll dem einzelnen die Entscheidung überlassen bleiben, bei Erbkrankheiten von schwerwiegendem Ausmaß Nachkommen zu zeugen oder nicht. Hat nicht die Gesellschaft eine große Mitverantwortung, um den Nachkommen entsprechende Erbleiden zu ersparen?

GEISSLER: Ich habe doch Bedenken, einer genetischen Beratung und einer Einsicht der Betroffenen allzuviel Gewicht beizumessen, vor allem bei den heute schon mehrfach erwähnten Fällen leicht Schwachsinniger. In meinen mehrjährigen Bemühungen im Rahmen des "Komitees zur Verhütung des Krebses" mußte ich leider die Erfahrung machen, daß die meisten (jugendlichen) Zigarettenraucher sich nicht von dem Argument beeindrucken lassen, möglicherweise in voraussehbarer Zeit an einem Lungenkrebs zu erkranken. Kann man dann erwarten, daß diese Leute eventuell auf das Risiko Rücksicht nehmen, erbkranke Kinder oder Enkelkinder zu bekommen? Ein eindrucksvolles Beispiel derartiger Uneinsicht erwähnt übrigens W. SHOCKLEY auf der Nobel-Konferenz "Genetics and the future of man" (J.D. ROSLANSKY, editor, North-Holland Publishing Co. - Amsterdam 1966, p. 68). Ich glaube, daß wir deshalb ernsthaft diskutieren sollten, inwieweit andere Gegenmaßnahmen möglich und erlaubt sind.

PAWELZIG: Ist es nicht auch hinsichtlich der Frage eugenischer Maßnahmen erforderlich - und besonders staatlicher Maßnahmen - historisch den Blick weiter zu richten? Sind etwa bestimmte religiöse Normen und Ehegesetzgebungen in verschiedenen Gesellschaftsformationen, besonders gegen Inzuchtehen gerichtete, bereits eugenische Maßnahmen?

FREYE: Im gewissen Sinne sind Ehegesetzgebungen, ethische und religiöse Normen eugenische Maßnahmen. In den verschiedensten Ländern der Welt gibt es beispielsweise Bestimmungen über das Verbot von Verwandtenehen bzw. Definitionen von Inzucht und Inzest. Ich wollte in meinem Vortrag aber darüber hinaus eine Vielzahl von notwendigen und möglichen eugenischen Maßnahmen angesprochen haben, die selbstverständlich auch zum Teil historischen Ursprung haben.

MOLEKULARGENETIK - NICHT NUR EINE ANGELEGENHEIT DER GENETIKER

SIEGFRIED SCHERNECK

Sektion Biologie, Forschungsgruppe Mikrobengenetik der Universität Rostock

Wie wohl keine zweite Wissenschaft hat die Biologie in den letzten Jahren eine geradezu explosionsartige Entwicklung genommen.

Reichlich hundert Jahre nach GREGOR MENDELs berühmten Kreuzungsversuchen gelang es der Molekulargenetik, "den Regeln MENDELS von der Konstanz der Lebewesen, vom konservativen Prinzip in der belebten Natur und den Vorstellungen DARWINS von einem progressiv wirkenden Prinzip der Inkostanz eine exakte wissenschaftliche Basis zu geben" (MOTHES). Konnte ENGELS noch für das 19. Jahrhundert die drei wesentlichsten Entdeckungen nennen, nämlich die Entdeckung der Zelle, die DARWINsche Entwicklungstheorie und den Energieerhaltungssatz, die entscheidend zum dialektischen Verständnis der Naturzusammenhänge beitrugen, so sind in den letzten Jahrzehnten allein schon innerhalb der Molekulargenetik mehrere solche Entdeckungen zu nennen. Die wichtigsten davon sind im Einführungsvortrag von Prof. GEISSLER bereits genannt worden. Diese Erkenntnisse eröffnen der Wissenschaft ganz neue Wege, denn die Aufklärung der molekularen Grundlagen der Vererbung birgt in sich die Möglichkeit zur bewußten Veränderung des genetischen Materials aller lebenden Organismen durch den Menschen. Mit der Manipulierung des Genbestandes tritt die Molekulargenetik aus dem Bereich der Grundlagenforschung in den der Anwendung ein. Welche Auswirkungen das allein auf die Züchtung neuer Nutzpflanzen und Haustiere hat, ist zu diesem Zeitpunkt überhaupt noch nicht abzusehen. Doch bei diesen Möglichkeiten neuer Entwicklungen richtet sich der Blick auch auf die genetische Beeinflussung des Menschen selbst. Das wiederum bedeutet, den Menschen nicht mehr ausschließlich als bestimmendes Subjekt der Wissenschaft, sondern auch als Objekt der Forschung zu sehen.

Die ersten Bestrebungen zur Verbesserung des genetischen Materials des Menschen, und zwar durch künstliche Auslese, erfolgten schon vor der Wiederentdeckung der

MENDELschen Regeln, durch GALTON, der dafür auch die Bezeichnung Eugenik prägte. Unzureichende wissenschaftliche Grundlage der durchgeführten Maßnahmen, vor allem aber die in der "Rassenphilosophie" der Nationalsozialisten in Deutschland pervertierte Form der Eugenik haben der Genetik großen Schaden zugefügt, von dessen Auswirkungen sie sich nach dem zweiten Weltkrieg, vor allem in beiden deutschen Staaten, noch nicht restlos befreien konnte. Nach dem zweiten Weltkrieg setzte, vor allem in den USA und England, eine rasche Entwicklung der Molekularbiologie ein, deren wichtigste Ergebnisse erneut Fragen über die biologische Zukunft des Menschen aufwarfen (vergl. VOGEL). Viele der damals entstandenen Gedanken und Vorstellungen flossen ein in mehrere Symposien, von denen das 1962 in London veranstaltete CIBA-Symposium "Man and his future" (CIBA-SYMPOSIUM 1962) wohl das meiste Aufsehen erregte. Die Symposiumsberichte sind inzwischen weit verbreitet und heftig diskutiert worden. Gerade in jüngerer Zeit ist in der DDR von Vertretern verschiedener Fachdisziplinen klar gegen solche Vorstellungen, wie sie auf dem Symposium entwickelt wurden, Stellung genommen worden. Diese Stellungnahmen machen deutlich, daß der Mensch für die Londoner Autoren bestenfalls ein biologisch erfaßbares Wesen ist, das durch Vernunft charakterisiert wird, aber ohne gesellschaftlichen Bezug bleibt (LÖTHER, KLEIN, LEY). Bei einer solchen Konzeption des Menschen kann es nicht ausbleiben, daß in westlichen Ländern bevorzugt die Genetik zum Deckmantel für eine Fehlinterpretation gesellschaftlicher Verhältnisse benutzt wird (MOCEK, HEYDEN, REDLOW). Demgegenüber ist die von MARX und ENGELS entwickelte philosophische Auffassung vom Menschen, die ein wesentliches Element der materialistischen Geschichtskonzeption darstellt, zugleich Begründung für eine gerechtfertigte optimistische Grundposition der Menschen im Sozialismus. Die menschliche Gesellschaft und ihre Entwicklung sind nicht begreifbar mit der Evolution der Lebewesen oder gar mit der Entwicklung der Wissenschaft (Genetik), weil sie spezifische, nur ihr eigene Gesetzmäßigkeiten hat. Als Individuum formt sich der Mensch im Auseinandersetzungsprozeß mit der vorgegebenen sozialen Umwelt, auf der Grundlage der ererbten Anlagestruktur, in seiner individuellen Einmaligkeit sowie als Träger gesellschaftlich bedeutsamer Persönlichkeitseigenschaften. Welchen Verlauf seine menschliche Formung nimmt, welche Eigenschaften zur tragenden Grundstruktur seines Wesens werden, hängt in ganz entscheidendem Maße von gesellschaftlichen Einflüssen ab (EICHHORN II, LEY, LÖTHER).

Der Biologe ist immer, gleichgültig ob er in einem sozialistischen oder in einem kapitalistischen Land arbeitet, Repräsentant eben dieser Gesellschaft, deren Normen er vertritt und deren Forderungen er erfüllt. In dieser Funktion tritt er der Natur gegenüber, um sie den menschlich-gesellschaftlichen Bedürfnissen zu unterwerfen, verwirklicht damit gleichzeitig bestimmte Wertvorstellungen, die in dem jeweiligen Naturbild philosophische Dimensionen annehmen. Entscheidend für den gesellschaftlichen Auftrag des Biologen, die Natur zu unterwerfen, ist der Grad der gesellschaftlichen Repräsentation. Bleibt sie individuelles Anliegen, so wird er zum gehetzten Außenseiter und Einzelgänger. Erst auf der sozialistischen Ebene erhält der Biologe die umfassendste materielle und theoretische Hilfe. Es gibt kein Gegeneinander der Tendenzen, sondern er wird durch das gesamtgesellschaftliche Interesse geschützt (Sicherung materieller und kultureller Existenzbedingungen) und unterstützt, da erst jetzt das wirkliche Repräsentationsverhältnis erreicht ist und nicht nur das äußerliche Verhältnis, z.B. in einem Kaufvertrag.

Dennoch, glaube ich, verfallen wir in einen verhängnisvollen Irrtum, wenn wir annehmen, mit der begründeten Ablehnung von Vorstellungen im Sinne des Londoner Symposiums alle eugenischen Probleme gelöst zu haben. Es mag vielleicht etwas überspitzt klingen, aber ich stimme denen zu, die meinen, was für die Physik die Explosion der ersten Atombombe darstellte, war für die moderne Biologie (wenngleich in ganz anderen Dimensionen betrachtet) das CIBA-Symposium: Beide Wissenschaften rückten sprunghaft in das Rampenlicht der Öffentlichkeit, als sie gefährlich wurden.

Der Erkenntnisfortschritt in der Genetik, wie in jeder Wissenschaft, läßt sich nicht aufhalten. Er wird auch in solche Bereiche des Menschen eindringen, die früher (und noch heute) als "tabu" galten und gelten. Bei diesem Prozeß, der sich gegenwärtig in der Genetik abzuzeichnen beginnt, sollten wir aber immer klar unterscheiden zwischen Wissenschaft, die dem Menschen nützt ohne aus ihm lediglich ein Objekt der Forschung zu machen, und zwischen unwissenschaftlicher Spekulation. Der heutige Wissensstand und der rasche Erkenntnisfortschritt der Genetik machen theoretische Eingriffe in das Erbgut des Menschen, verbunden mit der entsprechenden Änderung bestimmter Merkmale, in nicht allzu ferner Zukunft wahrscheinlich. Dabei stehen wir vor der Frage, was sind wünschenswerte und was sind unerwünschte Merkmale beim Menschen? Diese Frage bezieht sich auf Werturteile und muß somit in jeder

Gesellschaftsordnung neu gestellt werden. Es ist aber relativ einfacher, sich darüber zu einigen, was man als eindeutig unerwünschte Anlage bezeichnen würde, so etwa Blindheit, Taubheit, allgemein gesagt, eine Anlage, die zu einer Erbkrankheit führt. (Daß auch diese Entscheidung noch umstritten ist, beweisen Fragen dieser Art: Welches ist der Zusammenhang zwischen Begabung und Geisteskrankheit, zwischen Genie und Wahnsinn? Können nicht heute unerwünschte, erblich bedingte Merkmale in Zukunft erwünscht sein oder umgekehrt?). Diese Eingrenzung führt uns zu einer neuen Frage: Sind denn derartig eingreifende Maßnahmen in den genetischen Bestand des Menschen überhaupt notwendig? Eine befriedigende Antwort auf diese Frage kann wohl heute noch nicht gegeben werden und selbst unter Genetikern, speziell Experimentalgenetikern und Humangenetikern, gibt es darüber große Meinungsverschiedenheiten. Jedenfalls ist es aber gegenwärtig doch nicht völlig zu widerlegen, daß die infolge auftretender Widersprüche zwischen biologischen Besonderheiten des Menschen, und der von ihm ständig neu geschaffenen Umweltfaktoren die ungünstigen Einflüsse auf sein Erbmaterial in Zukunft überwiegen könnten. F. ENGELS charakterisiert diese Problematik treffend, wenn er sagt: "Schmeicheln wir uns nicht zu sehr mit unseren menschlichen Siegen über die Natur. Für jeden solchen Sieg rächt sie sich an uns. Jeder hat in erster Linie zwar die Folgen, auf die wir gerechnet, aber in zweiter und dritter Linie hat er ganz andere unvorhergesehene Wirkungen, die nur zu oft jene ersten Folgen wieder aufheben" (ENGELS).

Die schon heute notwendigsten Vorkehrungen sind präventiv-eugenischer Art: Die Sanierung und Reinigung der Luft, des Wassers und des Bodens von schädlichen radiologischen und chemischen Faktoren, die Überprüfung aller chemischen Substanzen, die unmittelbar oder mittelbar mit dem menschlichen Körper in Kontakt kommen, auf ihre mutagene Wirkung, ausschließliche Verwendung als nicht mutagen erkannter Verbindungen zu Zwecken, wo sie mit dem menschlichen Organismus in Kontakt kommen, begrenzte ionisierende Strahlung und Entwicklung antimutagener Verfahren sind besonders wichtige Voraussetzungen zur Verhütung unerwünschter erblicher Verbänderungen. Die bisher wichtigste dieser Maßnahmen ist der Vertrag über das teilweise Verbot von Atomexplosionen. Eine große Bedeutung muß auch der verstärkten genetischen Familienberatung und der genetischen Aufklärung, besonders der Jugend, beigemessen werden.

Für zahlreiche Humangenetiker scheint mit derartigen Maßnahmen das Problem der genetischen Beeinflussung erledigt zu sein. Alles weitere, wenn es jemals so etwas geben sollte, liegt ihrer Meinung nach in weiter Zukunft. Der Münsteraner Genetiker LENZ formuliert das so: "Am CIBA-Symposium war nicht ein Humangenetiker vertreten. Nach dem internationalen Humangenetiker-Kongreß in Chicago hat das National Institute of Health aus zahlreichen Ländern die Humangenetiker zusammengeholt und da haben wir diskutiert, was denn die Humangenetik weiter planen und tun soll. Und da herrschte einhellige Ansicht: Nun gut, der alte MULLER, der hat nun seine Ideen noch einmal aus der Mottenkiste hervorgeholt, aber niemand von uns plant ernsthaft so etwas" (WENDT). Ich glaube, derartige Einstellungen sind in mehrfacher Hinsicht sehr leichtfertig und gefährlich. Schon heute ergeben sich aus mikrobengenetischen Erkenntnissen Prognosen, die einen Eingriff in das Erbgefüge real erscheinen lassen und im Falle der Heilung von Erbkrankheiten zum Segen der Menschheit gereichen könnten (z.B. mit Hilfe der aus der Mikrobengenetik bekannten Phänomene der Transformation und der Transduktion). Immerhin, so könnte man einwenden, ist es der medizinisch-biologischen Forschung zwar bis heute gelungen, einen Teil der Erbkrankheiten künstlich zu kompensieren (Diabetes, Phenylketonurie u.a.) und sicherlich werden es die Fortschritte der Forschung auf diesem Gebiet in Zukunft erlauben, noch weit mehr Erbkrankheiten als heute in dieser Form zu behandeln. Bei all diesen Maßnahmen muß man sich aber darüber im klaren sein, daß diese Krankheiten damit nicht geheilt sind und die Gefahr der eventuellen Weitergabe von entsprechend mutierten Erbanlagen an die Nachkommen ständig akut ist.

An obigem Beispiel, der Heilung von Erbkrankheiten, wird meiner Meinung nach deutlich, daß eine genetische Manipulation des Menschen nicht gleichgesetzt werden kann mit den "Übermenschvisionen" des CIBA-Symposiums. Aus heutiger Sicht kann der Mensch erst dann von der Geißel der Erbkrankheit befreit werden, wenn er genetisch geheilt wird (GEISSLER).

Auch auf anderen Gebieten, speziell des Gesundheitswesens, konfrontiert die Molekularbiologie den Menschen mit ihren Prognosen und Ergebnissen, von denen ich nur einige nennen möchte:

Aus Gründen der Zeugungsunfähigkeit des Mannes oder der Prophylaxe (Röntgenärzte) werden schon heute - frei von Züchtungszielen nach der Art von MULLER oder

HUXLEY - in den USA mehr als 10000 Kinder jährlich geboren, die durch artifizielle Befruchtung gezeugt wurden.

Aus den gleichen Gründen, der Zeugungsunfähigkeit des Mannes, könnte die "vaterlose" Fortpflanzung (Parthenogenese) in Zukunft bedeutsam werden. Kürzlich gelang einer englischen Forschergruppe die Befruchtung von menschlichen Eizellen in vitro. Mit dem Ziel, unfruchtbaren Frauen zu helfen, sind in naher Zukunft weitere Fortschritte auf diesem Gebiet zu erwarten.

Die Wissenschaft ist im Begriff, nicht nur die Lebensweise des Menschen, sondern den Menschen selbst zu verändern. (HÖRZ) Laufen wir Gefahr, den Menschen nicht mehr als bestimmendes Subjekt der Wissenschaft, sondern nur noch als Objekt der Forschung zu sehen? Das humoristische Zukunftsbild des Menschen, das JEAN ROSTAND (ROSTAND) entwirft, vermag dessen Bedenken nicht zu verbergen: "Ich bin geboren aus einem selektionierten Samen, der durch Neutronen bestrahlt wurde; mein Geschlecht war vorbestimmt, ich wurde getragen von einer Mutter, die nicht die meine war. Im Laufe meiner Entwicklung erhielt ich Einspritzungen von Hormonen und DNS, ich erhielt eine hyperaktivierende Behandlung der Hirnrinde. Nach meiner Geburt wurden einige Gewebsplastiken an mir vorgenommen, um meine geistige Entwicklung zu begünstigen, und noch heute unterziehe ich mich alljährlich einer Kur, um meinen Geist in Form und meine Instinkte in einem optimalen Tonus zu halten. Ich habe keine Ursache, unzufrieden zu sein, weder mit meinem Körper, noch mit meinem Geschlecht, noch mit meinem Leben, aber sagt mir: Wer bin ich?" Ich glaube, man muß diese Bedenken ROSTANDS ernst nehmen. Zwar kann ein Teil dieser typischen Entfremdungssituation durch die Überwindung der Klassengesellschaft gebannt werden (MOCEK), doch die Worte ROSTANDS enthalten noch mehr. Es geht hier um den humanistischen Gehalt der Forschung (HÖRZ).

In letzter Konsequenz der molekularbiologischen Fragestellung wird der Mensch zum Objekt seiner eigenen Forschung, d.h., seine an Viren und Bakterien gewonnenen und experimentell gesicherten Daten werden der schärfsten Prüfung unterworfen, sie werden nun am Menschen selbst geprüft. MARX hat diesen Vorgang treffend als die "Humanisierung der Natur" (MARX) bezeichnet, eine vollkommene Verfügbarkeit seiner äußeren Existenzbedingungen, aber auch von sich selbst, indem die physische Seite, seine biologische Grundkonstitution, mittels der Naturwissenschaft beherrschbar wird. Je mehr der Mensch selbst zum Gegenstand der Wissenschaft wird, ein sicheres Kennzeichen über den theoretischen und praktischen Entwicklungsgrad der Wissenschaft, desto stärker wird auch das Bedürfnis nach einer gesamtgesellschaftlichen Absicherung und Kontrolle.

In diesem Sinne glaube ich, daß die modernen Ergebnisse der Molekularbiologie ein echtes Problem bei der Entwicklung des sozialistischen Menschenbildes in unserer Gesellschaft darstellen. Eine wichtige Rolle spielt dabei die Verantwortung des Wissenschaftlers. Selbstverständlich für jeden Wissenschaftler dürfte die Verantwortung für die objektive Richtigkeit seiner Forschungsergebnisse und das klare Aufzeigen von unbewiesenen Spekulationen sein. Zu der Verantwortung eines Wissenschaftlers gehört weiterhin, für eine humanistische Verwendung seiner Arbeit einzutreten. Auf der WFW-Konferenz über Bedingungen und Möglichkeiten der wissenschaftlichen Zusammenarbeit in Europa in Wien 1968 wurde ein Verhaltenskodex für Wissenschaftler erarbeitet. Danach sollte Leitbild für jeden Wissenschaftler sein: Sorge um den Menschen, Loyalität, Bescheidenheit, Sorge um die Zukunft, Ehrenhaftigkeit und gesellschaftliche Verantwortung (WISSENSCHAFTLICHE WELT). Auf der gleichen Konferenz schlug M. STEENBECK Wissenschaftlern, ähnlich dem HIPPOKRATischen Eid der Ärzte, eine Richtschnur für ihr Handeln vor: "Ich gelobe, mich nicht an solchen Arbeiten zu beteiligen oder sie zu fördern, von denen ich bei gewissenhafter Prüfung Ergebnisse erwarten muß, die dem Ziel eines Zusammenlebens aller Völker der Erde in Frieden und Menschenwürde entgegenstehen".

Der Humanismus vieler Wissenschaftler, besonders in westlichen Ländern, beschränkt sich sehr oft in folgender Forderung an die Wissenschaft: Sie soll dem Wohl des Menschen, sie soll dem Frieden dienen. Diese Forderungen sind richtig und mit ganzer Kraft zu unterstützen, aber um sie zu verwirklichen, sind solche gesellschaftlichen Verhältnisse notwendig, die das auch zulassen. Ein Mißbrauch mit biologischen Erkenntnissen kann nur dann ausgeschlossen werden, wenn alle Wissenschaftler zur Grundlage ihres Handelns, ihrer Verantwortung, nicht nur fachliche und humanitäre Gesichtspunkte schlechthin nehmen, sondern vor allen Dingen die gesellschaftliche Entwicklung und die Existenz objektiver gesellschaftlicher Gesetze, die von Menschen bewußt ausgenutzt werden können, erkennen, und in ihre Handlungen einzubeziehen. Daraus resultiert auch die politische Verantwortung des Wissenschaftlers. "Eine

Zurückweisung in politischen Angelegenheiten ist ein Zeichen mangelnden Verantwortungsbewußtseins", war die Auffassung EINSTEINS, die auch heute noch nichts von ihrer Aktualität eingebüßt hat.

Unter den Bedingungen der wissenschaftlich-technischen Revolution gewinnt das individuelle gesellschaftliche Bewußtsein der Menschen zunehmend an Bedeutung. Die Bewußtseinsbildung ist aber untrennbar verbunden mit dem Bedürfnis der Menschen nach Information. Der Mensch muß in immer stärkerem Maße Entscheidungen treffen, als Individuum, als Angehöriger einer Klasse, die in jedem Falle Wissen voraussetzen. Träger dieser Informationen werden in verstärktem Maße Naturwissenschaftler, also auch Genetiker. Somit wird es für diese zur gesellschaftlichen Verantwortung, Stellung zu nehmen zu Problemen, die sich aus Diskussionen um die genetische Manipulation des Menschen ergeben. Über alles, was wir bis heute wissen, muß die Gesellschaft unterrichtet werden, was wir brauchen, sind biologisch informierte Menschen (GEISSLER).

Wir sollten uns distanzieren von Vorstellungen wie die eines biologischen "Übermenschen", aber auch davon, die Anwendung genetischer Ergebnisse auf den Menschen generell abzulehnen. Ich habe versucht, das am Beispiel der Erbkrankheiten darzulegen. Ich glaube, alles Reden von einem wissenschaftlichen Vorlauf, auch in Biologie und Medizin, wird zur Farce, wenn wir nicht bewußt "zukunftsbezogene" Gedanken entwickeln und auf ihre Verwirklichung überprüfen. Wir dürfen bei allen Prognosen nur niemals den gesellschaftlichen und weltanschaulichen Charakter der Wissenschaft mißachten. Es muß dafür gesorgt werden, daß durch einen vernünftig gestalteten Erziehungs- und Bildungsprozeß der größte Teil der Menschen in die Lage versetzt wird, die Konsequenzen biologischer Forschung nicht nur wissenschaftlich fundiert vermittelt zu bekommen, sondern wirklich selbst zu erkennen (GEISSLER). Besonders die Jugend steht im "Spannungsfeld verschiedener Leitbilder" (MALTUSCH) und muß sich in jedem Falle entscheiden können. H. BÖHME bemerkt treffend: "Es kann nicht genug für die Verbreitung biologischer Erkenntnisse durch die Schulen, durch populärwissenschaftliche Darstellungen und durch die Erwachsenenweiterbildung getan werden. Je mehr die Menschen wissen, umso eher werden sie auf Grund ihrer Einsicht in die tatsächlichen Gegebenheiten in der Lage sein, richtige Entscheidungen zu treffen" (BÖHME).

Viele Wissenschaftler pflegen im Zusammenhang mit der stürmischen Entwicklung in der Biologie immer wieder darauf hinzuweisen, daß hier ein Feld oberflächlicher Spekulationen und journalistischer Übertreibungen entstanden sei. Kürzlich erschien im Verlag "Das Neue Berlin" u.a. ein utopischer Roman von G. KRUPKAT "Nabou" (KRUPKAT). Der Roman schildert den Verlauf einer "geonautischen" Expedition, die von einem sogenannten Biomaten geleitet wird. Solche Biomaten sind "künstlich" erzeugte Menschen, die von außergalaktischen Bewohnern auf die Erde eingeschleust wurden und auf deren Funksignale hin unter bestimmten Voraussetzungen erzeugt bzw. vernichtet werden. Biomaten sind Erdbewohnern körperlich und geistig überlegen, aber zwischenmenschliche Beziehungen wie Liebe, Treue oder Kameradschaft sind ihnen fremd. Man kann natürlich über solche belletristische Biomaten geteilter Meinung sein. Ich stimme STEINBUCH zu, der solche Übertreibungen im Falle der Kybernetik, deren Entwicklung ähnliche Probleme wie die Molekularbiologie für den Menschen aufwirft, für das kleinere Übel hält: "Ich sehe nämlich mit viel größerer Sorge auf die Tendenz, zukünftige Entwicklungen zu verniedlichen, als auf gelegentliche Übertreibungen. Meine Sorge besteht darin, daß die Öffentlichkeit sich nicht mit den ungeheuren Folgen der Kybernetik (der Molekularbiologie - S.Sch.) und Automatenentwicklung auseinandersetzt, sondern sie bagatellisiert - wenn die journalistische Übertreibung dazu verhilft, diese Selbstgefälligkeit aufzulösen, dann sollte man ihr einiges zugute halten" (STEINBUCH).

Die großen Entdeckungen der Molekularbiologie können in ihrer letzten Konsequenz in keiner Weise, auch nicht von ihrem Entdecker, genau vorausgesagt werden (CARSON). Aus diesem Grunde reicht eine persönliche und gesellschaftliche Verantwortung des Wissenschaftlers für seine Ergebnisse nicht aus, sondern solche Entdeckungen verlangen außerdem eine gesellschaftliche Kontrollpflicht. Welcher Mißbrauch mit biologischen Erkenntnissen getrieben werden kann, läßt sich in seinem ganzen Ausmaß heute noch nicht absehen. Ihm vorzubeugen und die humanistischen Ziele unserer Wissenschaft zu verwirklichen, setzt eine Gesellschaftsordnung voraus, in der es "nicht dem Einzelnen überlassen ist, was er für vernünftig und human hält, sondern in der aus der in Zusammenarbeit gewonnenen, staatlich organisierten Verantwortung die entsprechenden Maßnahmen getroffen werden" (GEISSLER).

Die Verantwortung, die der Wissenschaftler bei der Herstellung der Einheit von

Humanismus und Wissenschaft trägt, kann dabei nicht nur darin bestehen, die Beziehungen Wissenschaft - Mensch (Gesellschaft) einzig auf Nutzen oder Schaden für den Menschen zu überprüfen. In dem Maße, wie die molekularbiologische Forschung einen immer größeren Beitrag bei der geistigen, körperlichen und sozialen Vervollkommnung des Menschen zu leisten imstande ist, wird es heute und in Zukunft nicht nur wesentlich sein, was entdeckt wird und wozu es verwendet wird, sondern auch wie es entdeckt wird und wie es angewendet wird, und es bleibt "die berechtigte Frage, welchen Anteil die Ethik an der Erforschung jener Probleme hat, die sich aus den Beziehungen zwischen der Zielstellung und den Methoden der Wissenschaft auf der Grundlage ihrer sozialen Funktion und ihrer Stellung in der Gesellschaftsformation ergeben" (LUTHER, PREHN). So gelang es kürzlich, wie schon einleitend erwähnt, einer englischen Forschergruppe, die erste in vitro-Befruchtung menschlicher Eizellen durchzuführen. In vitro befruchtete und gereifte Eizellen könnten die Behandlung bestimmter Formen von Unfruchtbarkeit möglich werden lassen. Daraus dürften sich in naher Zukunft eine ganze Reihe von Problemen ergeben, beispielsweise, ob Experimentieren mit "lebenden" Embryonen unmoralisch ist oder ob Vernichtung von Reagenzglaseiern Mord bedeutet. Wenn die befruchteten Eier über das Zwei-Zellen-Stadium hinaus beobachtet werden sollen, müssen sie in ein Kaninchen übertragen werden. Sollte hier die frühe Entwicklung des Embryos erreicht werden, ergibt sich ein neues Problem: Der nächste Schritt wäre die Wiedereinpflanzung eines befruchteten Eies in den Uterus einer Frau. Der Experimentator muß in diesem Falle entscheiden, ob er genügend über das artifielle Embryo weiß und wann einem künstlichen Embryo die volle Weiterentwicklung erlaubt werden kann. Diese Entscheidung kann schwieriger sein, wenn man das überhaupt so sagen kann, als die der Herzchirurgen, deren Herzspender bereits unheilbar krank sind. Die meisten ethischen Probleme im Zusammenhang mit der Herztransplantation wurden nach dem Ereignis debattiert. Heute besteht die Möglichkeit, ähnlich liegende molekularbiologische Probleme vor ihrer Anwendung zu diskutieren.

Ich habe bewußt obiges Beispiel gewählt, weil ohne Rücksicht auf viele ungeklärte biologische Probleme gerade hier die Situation besonders deutlich wird. Erfreulicherweise sind in der philosophischen Literatur der DDR in letzter Zeit eine ganze Reihe von Publikationen erschienen, die der Dringlichkeit und Aktualität gerade dieser Fragestellung Rechnung tragen und, was ich für besonders wichtig halte, die die

Rolle der Ethik als Wissenschaft hervorheben und den ihr gebührenden Platz als integrierter Bestandteil der marxistisch-leninistischen Philosophie einräumen (EICHHORN I, STEENBECK, KELLNER, VOGEL). Ich möchte an dieser Stelle noch einmal die eingangs erwähnten Autoren LUTHER und PREHN zitieren: "Die Lösung solcher ethischer Fragen wird, da sie auf soziale Verhältnisse einwirken, immer durch die Gesellschaftsformation bedingt und konkret historisch sein. Das ist der wesentliche Grund, warum wir einen "zeitlosen" ethischen Pflichtenkodex als Lösungsweg ausschließen. Andererseits scheint uns auch die Forderung nach "Anpassung" der Ethik an die Naturwissenschaft die Möglichkeit zu enthalten, daß die moralischen Normen und Verhaltensweisen pragmatisch "nachgestellt" werden. Eine echte Übereinstimmung gestattet weder dogmatische Grenzen der Ethik noch pragmatische Resignation; sie bedingt die theoretische Fundierung der Einheit von Ethik und einzelwissenschaftlichen Theorien nach den objektiven Erfordernissen des gesellschaftlichen Fortschritts, der Wissenschaft sowie der Interessen der betroffenen Menschen ... Die Forderung nach einer marxistisch-leninistischen Wissenschaftsethik schließt das Bedürfnis ein, die Übereinstimmung von wissenschaftlichem und moralischem Fortschritt prognostisch zu regulieren" (LUTHER). Solche Vorstellungen stellen m.E. eine wertvolle Basis für eine fruchtbare Zusammenarbeit zwischen Natur- und Gesellschaftswissenschaftlern bei der Bewältigung derartiger Probleme dar, denn Schwierigkeiten dieser Art können nur so, durch die Wissenschaft selbst, überwunden werden.

Die stürmische Entwicklung der Biologie dringt in alle Bereiche unseres Lebens ein. Die Aufklärung der molekularen Grundlagen der Vererbung läßt in immer stärkerem Maße den Menschen sich selbst erkennen. Wir sind in unserer sozialistischen Gesellschaft in der Lage, diese Entwicklung zum Wohle des Menschen auszunutzen. Das wird uns aber nur dann und in dem Maße möglich sein, wie wir uns in enger wissenschaftlicher Zusammenarbeit dafür engagieren.

LITERATUR

BÖHME, H., Wissenschaft u. Fortschritt 2 (1969), 61

BREWBAKER, J.L., Angewandte Genetik, Gustav Fischer-Verl. Jena, 1967

CARSON, R.L., Der stumme Frühling, München 1964

CIBA-Symposium 1962: Man and his Future 1963 - CIBA-Foundation Volume. Ed by G. WOLSTENHOLME and A. CHURCHILL LTD, London

EICHHORN, W.I., LEY, H. und LÖTHER, R., Das Menschenbild der marxistisch-leninistischen Philosophie, VEB Dietz-Verl. Berlin, 1969

EICHHORN, W.I., Wie ist Ethik als Wissenschaft möglich? VEB Deutscher Verlag der Wissenschaften 1965, 65

EINSTEIN, A. In: ALBRECHT, E., DZfPh 3 (1964), 353

ENGELS, F., MARX-ENGELS-Werke, XX (1962), 307

ENGELS, F., Dialektik der Natur, Berlin (1952), 190

GEISSLER, E., Urania 12 (1968), 14

GEISSLER, E., Sonntag 5 (1969), 3

HEYDEN, G., DZfPh 5 (1967), 493

HÖRZ, H., DZfPh 7 (1967), 850

HÖRZ, H., Neue Aspekte im Verhältnis von marxistischer Philosophie und moderner Naturwissenschaft. Akademie Verlag Berlin 1968

KLEIN, A., DZfPh 5 (1963), 531

KRUPKAT, G., Nabou, Verlag das Neue Berlin, Berlin 1969

LEY, H., DZfPh 5 (1963), 613

LÖTHER, R., DZfPh 3 (1960), 261

LÖTHER, R., Mikrokosmos - Makrokosmos 1 (1965), 85

LÖTHER, R., Naturforschung und Weltbild, Hrsg: GUNTAU, M. und WENDT, H., VEB Deutscher Verl. d. Wissenschaften 1964

LUTHER, E., PREHN, A., DZfPh 3 (1970), 337

MALTUSCH, W., DZfPh 3 (1966), 350

MARX, K., Ökonomisch-philosophische Manuskripte aus dem Jahre 1844, Marx-Engels-Werke, Ergänzungsband 1962, 544

MOCEK, R., Wissenschaft und Fortschritt 1 (1969), 2

KELLNER, E., MOCEK, R., DZfPh 10 (1969), 1157

ROSTAND, J., zitiert in "Der Mensch von morgen" aus der Serie "Der Mensch und das Leben", Urania-Verlag Leipzig, Jena, Berlin (1966), 31

STEENBECK, M., Einheit 8, (1965), 70

STEINBUCH, K., Automat und Mensch, Springer-Verl. Berlin, Heidelberg, Göttingen (1963), 329

STEENBECK, M., Wissenschaftl. Welt 6 (1968), 29

STUBBE, H., SCHÖNEICH, J., Wissenschaft und Fortschritt 8 (1969), 350

ZU FORMEN DES SPÄTBÜRGERLICH-IDEOLOGISCHEN MISSBRAUCHS HUMANGENETISCHER BEGRIFFE

ALEXANDER WERNECKE

Ministerium für Volksbildung der Deutschen Demokratischen Republik

Mit den Fortschritten der genetischen Wissenschaft steigen nicht nur die Potenzen ihrer Nutzanwendung zum Wohle der Menschheit, sondern es erhöhen sich in der Klassengesellschaft auch die Möglichkeiten ihres praktischen und ideologischen Mißbrauchs im Dienste der Monopolbourgeoisie, deren Verwirklichung weitgehend von den jeweiligen sozialen und geistigen Bedingungen und der Klassenkampfsituation bestimmt wird. Zu den Formen des ideologischen Mißbrauchs der Genetik gehören die vielfältigen Versuche bürgerlicher Biologen und Soziologen, mittels genetischer Begriffe die Klassen- und Schichtenstruktur der imperialistischen Gesellschaft und viele ihrer sozialen Folgeerscheinungen zu erklären, wodurch ein naturgesetzmäßiger Charakter der Klassengesellschaft vorgetäuscht wird.

Solche Erscheinungen einer biologischen Deutung der Gesellschaft und ihrer Entwicklung sind nicht neu. Schon Platon wollte die soziale Ungleichheit der Menschen mit seinen Thesen von der unterschiedlichen "Natur" der Menschen rechtfertigen und mittels daraus abgeleiteter Konsequenz einer elitären Menschenzüchtung analog der Auslesezüchtung von "Jagdhunden und Pferden" die Herrschaft der reaktionären griechischen Sklavenhalteraristokratie gegen den aufbegehrenden Demos sichern helfen (PLATON).

In der Zeit der bürgerlichen Revolutionen suchten u.a. die Grafen DE BOULAINVILLIER, DE LAPOUGE und DE GOBINEAU die Standesunterschiede und Adelsprivilegien mit Theorien einer unterschiedlichen Rassenzugehörigkeit der Menschen der verschiedenen sozialen Stände zu verteidigen und den Untergang des Adels aufzuhalten.

In den 60er Jahren des vorigen Jahrhunderts trug FRANCIS GALTON (GALTON) mit seinen statistischen Erhebungen über berühmte Persönlichkeiten nicht nur wesentlich zur Begründung der Humangenetik bei, sondern er suchte gleichzeitig sozial bedingte Unterschiede zwischen Individuen, Klassen, Rassen und Völkern mit einer verabsolutierten erblichen Bedingtheit und Verschiedenheit körperlicher, geistiger und charakterlicher Merkmale der Menschen zu erklären und eine "erbliche Permanenz der verschiedenen Klassen" nachzuweisen. Er unterstützte damit auch die Rassenideologie. Offensichtlich folgte er mit diesen gesellschaftsbezogenen Deutungen seiner Forschungsergebnisse den dringenden Bedürfnissen der englischen Bourgeoisie im damals fortgeschrittensten kapitalistischen Land nach pseudowissenschaftlichen ideologischen Mitteln zur Rechtfertigung der Ausbeutung und des Kolonialismus sowie zum Kampf gegen die stürmisch anwachsende sozialistische Bewegung und die marxistische Ideologie. Als praktische Konsequenz seiner Auffassungen empfahl GALTON wie PLATON eine Elitezüchtung der Menschen durch positive Auslese.

Auf die Auffassungen GALTONS stützten sich reaktionärste Sozialdarwinisten wie PLOETZ, SCHALLMAYER und H.F. ZIEGLER, um unter Mißbrauch DARWINscher Evolutionsprinzipien die kapitalistische Gesellschaft als notwendige Folge der erblichen Verschiedenheit der Menschen und biologischer Selektionsprozesse darzustellen, ihre barbarischen Programme der "Rassenhygiene" zu propagieren und alle sozialen und politischen Errungenschaften und Zielstellungen der Arbeiterbewegung als "naturwidrig" zu verleumden.

Alle Thesen des Sozialdarwinismus von der biologischen Bedingtheit der kapitalistischen Gesellschaftsstrukturen finden sich heute im Prinzip - bezogen auf die imperialistische Gesellschaft, eingekleidet in ein Begriffssystem der modernen Humangenetik und angepaßt an die gegenwärtige soziale und geistige Situation - u.a. in Büchern von JULIAN HUXLEY, ILSE SCHWIDETZKY und DARLINGTON wieder und sind in Elementen mehr oder weniger stark in vielen Veröffentlichungen bürgerlicher Biologen und Genetiker enthalten. Zahlreiche Soziologen und Ideologen der imperialistischen Gesellschaft stützen sich darauf.

Die von DARLINGTON als "genetischer Determinismus" (DARLINGTON) bezeichnete Richtung, zu deren Charakterisierung der Begriff "Neosozialdarwinismus" angebracht zu sein scheint, sieht alle geistigen, sozialen und charakterlichen Eigenschaften des Menschen - von den Formen der Geselligkeit bis zu Kriminalität, Berufswahl und Freizeitgestaltung - in der befruchteten Eizelle genetisch vorbestimmt und macht damit die Gene und die Vererbungsprozesse zu den Grundlagen der Kulturentwicklung und den Determinanten der Geschichte.

Die Klassen- und Schichtenstruktur der imperialistischen Gesellschaft deklariert dieser Neosozialdarwinismus als Resultat populationsgenetischer Gesetzmäßigkeiten, der "Sortierung bestimmter Erbvarianten einer polymorphen Bevölkerung" auf "Berufsgruppen und rangverschiedene Sozialschichten" durch "soziale Siebung" (SCHWIDETZKY) und wertet sie folglich als Ausdruck einer qualitativen genetischen Abstufung der Bevölkerung, die nach SCHWIDETZKY einen biologischen Trend zur "feineren Differenzierung der Art" fortsetze. Sie sieht also in der Bildung der gesellschaftlichen Klassen, die tatsächlich auf sozialökonomischer Grundlage erfolgt, die Fortsetzung der biologischen Entwicklung des Menschen. Darlington beschreibt den Vorgang der Klassenbildung in der Gesellschaft wie folgt: Der "genetische Prozeß der Zivilisation ... besteht darin, daß die genetisch fixierten Fähigkeiten einzelner Menschen zuerst ihre Auffassungen und zweitens ihr soziales Verhalten bestimmen; drittens bestimmen sie danach die Gruppen, in welche die Individuen hineinheiraten werden; und viertens selektiert und konzentriert die Heiratsgruppe die genetischen Fähigkeiten der einzelnen Menschen. An diesem Kreislauf können wir nun sehen, daß die Differenzierung der Gesellschaft auf eine genetische Basis begründet ist".

Die als "Beleg" für solche Thesen angeführte Behauptung einer positiven Korrelation von sozialer Stellung, Körpergröße, Intelligenz und Fortpflanzungsrate dient zugleich als pseudowissenschaftliche Begründung einer Ideologie der drohenden "geistigen Entartung" der Menschheit infolge allmählicher Veränderung der Genfrequenzen der Bevölkerung in Richtung auf qualitative Verminderung der genetischen Grundlagen geistiger Leistungsfähigkeit. Diese Auffassung ist unter bürgerlichen Genetikern weit verbreitet. Selbst der Humangenetiker FRIEDRICH VOGEL, der ansonsten bei gesellschaftsbezogenen humangenetischen Fragen sehr um sachliches und vorsichtiges Urteilen bemüht ist und auch selbst auf den Einfluß weltanschaulicher und politischer Voreingenommenheit hinweist (VOGEL), kann sich von eigenen bürgerlichen Vorbehalten nicht freimachen und glaubt, daß "wenigstens in der nordwesteuropäischen und amerikanischen Bevölkerung eine positive Korrelation zwischen ererbten Komponenten der geistigen Begabung und sozialer Stellung besteht". ILSE SCHWIDETZKY schreibt: "Das durchschnittliche Intelligenzniveau läuft daher im allgemeinen der sozialen Rangordnung parallel, ebenso ist es bei der Körperhöhe, die mit dem Begabungsniveau korreliert."

In praktischer Anwendung dieser Thesen versucht schließlich K.V. MÜLLER, das Bildungsmonopol der herrschenden Klasse in der BRD in ein "Monopol guter Erbanlagen" umzufälschen (MÜLLER). Es versteht sich von selbst, daß solche Formen eines Neosozialdarwinismus häufig auch mit einem modernen Rassismus - einem Neorassismus - verbunden sind. Trotz gegenteiliger Behauptungen passen seine Verfechter wie DARLINGTON, J. HUXLEY, KURTH, SCHWIEDETZKY, WEINERT, JENSEN den sogenannten "primitiven" Rassismus lediglich an den Stand der Biologie und die internationale Situation des Kampfes zwischen Reaktion und Fortschritt an. Seine Hauptthese geht von der genetischen Mannigfaltigkeit der Menschheit und den differenzierten Selektionsbedingungen für verschiedene Rassen und Völkergruppen aus, postuliert genetisch fixierte Unterschiede kultureller und geistiger Leistungsfähigkeit zwischen den Rassen als Folge unterschiedlicher Häufigkeitsverteilung entsprechender genetischer Komponenten und sucht damit den unterschiedlichen Stand in der kulturellen und gesellschaftlichen Entwicklung verschiedener Völker und Rassengruppen zu erklären (HUXLEY). Die vom "primitiven Rassismus" behauptete generelle Minderwertigkeit der Angehörigen farbiger Rassen gegenüber einem Weißen wird so in eine Minderwertigkeit des Gen-Gruppendurchschnittes umgewandelt. J. HUXLEY nennt das ein "Prinzip ... von höchstem praktischen Wert". Im Oktober 1969 berichtete auch das Meinungsforschungsinstitut Gallups, daß auch unter "gebildeten liberalen Weißen" der USA die Zahl derer zugenommen habe, die wieder offen von genetisch bedingten Unterschieden der geistigen Leistungsfähigkeit zwischen den Rassen sprechen (MÜHLEN). Die Verfechter des modernen Rassismus berufen sich dabei auf die "erheblichen physischen Unterschiede" zwischen den Rassen, auf die erwiesenen genetischen Komponenten psychischer Merkmale, auf genetisch bedingte Begabungsunterschiede zwischen den Individuen, auf die Universalität der Erbgesetze usw. (KURTH, WEINERT) Doch hat das in diesem Zusammenhang keinen wissenschaftlichen Wert, da alle diese Erkenntnisse der modernen Genetik, die kaum ein Wissenschaftler bezweifelt, keineswegs die Anerkennung von Unterschieden in der geistigen Leistungsfähigkeit zwischen den Rassen und Bevölkerungsgruppen implizieren. Ebenso unwissenschaftlich ist die verwendete Analogie zur Domestikation der Haustiere, da im Gegensatz zu den Menschenrassen die Haustierrassen einschließlich ihrer jeweiligen genetisch fixierten psychischen Merkmale Resultat zielgerichteter Selektion sind.

Auf der Grundlage der genannten Spekulationen und vor allem der Verabsolutierung der genetischen Komponenten psychischer Leistungsfähigkeit und der genetischen Mannigfaltigkeit der Menschheit entwickelt DARLINGTON als Konsequenz ein Programm künftiger Gesellschaftsgestaltung. Er fordert den Aufbau "komplexer Gesellschaften", in denen scharf voneinander getrennte Rassen, Klassen und verschiedene soziale Schichten als genetisch verschiedene biologische "Inzuchtgruppen" bestehen und unterschiedliche gesellschaftliche Funktionen im Sinne gesellschaftlicher "Kooperation" ausführen. Welche Rolle er dabei den farbigen Rassen und unteren Klassen zugedacht hat, geht aus seiner Begeisterung für die US-amerikanische Monopolgesellschaft mit rücksichtsloser Unterdrückung und Ausbeutung der Afro-Amerikaner hervor, die er "Weiße-plus-Neger-Gesellschaft" (white-plus-negro society) nennt. Diese Gesellschaft habe sich infolge Addition ihrer genetischen Komponenten und der "gegenseitigen Hilfe" und "Ergänzung" der Bevölkerungsgruppen - so bezeichnet DARLINGTON die Verhältnisse von Skalvenhaltern und Sklaven, von Ausbeutern und Ausgebeuteten in den USA - als allen anderen Gesellschaften überlegen erwiesen.

DARLINGTON und alle anderen Verfechter des modernen Rassismus tun so, als wäre mit diesen Thesen keinerlei Wertung der verschiedenen Rassen und Klassen verbunden, da es sich bei ihnen um Resultate naturgesetzmäßiger Prozesse handele. In der Konsequenz laufen jedoch solche Gedanken auf eine genetisch fixierte Kastengesellschaft hinaus. In einer solchen Form kann auch jeder Monopolist und Milliardär eine "Gleichwertigkeit" und "Gleichberechtigung" verschiedener Klassen, Rassen und Bevölkerungsgruppen im Sinne "natürlicher Partnerschaft" in der Monopolgesellschaft vertreten.

Alle diese Thesen von einer genetischen Bedingtheit der sozialen Klassen- und Rassenunterschiede sind - unabhängig von den subjektiven Absichten ihrer Verfechter - auf eine ideologische Stabilisierung der imperialistischen Herrschaftsverhältnisse gerichtet. Sie unterstützen die Thesen spätbürgerlicher Ideologie von einer "formierten Gesellschaft", vom natürlichen "Partnerschaftsverhältnis der Wirtschaftsbürger" und vom Ende des Klassenkampfes. Sie fördern die Schaffung ideologischer Sperren, die die unterdrückten Klassen und Rassen im staatsmonopolistischen System ähnlich wie ihre ökonomische Abhängigkeit an ihre soziale Stellung fesseln und ihr Einfügen in die Ausbeuterordnung unterstützen.

Alle diese biologistischen Konstruktionen, scheinbar streng logisch aufgebaut und manchen verwirrend, setzen als falsche Prämisse die Behauptung bürgerlicher philosophischer Anthropologie voraus, daß der "Einzelne" selbst entscheide, "was er aus diesen Anlagen macht, und was für ein Mensch er sein will" (LANDMANN), lassen soziale Faktoren außer acht und sind daher unwissenschaftlich. Im Gegensatz zu der postulierten "Mobilität" der imperialistischen Gesellschaft verweisen selbst bürgerliche Soziologen auf die "Milieugebundenheit", die "Milieu- und Sozialsperren" des Individuums (MENZEL, FÜRSTENBERG, BUNGARDT). PACKARD widerlegt die Behauptung der "amerikanischen Ideologie", daß in der "kapitalistischen Wohlstandsgesellschaft" "allen Menschen mit natürlicher Begabung der Weg zum Aufstieg wieder offenstehe" (PACKARD) und weist statt dessen nach, daß die Menschen der staatsmonopolistischen Gesellschaft immer "tiefer und tiefer in die Fesseln von Rang- und Standesproblemen hineingeraten".

Die soziale Umwelt beeinflußt die Ausprägung der biologischen Grundlagen der geistigen Leistungsfähigkeit des Menschen - wie das die Akzeleration beweist, die ja weitgehend als sozial bedingte Optimierung physiologischer Prozesse aufgefaßt wird - und entscheidet auch über die Realisierung der damit gegebenen Möglichkeiten.

Die biologischen Besonderheiten des Menschen stecken nur das weite Feld der Möglichkeiten ab, den Rahmen, in dem sich die Fähigkeiten zur Auseinandersetzung mit der Umwelt in jeder Beziehung ausbilden können. Den Grad und den Inhalt ihrer Verwirklichung, den Charakter der geistigen Fähigkeiten und des sozialen Verhaltens bestimmt die Art und Weise der ständigen Auseinandersetzung mit der vielfältig klassenbedingten sozialen Umwelt. Das biologische Erbgut kann die Aneignung bestimmter Aspekte der gesellschaftlichen Erfahrungen erleichtern oder erschweren, aber es bestimmt nicht, was bzw. welche Kultur angeeignet werden soll. Der aktuale konkrete Rahmen des Verhaltens, der Aktionen und Leistungen eines Individuums ist also niemals durch sogenannte "objektive Grenzen" seines Bios bestimmt, - obgleich diese zweifellos bestehen -, sondern ist stets das Resultat der spezifischen dialektischen Wechselwirkung seiner biologischen Grundlagen mit der gesellschaftlichen Umwelt. Differenzen in Körpergröße und Festleistung zwischen Kindern unterer Sozialschichten und gleichaltrigen Angehörigen oberer Schichten in der Klassengesellschaft sind nicht in erster Linie Ausdruck unterschiedlicher genetischer

Qualität, sondern der sozialen Unterschiede und demnach nicht Ursache sozialer Schichtung, sondern weitgehend Folge. Die Thesen von einer klassen- und rassenmäßigen Beschränkung der erblichen Intelligenz werden auch durch die sozialistische Praxis, in der die zuvor "niederen" Schichten und z. T. rückständigen Bevölkerungsgruppen ihre natürlichen Potenzen entfalten, widerlegt.
In der Klassengesellschaft bleibt also die tatsächlich vorhandene Struktur des genetischen Potentials geistiger Leistungsfähigkeit in der Bevölkerung, vor allem in den ausgebeuteten Klassen und Rassen, durch soziale Faktoren verdeckt. Erst die sozialistische Gesellschaftsordnung, die allen Bürgern die Ausbildung ihrer ererbten Anlagen gestattet und diese zugleich von ihnen fordert, ermöglicht es, die berufliche Differenzierung, die Verteilung des Bildungsniveaus, der künstlerischen Bestätigung usw. dem vorhandenen genetischen Polymorphismus, der Verteilung der - außerordentlich plastischen - genetischen Grundlagen in der Bevölkerung anzunähern und das genetische Potential der Begabungen und Talente so besser auszunutzen.

In der Klassengesellschaft bringen folglich zwangsläufig alle eugenischen Maßnahmen und die darüber geführten Diskussionen, die sich über die unmittelbare Zielstellung der Verhütung erblicher Erkrankungen des Individuums hinaus auf eine weitere genetische Veränderung der Bevölkerung richten - z. B. durch die Förderung der Fortpflanzung bestimmter sozialer Gruppen usw. -, in besonders krassem Maße Interessen der Ausbeuterklassen zum Ausdruck. Sie zeigen die großen Gefahren, die die Befähigung des Menschen zur Manipulierung menschlichen Erbgutes einer imperialistisch beherrschten Bevölkerung bringen würde.
Die Züchtungsprojekte von J. HUXLEY, MULLER, LEDERBERG u.a. beruhen ja zu einem großen Teil auf einem falschen Menschenbild, auf einer biologistischen Deutung des Menschen, der menschlichen Gesellschaft und ihrer Entwicklung und mögen z. T. sicher gut gemeint sein. Die diesbezüglichen Vorschläge der genannten Genetiker gehen von einer Kritik gesellschaftlicher Erscheinungen aus, die mit imperialistischer Herrschaft verbunden sind: einer Kritik der Kriegsdrohungen, der "ökonomischen Bedrohung" der natürlichen Existenzgrundlagen des Menschen, der Entwertung des Menschen durch eine von monopolistischen Interessen gelenkte Durchführung der wissenschaftlich-technischen Revolution usw. Da nun diese Wissenschaftler den Marxismus zur Analyse der kritisierten Erscheinungen nicht nutzen, können oder wollen sie unter dem Einfluß ihrer bürgerlichen Auffassungen deren Ursachen

nicht in der imperialistischen Gesellschaftsordnung finden, sondern sie machen als Biologen in Übereinstimmung mit einigen anderen Naturwissenschaftlern die biologische Natur des Menschen, seine Gene, dafür verantwortlich. Sie projizieren also die Mängel der Gesellschaft in die biologische Natur des Menschen hinein und leiten sie von hier wieder als biologische Gesetzmäßigkeiten ab. Es ist verständlich, daß sich aus diesen falschen Prämissen für einen modernen Genetiker die ebenso falsche Konsequenz einer biologischen Veränderung des Menschen, einer Menschenzüchtung ergibt. Die damit angezielte Hebung des Niveaus der genetischen Intelligenzgrundlagen könnte jedoch die Monopolbourgeoisie nicht veranlassen, auf die ihrer Klassenposition entsprechende monopolistische Politik zu verzichten, sondern würde nur die Raffinesse bei der Durchsetzung ihrer Interessen mit allen daraus resultierenden Konsequenzen erhöhen. Helfen kann bei der Lösung dieser gesellschaftlich bedingten Probleme nicht eine biologische Veränderung des Menschen, sondern nur eine soziale Revolution.

Es empfiehlt sich, solche Vorhaben der genetischen Veränderung menschlicher Populationen, die sich auf eine biologistische Auffassung vom Menschen und von der Gesellschaft stützen und die Lösung gesellschaftlich bedingter Erscheinungen mittels biologischer Methoden anstreben, als "biologistische Eugenik" von der wissenschaftlich begründeten "medizinischen" Eugenik abzugrenzen.

LITERATUR

BUNGARDT, K., Gleichheit der Bildungschancen, Die Deutsche Schule 59 (1967), 125

DARLINGTON, C.D., Genetics and Man, London (1964), 217

GALTON, E., Genie und Vererbung, KLINKHARDT Leipzig 1910

HUXLEY, J., Ich sehe den künftigen Menschen, LIST-Verlag München (1966), 257

KURTH, G., Rassenbegriff, in: HEBERER, G., KURTH, G., SCHWIDETZKY, I., Anthropologie, Frankfurt, Hamburg (1965), 165

LANDMANN, M., Philosophische Anthropologie, DE GRUYTER Berlin (1964), 9

MENZEL, E., FÜRSTENBERG, F., Die Freiheit der Berufswahl, Hannover 1967, Schriftenreihe der Niedersächsischen Landeszentrale für Politische Bildung, 9

MÜHLEN, N., Wiederauftauchen von Rassentheorien in Amerika, Neue Zürcher Zeitung 7.12.1969

MÜLLER, K.V. Begabungsreserven, Die Päd. Provinz 14 (1960), 1, 4

PACKARD, V., Die unsichtbaren Schranken, Berlin, Darmstadt, Wien (1967), 11

PLATON, Der Staat. PLANTONs sämtliche Dialoge Bd V, Meier, Leipzig 1920

SCHWIDETZKY, I., Rassenpsychologie, in: HEBERER, G., KURTH, G., SCHWIDETZKY, I., Anthropologie, Frankfurt, Hamburg, (1965), 217

SCHWIDETZKY, I., Das Menschenbild der Biologie, Stuttgart (1959), 180

VOGEL, F., Lehrbuch der allgemeinen Humangenetik, Springer-Verlag Berlin, Göttingen, Heidelberg (1961), 508

WEINERT, H., Die heutigen Rassen der Menschheit, in: Handbuch der Biologie, IX/2, ATHENAION (1965), 179 und 234

BIOLOGISCHER ERKENNTNISFORTSCHRITT UND GESELLSCHAFTLICHE ENTSCHEIDUNG

GERD PAWELZIG

Sektion Marxistisch-leninistische Philosophie der Humboldt-Universität Berlin

Es steht nicht nur in unserem Kreis außer jedem Zweifel, daß die meist mit "wissenschaftlich-technischer Fortschritt" oder "wissenschaftlich-technische Revolution" bezeichnete Entwicklungsdynamik unserer Zeit auch die Entwicklungssituation der Biologie insgesamt, insbesondere die der Genetik, charakterisiert. Diese Entwicklungsdynamik kommt vordergründig in den neuen Dimensionen des Zuwachses an Erkenntnisumfang und Erkenntnistiefe zum Ausdruck, ist aber im Grund wesentlich von der dabei zunehmenden Verflechtung oder Integration der theoretischen und praktischen Problemlage gekennzeichnet, so daß alle historisch gewachsenen Abgrenzungen und damit verbundenen Verantwortlichkeiten sowohl zwischen den einzelnen Wissenschaften als auch zwischen der Wissenschaft und den mannigfaltigen anderen Bereichen des gesellschaftlichen Lebens aufgehoben werden. Wir haben nicht über diesen objektiven Prozeß zu rechten, sondern daraus unsere Folgerungen zu ziehen. Die international anschwellende Diskussion über bereits im Keim sichtbare oder künftig zu erwartende soziale Folgen und Auswirkungen wissenschaftlich-technischer Entwicklung, darunter auch biologischer Erkenntnisfortschritte, zeigt vom Bewußtwerden dieses objektiven Prozesses in immer größeren Kreisen.

Wirkliche Wissenschaft hat zwar stets dem Menschen dienen wollen und gedient, ist daher in ihrem Wesen zutiefst humanistisch. In den letzten Jahrzehnten wurde aber deutlich, daß dieser immanente allgemeine Humanismus allein keine ausreichende Gewähr dafür bietet, daß sich wissenschaftliche Erkenntnis nicht gegen den Menschen, seine Gesellschaft und die Menschheit überhaupt richten kann. Vermerkt sei hier aber auch, daß in Presse und öffentlicher Meinung öfter der Wissenschaft die Verantwortung für Schäden übertragen wird, die durch Mangel an Wissenschaft aufgetreten sind. Die auf der Grundlage dieses allgemeinen Humanismus vorgenommene Unterscheidung von Gebrauch und Mißbrauch wissenschaftlicher Erkenntnisse und Methoden läßt für den konkreten Fall oft keine eindeutige Zuordnung und damit sichere Entscheidung zu. Im Bereich biotechnischer Eingriffe ist die Formel weit verbreitet, daß man biologische Gefüge, Ordnungen und Abläufe nicht stören solle, sondern nur Normabweichungen korrigieren solle. Ist aber Leben des Menschen ohne Eingriffe in das biologische Gefüge überhaupt möglich? Ist nicht bereits die zahlenmäßige Veränderung einer Population durch den Menschen ein Eingriff in die genetische Struktur der Population? Ist nicht bereits die Domestikation ein tiefgreifender Eingriff in die Evolutionsrichtung und in das Evolutionstempo von Arten? Waren und sind uns alle Folgeerscheinungen und Fernwirkungen solcher Eingriffe überschaubar und bekannt? In der neueren Zeit mehren sich angesichts möglicher tiefgreifender Eingriffe in das genetische Gefüge des Menschen Stimmen, grundsätzlich jegliche Einwirkung auf genetische Strukturen des Menschen, besonders durch staatliche Maßnahmen, zu verbieten. Sind aber nicht bereits Ehegesetzgebungen und auch religiöse Ehenormen solche sich populationsgenetisch auswirkenden Eingriffe? Wer kann für sich in Anspruch nehmen, hier eindeutige Grenzen zu ziehen, Gebrauch und Mißbrauch, Segen und Fluch für die Menschheit unüberschreitbar zu trennen? Wer kann demzufolge in Forschung, Lehre und Verbreitung wissenschaftlicher Erkenntnisse absolute Sicherheit dafür geben, daß er nicht ungewollt am Mißbrauch teilhat? Es genügt angesichts dieser Situation sicher nicht die individuell getroffene Entscheidung, selbst nicht am Mißbrauch teilnehmen zu wollen. Dem einzelnen Wissenschaftler ergibt sich zunächst die Verantwortung, auch die kommende Wissenschaftlergeneration zu dieser Entscheidung zu erziehen. Er kann sich auch nicht der Entscheidung entziehen, öffentlich aufzutreten, sich mit allen progressiven, humanistischen Kräften seiner Gesellschaft zu vereinigen, um möglichem Mißbrauch seiner Wissenschaft, seiner Ergebnisse wirksam entgegentreten zu können. Diese Frage wird heute so akut, weil angesichts des Erkenntnisfortschritts der Biologie wie auch anderer Wissenschaft die gesellschaftlichen Folgen eines Mißbrauchs Dimensionen erreichen, die alles historisch Bekannte mikroskopisch klein werden lassen. "Eine Kernexplosion von einer Megatonne würde sich unter Umständen auf ein 300 km^2 großes Gebiet auswirken, 15 t Nervenkampfstoff auf ein 60 km^2 großes Gebiet und 10 t eines bakteriologischen (biologischen) Kampfstoffes auf ein 100 000 km^2 großes Gebiet. Die maximale Quote der Verluste an Menschenleben beliefe sich bei einer Kernexplosion auf 90 Prozent und bei 15 t Nervenkampfstoff auf 50 Prozent; bei 10 t eines bakteriologischen (biologischen) Kampfstoffes betrüge die Quote der Erkrankungen 50 Prozent und die der Todesfälle bei fehlender ärztlicher Hilfe 25 Prozent. Ferner würde eine Atombombe ein 2 500 km^2 großes Gebiet 3 bis 6 Monate lang radioaktiv verseuchen, ein chemischer Kampfstoff würde ein Gebiet einige Tage bis mehrere Wochen lang verseuchen, und bakteriologische (biologische) Kampfstoffe würden eine Epidemie oder neue endemische Krankheitsherde hervorrufen." (WISSENSCHAFTLICHE WELT)

Angesichts der oft schwierigen Entscheidung, wo Mißbrauch der Wissenschaft beginnt, und fehlender Verbindung zu den gesellschaftlichen Kräften, die in der Lage sind, einem Mißbrauch der Wissenschaft wirksam entgegentreten zu können, kommt es zu Stimmen innerhalb und außerhalb der Wissenschaft, wissenschaftliche Forschung und Entwicklung überhaupt einzustellen oder auf bestimmte Gebiete zu beschränken. Das ist illusorisch, da weltumfassend nicht realisierbar. Es ist reaktionär, gegen die Gesellschaft und ihre Entwicklung gerichtet, da die Wissenschaft eine immer bedeutsamere Rolle für die Entwicklung aller produktiven Kräfte des Menschen zur Beherrschung seines eigenen Lebens- und Entwicklungsprozesses spielt. Eine Einschränkung des wissenschaftlichen Erkenntnisfortschrittes kann die Gesellschaft nur in schwerste Krisensituationen führen. Wissenschaftlicher und gesellschaftlicher Fortschritt bedingen sich gegenseitig, sind unteilbar.

Unsere Frage nach der gesellschaftlichen Entscheidung beginnt somit bereits bei der Bestimmung der Forschungsrichtung, der Zielstellung, des Mittel- und Kräfteeinsatzes. Es ist eine - allerdings auch bei uns noch anzutreffende - Fiktion, anzunehmen, daß gesellschaftliche und ethische Fragen erst bei der sogenannten Anwendung wissenschaftlicher Ergebnisse akut werden. Was erforscht und was gelehrt wird, ist immer, bewußt oder unbewußt, bereits einer gesellschaftlichen Entscheidung unterzogen worden. Gesellschaftliche Entscheidungen, aber auch schon das Aufwerfen gesellschaftlich relevanter Fragestellungen, sind stets in ihrer Art und Weise durch die gegebenen gesellschaftlichen Verhältnisse bestimmt. Eine allgemeinmenschliche gesellschaftliche Entscheidungsproblematik gibt es in unserer Welt nicht. Wie weit dies bereits in die Fragestellung hereinspielt, möchte ich an einem Beispiel demonstrieren. A. BUZZATI-TRAVERSO, Direktor des Internationalen Forschungsinstituts für Genetik und Biophysik in Neapel, legte vor einigen Jahren in einem in Paris gehaltenen Vortrag über "Tendenzen der modernen Biologie und eine neue moralische Verantwortung" (BUZZATI-TRAVERSO) u.a. die GURDONschen Kerntransplantationsversuche dar, die theoretisch die Möglichkeit eröffnen, auch beim Menschen Individuen zur Entwicklung gelangen zu lassen, die mit adulten Personen genetisch völlig identisch sind. Daran schließt er einige Überlegungen und Fragen: "Maßnahmen dieser Art würden natürlich eine Reihe von Fragen mit weitreichenden moralischen, sozialen und politischen Konsequenzen aufwerfen. Freilich wären alle künstlichen Eingriffe, die man an der biologischen Ausstattung eines Menschen vornähme, darauf gerichtet, ihn zu verbessern. Aber was meinen wir mit 'verbessern'? ... Was für ein Kind wollen wir denn? Welcher menschliche Typ ist der beste? Soll man Angriffsfreudigkeit oder Sanftheit vorziehen? Intelligenz im weiteren Sinne oder eher Spezialbegabung auf einem begrenzten Gebiet, wie z.B. der Mathematik, Technik oder Kunst? Und wie soll, um das Problem von der Ebene des einzelnen auf die der Gesellschaft zu verlagern, die Gesellschaft die idealen Proportionen von Menschen mit verschiedenen Eigenschaften und Fähigkeiten für ein harmonisches Gemeinwesen herausfinden, ein Gemeinwesen, wo jeder einzelne mit seinem Los zufrieden wäre und von sich aus zum allgemeinen Wohlergehen beisteuern würde? Welche Form der Gesellschaft wäre in jedem Fall die beste? Wer soll entscheiden, ob, wann und wie ein Eingriff vorgenommen werden sollte? Wer wird die Eigenschaften des vollkommenen Staatsbürgers festlegen? Werden es Gruppen von Biologen oder von Politikern sein und werden - sind es die letzteren - Biologen nur hinzugezogen, um menschliche Exemplare nach bestimmten Rezepten zu fabrizieren?" Diese Fragen, die BUZZATI-TRAVERSO zu beantworten aufruft, sind nicht leichtfertig hingeworfen. Sie entstammen dem Verantwortungsbewußtsein eines progressiv eingestellten Wissenschaftlers. Aber sind sie richtig gestellt? Sind sie nicht eher als - sicher ungewollter - Ausdruck eines sozialen Wunschtraums zu betrachten, nämlich, die von tiefen sozialen Erschütterungen erfaßte, in sich zerrissene soziale Welt der spätbürgerlichen Gesellschaft in ein "harmonisches Gemeinwesen" mittels genetischer Methoden umzuwandeln? Spielt hier nicht letztlich sozialer Utopismus in die Fragestellung herein, geboren in einer als kritikwürdig erkannten Gesellschaft? Überspielt hier nicht das im Grunde humanistisch gemeinte, aber in eine utopische Richtung gedrängte, soziale Anliegen das methodologisch-kritische Gewissen des Naturwissenschaftlers? Staatsbürgerliche Haltungen und Einstellungen sind doch unbestritten sozial determiniert, durch gesellschaftliche Verhältnisse bedingt und durch - natürlich auch gesellschaftlich bestimmte - Erziehung herausgebildet. Niemand wird doch im Ernst behaupten wollen, daß die Herausbildung der sozialistischen Menschengemeinschaft, das Wachsen eines neuen, sozialistischen Staatsbürgertums in der DDR durch Massenmutationen in der DDR-Bevölkerung vonstatten geht.

Sicherlich ist über das Verhältnis von genetischer und sozialer Determination in der psychischen Entwicklung des Menschen noch einiges Entscheidende aufzuklären. Fest steht jedoch, daß die Leugnung des einen wie des anderen Determinantenkomplexes keiner Kritik standhalten kann.

Widerspiegelt sich in der Frage nach der genetischen Intelligenzerhöhung nicht die tiefe Krise des spätkapitalistischen Bildungssystems, das nicht in der Lage ist, alle in der Gesellschaft vorhandenen Begabungen und Talente aufzuspüren, zu fördern und zu entwickeln? Meiner Meinung nach verbirgt sich hinter der Frage, wer denn über die mögliche Richtung biotechnischer Eingriffe in die genetische Ausstattung des Menschen entscheiden solle, wiederum ein sozialer Konflikt dieser Gesellschaft, nämlich der Widerspruch zwischen Geist und Macht, der aber letztlich nur ein Ausdruck des Widerspruchs zwischen stürmischem wissenschaftlich-technischem Erkenntnisfortschritt und Stagnation der grundlegenden gesellschaftlichen Verhältnisse ist. Es geht also um die Frage, ob diejenigen, die aus der Kenntnis und Erkenntnis eines bestimmten Wissenschaftsgebietes her notwendige gesellschaftliche Entscheidungen treffen wollen, auch die gesellschaftliche Macht besitzen, sie treffen zu können.

Die in unserer sozialistischen Gesellschaft überwundene Stagnation in der gesellschaftlichen Entwicklung führte zur grundsätzlichen Übereinstimmung von wissenschaftlich-technischem und gesellschaftlichen Fortschritt. Auf dieser Basis ist die Trennung und der Widerspruch zwischen Geist und Macht überwunden. Der Grundsatz wissenschaftlicher Planung und Leitung, daß Entscheidungen dort zu treffen sind, wo sie am sachkundigsten getroffen werden können, gilt nicht nur im unmittelbaren materiellen Produktionsbereich, sondern ist Grundprinzip der sozialistischen Demokratie. Die gesellschaftlichen Entwicklungsziele sind erkannt, wissenschaftlich begründet und damit zuverlässiger Wertungsmaßstab. Die objektiven Bedingungen für die gesellschaftliche Entscheidung sind somit gegeben. Somit erhebt sich die Frage nach den subjektiven Bedingungen für die gesellschaftliche Entscheidung. Es versteht sich, daß jede gesellschaftliche Entscheidung nur auf der Grundlage des vorliegenden gesellschaftlichen Erkenntnisstandes getroffen werden kann. Dieser hat aber eine für uns als Individuen unangenehme Eigenschaft - er ist so umfassend, daß er individuell nicht aneigenbar ist, sondern nur arbeitsteilig, dispers verstreut auf verschiedene Individuen. Somit ist die zur Entscheidung notwendige Sachkenntnis in den seltensten Fällen bei einer Person konzentriert. Hieraus ergibt sich die Notwendigkeit der Zusammenführung der notwendigen Sachkenntnis für die Entscheidung in Gestalt der Zusammenführung der Träger dieser Sachkenntnis, kurz gesagt, die Notwendigkeit der interdisziplinären Diskussion anstehender Entscheidungsfragen. Die aus der Entwicklung der modernen Genetik her auftretenden philosophischen und ethischen Fragen sind sehr umfassend. Das zeigt auch eine in der letzten Zeit in der Sowjetunion erfolgte Diskussion über die Humangenetik und ihre philosophischen und sozial-ethischen Probleme (Voprosy filosofii). Es erscheint mir daher nicht unproduktiv, unsere Aufmerksamkeit auch der Frage zuzuwenden, welche Fragen echte Entwicklungsfragen der Wissenschaft und unserer Gesellschaft sind und welche Fragen zwar aus verschiedenen subjektiven und objektiven Ursachen heraus aufgeworfen werden, aber von den wirklich entscheidenden Fragen mehr oder minder weit entfernt liegen oder sogar gegenstandslos sind. So führte z.B. DUBININ auf der erwähnten Diskussion aus, daß die vielfältigen Bestrebungen und Diskussionen um eine Verbesserung der genetischen Konstituion der Menschen von der These ausgehen, daß die Menschheit genetisch degeneriere. Diese These halte er aber auf Grund vorliegender populationsgenetischer Befunde für wissenschaftlich nicht begründet. Er lehnt auch die nicht selten geäußerte These ab, daß die Errungenschaften der Medizin zur Verschlechterung des Genfonds der Menschheit beitragen würden. Umgekehrt verringere die Medizin die genetische Belastung des Menschen dadurch, daß sie immer weitergreifend lebensgefährliche und lebensbeeinträchtigende Schäden zu neutralisieren verstehe, wodurch diese genetischen Faktoren aufhören, eine genetische Belastung des Menschen zu sein. Es seien aber vor allem zwei Prozesse, die populationsgenetisch der Degeneration der Menschheit entgegenwirken, nämlich das Aufbrechen der früher bestehenden genetischen Isolate, d.h. die aktive Mischung aller früher stärker getrennten Populationen des Menschen auf der Erde, und zum anderen die Bevölkerungsexplosion, die einer Akkumulation genetischer Belastungen entgegenwirke. Diese Meinung verdient eine sorgfältige Prüfung. Schließen wir uns dieser Meinung als begründet an, entfallen nicht nur eine Reihe international aufgeworfener Fragen, sondern es ergeben sich auch einschneidende Konsequenzen für die Festlegung von Forschungsrichtungen und -schwerpunkten sowohl in der humangenetischen Forschung als auch in anderen biologischen Disziplinen. Eine Bestätigung dieser Meinung würde uns auch in der Auseinandersetzung mit verschiedenen Varianten der gegenwärtigen imperialistischen Ideologie, die sich scheinbar biologisch begründet geben, wirksame Unterstützung geben.

LITERATUR

BUZZATI-TRAVERSO, A., Wissenschaftliche Welt 4 (1967), 26

Voprosy filosofii 7 (1970), 106 und 8 (1970) 125

Wissenschaftliche Welt 2 (1970) 28

DISKUSSION

NÜRNBERG: Ein Problem bildet die Wertung von vornherein bei der Erfassung von Merkmalen wie "geistige Begabung". Wenn in einer kapitalistischen Gesellschaft bestimmter Struktur eine Parallele zwischen den Ergebnissen von Intelligenztests und der sozialen Stellung gefunden wird, so sieht hier der Test eben gerade auf die Wertung von Begabungen für den Erwerb solcher Stellung in der vorhandenen Gesellschaftsstruktur. Außerdem ist unbedingt zu berücksichtigen, daß mit dem DNS-Code noch keine Kenntnis des daraus möglichen Phänotyps gegeben ist. Wie weit geht die genetische Determiniertheit von Begabungen usw. Eine biologische Grundlage in Form von DNS-Sequenzen ist jedenfalls vorhanden. Es ist sicher nicht richtig, daß durch geistig-gesellschaftliche Entwicklung bestimmte Gene überflüssig werden.

HAGEMANN: Ich habe mir einen Satz aus dem Vortrag von Dr. WERNECKE bezüglich der Intelligenztests notiert: Die Ergebnisse der Intelligenztests sind nicht die "Ursache, sondern die Folge" der sozialen Gliederung in der Klassengesellschaft. Diese Aussage schüttet das Kind mit dem Bade aus. - Sicher ist die These falsch, daß die soziale Gliederung der kapitalistischen Gesellschaft auf erbliche Intelligenzunterschiede zurückgeht - das haben Sie, glaube ich, auch klar ausgedrückt. Aber der oben zitierte Satz ist in seiner komplementären Aussage auch falsch. Wir müssen von der Tatsache ausgehen, daß die Intelligenz wie jede Eigenschaft des Menschen einerseits eine erbliche Komponente hat und andererseits eine Komponente, die in der Umwelt liegt. Die Eigenschaft entsteht aus dem Zusammenwirken beider Komponenten. Was bei dieser Problematik herausgearbeitet werden muß, ist die Frage, wie denn die Unterschiede in den Anlagen der Intelligenz, die in der Population verteilt sind, zusammenwirken, überlagert werden, in ihrer Ausprägung unterdrückt oder gefördert werden durch die soziale Gliederung. Dieses Zusammenwirken der beiden Komponenten, die in verschiedenen Gesellschaftsordnungen außerordentlich verschieden sind, das müßte konkreter herausgearbeitet werden.

WERNECKE: Ich sehe keinen prinzipiellen Unterschied zwischen Ihren Darlegungen und meiner Position. Die Dialektik von biologischen und sozialen Faktoren bei der Ausbildung geistiger Leistungsfähigkeit lag meinen Ausführungen zugrunde. Selbstverständlich vorhandene genetische Komponenten der Intelligenz grenzen nur Entwicklungsmöglichkeiten ab, die unter bestimmten Bedingungen teilweise verwirklicht werden.

1. Postnatale biologische Entwicklungs- und Reifeprozesse beim Menschen auf der Grundlage der Erbinformation (z.B. auch die Ausbildung der Großhirnstrukturen) zeigen sich durch soziale Faktoren beeinflußt. Die sozial bedingte Akzeleration setzte sich entsprechend günstigerer Entwicklungsbedingungen zuerst in den oberen Sozialschichten durch. Mit den unterschiedlichen Schulnoten und Testleistungen und den damit korrelierten Körperlängen der Schulkinder aus verschiedenen Sozialschichten wurden folglich zu einem großen Teil nicht Unterschiede in genetischen Grundlagen, sondern sozial bedingte Entwicklungsunterschiede gemessen.

2. Die in den Tests geforderten gesellschaftlich entwickelten Leistungen und Fähigkeiten werden nicht biologisch vererbt. Jeder Mensch muß sich die gesellschaftlichen Erfahrungen in der Auseinandersetzung mit seiner sozialen Umwelt neu aneignen. Das soziale Milieu hemmt oder fördert diesen Prozeß und bestimmt wesentlich Umfang und Inhalt. Bürgerliche Soziologen betonen z.B. den Einfluß des Sozialen auf die Sprachausbildung und verweisen auf "soziale Sprachbarrieren" für die geistige Entwicklung von Arbeiterkindern in der imperialistischen Gesellschaft. Intelligenz-Testleistungen lassen also nur dann Rückschlüsse auf genetische Grundlagen zu, wenn die sozialen Entwicklungsbedingungen Berücksichtigung finden, die sich bei

Kindern aus unteren Sozialschichten vielfach als die leistungsbegrenzenden Faktoren erweisen. Unter den genannten Aspekten spiegeln eben tatsächlich die angeführten Leistungsunterschiede "normaler" Schüler in Korrelation mit der sozialen Stellung der Eltern in der Klassengesellschaft (und folglich auch mit den sozialen Entwicklungsbedingungen der Kinder !) weitgehend nicht genetische, sondern soziale Unterschiede wider. Keineswegs kann daraus eine Begründung der Klassenstruktur der imperialistischen Gesellschaft abgeleitet werden. Selbstverständlich geht es nicht um die Gegenüberstellung von Extremgruppen wie "Intelligenz" und "ungelernte Arbeiter", sondern um die Ablehnung des angewandten Prinzips.
Die Testergebnisse an Einwanderergruppen in den USA liefen z.B. dem zivilisatorischen Gefälle der Herkunftsländer parallel. Daß der Anteil der Arbeiter an der Zahl der Hochschulstudenten in Westdeutschland nur 5 % beträgt, während er in der DDR der Zusammensetzung der Bevölkerung entspricht, ist nicht Ausdruck anderer Erbgrundlagen, sondern gegensätzlicher Gesellschaftssysteme.

GRUNOW: Die Diskussion hat gezeigt, daß es außerordentlich schwierig ist, mit Begriffen zu arbeiten, die von Psychologen definiert werden müssen. Es erscheint mir viel notwendiger zu sein, Schäden, die eindeutig auf physiologischen Defekten beruhen, zu erkennen und Maßnahmen zu treffen, die sie nicht wirksam werden lassen bzw. ihre Auswirkungen nicht zum Tragen kommen lassen. Wir stehen vor der Situation, daß durch die gesellschaftliche Entwicklung die Umwelt mit mutagenen Substanzen angereichert wird. Die Auswirkungen werden in einigen Generationen zu sehen sein. Daraus möchte ich schließen, daß es unsere gesellschaftliche Pflicht ist zu helfen, vorrangig dieser Entwicklung durch geeignete Maßnahmen zu begegnen, um uns nicht dem Vorwurf auszusetzen, leichtfertig gehandelt zu haben.

VOGEL: Bei der Erörterung der nützlichen und gefährlichen Möglichkeiten von Eingriffen des Menschen in den Gen-Fonds muß zuvor sehr klar die Frage beantwortet werden, was am Menschen und seinem Verhalten eigentlich genetisch determiniert ist und was nicht. Eine in der bürgerlichen Ideologie verbreitete Tendenz (z.B. auch beim CIBA Symposium) geht doch dahin, zu meinen, nun sei die Molekulargenetik der neue deus ex machina, mit deren Hilfe alle möglichen sozialen Probleme lösbar geworden seien. Dem liegt die philosophische Auffassung zugrunde, der gesamte Mensch, sein gesamtes gesellschaftliches Verhalten sei durch seine biologische Natur determiniert. Spezifische materielle gesellschaftliche Determinanten werden abgelehnt oder ignoriert. Auf der Grundlage eines solchen Standpunktes gelangen Genetiker der bürgerlichen Welt zu bestimmten Fragestellungen - wie z.B. Herr PAWELZIG hier darstellte -, die schon einseitig gestellt sind. Wenn man hingegen den Menschen als Einheit von biologischen und gesellschaftlichen Komponenten erfaßt - was m.E. der grundsätzliche marxistisch-leninistische Ausgangspunkt sein muß - so folgt daraus, daß nicht alles am Menschen und seinem gesellschaftlichen Verhalten auf genetische Faktoren allein zurückgeführt werden kann. Auf die Bildung des Charakters, auf die soziale Stellung und das soziale Verhalten, ganz zu schweigen von der geistigen Entwicklung, wirken eben nicht nur materielle genetische Faktoren determinierend ein, sondern vor allem auch materielle gesellschaftliche Determinanten. Deshalb ist es fehlerhaft, gesellschaftliche Probleme durch genetische Manipulation des Menschen lösen zu wollen. Das spezifisch gesellschaftliche Wesen des Menschen bleibt bestehen und wird durch die wesentlichen Entdeckungen der Molekulargenetik nicht aufgehoben. Damit wird die in der bürgerlichen Ideologie vorhandene Tendenz der Übertreibung der Möglichkeiten genetischer Manipulation von uns abgelehnt, ohne die gesellschaftliche Bedeutung und die großen Möglichkeiten der Genetik zu bestreiten oder herabzumindern.

Erst wenn wir uns darüber klar sind, was am Menschen genetisch determiniert ist und was nicht, können wir gezielt die zweite große Frage erörtern: Was ist bei genetischen Eingriffen am Menschen erlaubt und was nicht? Selbst wenn wir in vieler Hinsicht jetzt noch sagen können, das werde erst in 10 oder 20 Jahren aktuell sein, so teile ich doch die hier heute schon vorgetragene Meinung, daß wir als Genetiker, Philosophen und Juristen theoretischen Vorlauf zu schaffen haben zur Klärung solcher Fragen und nicht warten dürfen, bis sie technisch möglich und praktisch aktuell sind.

Zu fordern, es dürfe prinzipiell keine genetischen Eingriffe am Menschen geben, wäre m.E. unrealistisch, ja reaktionär. Zur Bekämpfung bestimmter, schon heute ziemlich sicher als genetisch determinierter Erbkrankheiten, sind solche Eingriffe notwendig und gerechtfertigt. Sicher tritt hierbei die ernste und schwerwiegende Frage auf, wo ist die Grenze, welches sind die Kriterien, die zu entscheiden erlauben, was ethisch gerechtfertigt und daher juristisch erlaubt sein sollte und was nicht. Hierbei gibt es schon heute einige aktuelle Fragen - worauf Prof. HAGEMANN hinwies - um die wir keinen Bogen machen dürfen.

Auch manche in der bürgerlichen Welt aufgeworfene und sicher einseitig gestellte Fragen sind für uns noch nicht dadurch erledigt, daß wir ihre Einseitigkeit nachweisen. Es gibt bestimmte Sachprobleme, die die moderne Molekulargenetik hinsichtlich des sozialistischen Menschenbildes und der marxistisch-leninistischen Ethik aufwirft, die theoretisch zu bearbeiten und zu erörtern eine wichtige Aufgabe der Gemeinschaftsarbeit von Biologen, Philosophen, Medizinern und Juristen ist. Je früher damit begonnen wird, desto besser ist es. Dazu gehört eben auch eine solche Frage, wie weit wir bei wissenschaftlich eindeutig entscheidbaren Fragen auf die betroffenen Menschen nur beratend und empfehlend einwirken dürfen und ansonsten zusehen müßten, wie auf Grund einer recht problematischen persönlichen Freiheit - die ja eigentlich keine echte wäre, wenn sie nicht auf Sachkenntnis und Verantwortungsbewußtsein beruhte - im Einzelfall Wirkungen auftreten, die z.B. zu einer größeren Verbreitung von genetisch determinierten Erbkrankheiten führen.

GÜNTHER: Ich möchte Herrn VOGEL fragen, ob es denn Merkmale des Menschen gibt, die genetisch nicht determiniert sind? Welche materielle Basis nehmen Sie für diese Merkmale an, wenn sie nicht durch DNS determiniert sind?

VOGEL: Eine gesellschaftliche.

NÜRNBERG: Sie meinen also, ein Teil der DNS wird entbehrlich werden? Das glaube ich eben nicht, Die biologische Grundlage, das wollen wir hier klar herausstellen, ist notwendig, aber die Frage klingt an, was ist notwendig zu verändern? Hierbei, meine ich, müßte man nach den bisherigen medizinischen Gepflogenheiten vorgehen. Es wird auch nicht erst das Bein amputiert, wenn man die Möglichkeit hat, auf andere Art zu helfen. Man nimmt nicht den gröbsten Weg zuerst, und diese gleiche Richtlinie müßte für Maßnahmen zu einer Beeinflussung von Erbkrankheiten auch gelten.

PAWELZIG: Im Grunde genommen stimme ich Ihnen zu; zwar ist damit das Problem nicht abgetan, aber ich glaube, man kann nicht erwarten, daß wir bei dieser ersten Zusammenkunft auf alle anstehenden Fragen die passenden Antworten haben. Wir gehen aber prospektiver an unser weiteres Denken heran, wenn wir erst einmal bestimmte Fragen abgegrenzt haben und schrittweise einer Lösung zuarbeiten. Ich glaube, das Sprichwort stimmt nicht ganz, daß man auf eine dumme Frage auch eine dumme Antwort bekommt; man kann auch versuchen, von einer dummen Frage und einer dummen Antwort auf eine klügere Frage zu kommen und eine klügere Antwort

zu finden, aber das sind schon mehrere Schritte, und die kann man sicher nicht an einem Tag verlangen.
Zur Frage selbst, zur gesellschaftlichen und genetischen Programmierung möchte ich folgendes sagen: Vielleicht wird gerade hier der Sachverhalt deutlicher, daß man solche komplexe Geschehen nicht ohne weiteres in einfache Reaktionen auflösen kann. Wenn wir die wissenschaftlich-technische Revolution und die Entwicklung der Produktivkräfte in einem weniger entwickelten Land forcieren wollen, dann genügt es doch sicher nicht, ein Lehrbuch über theoretische Physik nach dort zu schicken. Ich glaube, diese Rolle des Lehrbuches der theoretischen Physik spielt die genetische Veranlagung. Was daraus wird bis zur produktiven Umsetzung zum tätigen Menschen, das ist dann die soziale Determinierung.

FREYE: Es ist falsch, bei der Abwehr neo- bzw. sozialdarwinistischer Vorstellungen Klassen und Rassen gemeinsam aufzuführen. Biologisch und genetisch gibt es selbstverständlich Unterschiede zwischen den Rassen.

WERNECKE: Selbstverständlich muß man Rassen und Klassen auseinanderhalten. Hier geht es aber um zwei Varianten des Biologismus, die die gleichen weltanschaulich-theoretischen (und klassenmäßigen) Grundlagen haben. Weiterhin wird niemand leugnen, daß sich Rassen in der Häufigkeit der genetischen Grundlagen für körperliche Merkmale voneinander unterscheiden. Das hat jedoch nichts mit Unterschieden der Intelligenz, der Kulturgestaltungen und der gesellschaftlichen Entwicklung zu tun.
Es gibt keinerlei Anzeichen dafür, daß die Selektionsbedingungen, die zu unterschiedlicher Häufigkeitsverteilung der Gene für Blutgruppen, Hautpigmentation, Kopfformen usw. führten, auch die Verteilung der biologischen Intelligenzgrundlagen beeinflußten.
Bei Haustierrassen dagegen wurden Körpermerkmale in Korrelation mit erwünschten psychischen Eigenschaften zielgerichtet ausgelesen. Von ihnen läßt sich keineswegs ableiten, daß auch bei Menschenrassen körperliche Unterschiede "theoretisch" mit Unterschieden in der psychischen Leistungsfähigkeit verbunden sein müßten.
Was die Begriffe "Neorassismus" und "Neosozialdarwinismus" betrifft, so halte ich es auch im Interesse der beteiligten Wissenschaftler für besser, die Dinge beim Namen zu nennen, als aus Rücksicht auf ihre sonstigen Verdienste zu schweigen.
Es geht dabei nicht um eine Wertung des Wissenschaftlers, sondern um das gesellschaftliche System, dem in einem verdeckten Ideologiebildungsprozeß derartige

reaktionäre Auffassungen entspringen. Sie sind ja nicht nur für futurologische Pläne relevant, sondern sollen auch solche typisch imperialistischen Erscheinungen wie die schamlose Ausbeutung der "Fremdarbeiter" in Westdeutschland und die Massaker an den als "Orientalen" diskriminierten vietnamesischen Frauen und Kindern rechtfertigen.

GIFTE ALS WAFFEN - ETHISCHE UND GENETISCHE KONSEQUENZEN

KARLHEINZ LOHS

Forschungsstelle für chemische Toxikologie
der Deutschen Akademie der Wissenschaften zu Berlin

Auf den ersten Blick mag es für einen Außenstehenden verwunderlich sein, wenn die Gifte als Massenvernichtungsmittel heute gleichbedeutend neben die Kernwaffen und die biologischen Kampfmittel gestellt werden. In Unkenntnis der Situation wird gelegentlich sogar die Auffassung vertreten, daß die mit dem Giftmißbrauch verbundenen ethischen Konsequenzen nur rückschauend noch für den Historiker interessant seien, nicht aber eine brennende Aktualität für die Menschen von heute besitzen. Die Frage der genetischen Konsequenzen und die hieraus für die Wissenschaftler von heute gegenüber den nachfolgenden Generationen erwachsende Verantwortung wird vielerorts daher noch nicht in ihrer ganzen Tragweite erfaßt. Die folgenden Darlegungen sollen deshalb zur Verdeutlichung der Gefahren beitragen, denen wir angesichts eines riesigen Arsenals einsatzbereiter Giftstoffe und den in den imperialistischen Staaten vorhandenen Plänen ihrer Anwendung ausgesetzt sind.

Gifte sind dem Menschen seit prähistorischen Zeiten bekannt. Auf der Nahrungssuche lernte er zwangsläufig giftige Pflanzen und Tiere kennen; diese Kenntnisse mußten nur zu oft mit qualvollem Leiden und dem Tod bezahlt werden. So ist es nicht verwunderlich, wenn selbst der naturwissenschaftlich gebildete Laie noch immer mit dem Giftbegriff die Vorstellung von etwas Schrecklichem, Todbringendem und Unheimlichem verbindet - und auch der Naturwissenschaftler kann sich bei allem Wissen um die Relativität des Giftbegriffes und bei aller Kenntnis um die Wirkungsweise giftiger Substanzen (und die möglichen Gegenwirkungen) nicht völlig dem dämonischen Charakter verschließen, der durch die akuten oder chronischen Auswirkungen zutage tritt, die Mikrogramm-Mengen einer biochemisch aktiven Substanz im Sinne physischer und psychischer Fehlregulationen auszulösen vermögen.

Für denjenigen, der um die realen Möglichkeiten weiß, die sich bei einer verbrecherischen Anwendung giftiger Substanzen sowohl im Sinne der Vernichtung als auch hinsichtlich der sich über viele Generationen erstreckenden Schädigungen tausender und abertausender ahnungsloser Menschen abzeichnen, gibt es nur eine Altertative, um diesen Gefahren zu begegnen, nämlich das bedingungslose Verbot jeglicher Forschung und Entwicklung bzw. Produktion und Lagerung derartiger Massenvernichtungsmittel.

Verfolgt man die Rolle der Gifte im Verlauf der Menschheitsgeschichte, so ist man fasziniert von den Umständen, unter denen der Mensch in den verschiedensten Epochen und auf den unterschiedlichsten Kulturstufen immer wieder versucht hat, sich die vernichtende Kraft tierischer, pflanzlicher und mineralischer Gifte zunutze zu machen: Sei es nun, daß er zur rationelleren Nahrungsgewinnung Gifte für die Jagd verwendete, indem er durch die Erzeugung erstickenden Rauchs die Tiere aus ihren Schlupfwinkeln trieb - sei es, daß er in mörderischer oder selbstmörderischer Absicht menschliches Leben vernichtete und sei es, daß er im Rahmen kultischer Handlungen wie auch religiös verbrämter Eroberungszüge die Gifte als Mittel der Rauscherzeugung und der bewußt angewendeten Hörigmachung gegen seinesgleichen einsetzte. So nimmt es nicht wunder, daß seit Jahrtausenden der Gedanke der Giftverwendung für Kriegs- und Sabotagezwecke in den Überlegungen der Heerführer und Herrscher stets eine Rolle spielte. In den Schriften des klassischen Altertums wie des Mittelalters bis in die Neuzeit lassen sich hierfür die mannigfaltigsten Beweise finden (der bekannte Toxikologe LOUIS LEWIN hat 1920 in seinem berühmt gewordenen Werk "Die Gifte in der Weltgeschichte" hierüber in unübertroffener Weise berichtet).

Es würde heute zu weit führen, wollte man auch nur annähernd die historische Entwicklung nachzeichnen, die mit der Giftverwendung für verbrecherische und kriegerische Zwecke verbunden ist. Entscheidend - und für unsere heutigen Betrachtungen maßgeblich - ist der Umstand, daß erst mit der Entstehung einer industriellen Chemie die Voraussetzungen geschaffen wurden, um Giftstoffe in einer Menge zu produzieren, die den wirkungsvollen Großeinsatz im Kriegsfall möglich machte und den Giften tatsächliche militärische Bedeutung zuwies. Damit wurde erstmals auch die Problematik einer gezielten Massenvergiftung mit allen möglichen katastrophalen Folgen deutlich.

Angesichts der Gefahren, die sich in der zweiten Hälfte des vergangenen Jahrhunderts immer schärfer abzeichneten, sind noch vor der Jahrhundertwende auf internationalen

Konferenzen 1868 in Petersburg sowie Brüssel ("Brüsseler Deklaration" von 1874) und dann vor allem in Den Haag 1899 sowie 1907 die "Einschränkung und Humanisierung des hemmungslosen Landkrieges" debattiert worden. So steht in der von der Haager Konferenz am 29. Juli 1899 angenommenen Deklaration:

"Die vertragsschließenden Mächte unterwerfen sich gegenseitig dem Verbote, solche Geschosse zu verwenden, deren einziger Zweck ist, erstickende oder giftige Gase zu verbreiten."

1907 werden dann auf einer weiteren internationalen Konferenz in einem Dokument, welches unter dem Begriff "Haager Landkriegsordnung" bekannt geworden ist, folgende Festlegungen getroffen:

Artikel 22: Die Kriegführenden haben kein unbeschränktes Recht in der Wahl der Mittel zur Schädigung des Feindes.

Artikel 23: Abgesehen von den durch Sonderverträge aufgestellten Verboten ist namentlich untersagt:

a) Die Verwendung von Gift oder vergifteten Waffen.

b) Der Gebrauch von Waffen, Geschossen oder Stoffen, die geeignet sind, unnötig Leiden zu verursachen.

Nahezu alle europäischen Staaten unterzeichneten diese Abkommen. Ungeachtet dessen wurde der 1. Weltkrieg der erste große Krieg in der Menschheitsgeschichte, der das Gift zu einem gefechtsentscheidenden Kampfmittel machte.

Es kann an dieser Stelle die Tatsache der besonderen deutschen Schuld an der Entfesselung des chemischen Krieges nicht unerwähnt bleiben, zumal sie mit dem Namen eines auf Grund seiner allgemein bekannten wissenschaftlichen Leistungen sonst hochverdienten Wissenschaftlers in besonderer Weise verknüpft ist - mit dem Namen FRITZ HABER. Bereits nach der Marneschlacht im September 1914 begann auf Initiative FRITZ HABERS deutscherseits die Vorbereitung des Gifteinsatzes. HABER selbst nimmt eindeutig zum Beginn des Einsatzes chemischer Kampfstoffe durch Deutschland Stellung, indem er feststellte: "... Die Geschichte der Kriegskunst rechnet den Beginn des Gaskampfes vom 22. April 1915, weil an diesem Tage zum ersten Mal ein unbestrittener militärischer Erfolg durch die Verwendung von Gaswaffen erzielt worden ist."

Die traurige Bilanz des Kampfstoffeinsatzes während des I. Weltkrieges weist 1 Million Gasgeschädigte aus, von denen über 50 000 starben. Insgesamt sind hierbei nur die mit damaligen Mitteln klinisch erfaßbaren Schädigungen berücksichtigt. Angesichts der Tatsache, daß ein Teil der im 1. Weltkrieg verwendeten Kampfstoffe alkylierende Agentien sind (z.B. Schwefel-Lost) und von anderen (z.B. den arsenorganischen Giften) eine chronisch-toxische Wirkung bekannt ist, muß die tatsächliche Schadensquote noch erheblich höher angesetzt werden. Erst nach dem 2. Weltkrieg sind - auf Grund versicherungsrechtlicher Fragen - systematische Untersuchungen zur Spät- und Dauerschadensproblematik begonnen worden (z.B. von U. SPIEGELBERG). Die genetischen Aspekte sind in diesen Studien jedoch vorerst nur am Rande berücksichtigt. Insgesamt wurden im Verlauf des 1. Weltkrieges 150 000 Tonnen Kampfstoff produziert und 100 000 Tonnen davon angewandt. So enorm diese Zahlen sind, nehmen sie sich doch vergleichsweise unbedeutend aus, wenn man bedenkt, daß der gegenwärtige Kampfstoffvorrat der NATO-Armeen ungefähr bei 1 Million Tonnen liegt, wobei die akute Giftigkeit und die Gefährlichkeit hinsichtlich von Spät- bzw. Dauerschäden der neuen, nachfolgend noch näher zu besprechenden modernen Kampfstoffe das 100- bis 1000fache der Kampfstoffe des 1. Weltkrieges beträgt.

Der erste Weltkrieg hatte erstmals die Schrecknisse eines Krieges mit Massenvernichtungsmitteln offenbart. Rückschauend sagte MAX BORN in seinem Buch "Der Luxus des Gewissens": "Es handelte sich nicht darum, ob Gasgranaten unmenschlicher seien als Sprenggranaten, sondern darum, ob Gift, das seit undenklichen Zeiten als Mittel des feigen Mordes galt, als Kriegswaffe zulässig sei, weil ohne eine Grenze des Erlaubten bald alles erlaubt sein würde. Aber erst viel später, nach Hiroshima, habe ich angefangen, mir klare Begriffe darüber zu bilden. Sonst wäre das Bewußtsein der Verantwortung des Naturforschers wohl in meiner Lehrtätigkeit zum Ausdruck gekommen, und es hätten sich vielleicht nicht so viele meiner Schüler zur Mitarbeit an der Atombombe bereitgefunden. Daß ich schon damals im 1. Weltkrieg mit meinen Zweifeln nicht allein stand, zeigte mir ein Erlebnis im Jahre 1933, als ich als Flüchtling nach Cambridge in England kam. Ich wurde dort freundlich aufgenommen, aber HABER, der trotz seiner eben erwähnten Verdienste im 1. Weltkrieg ebenfalls zur Emigration gezwungen wurde, fand Widerstand. Lord RUTHERFORD, der Begründer der Kernphysik und einer der größten Physiker unserer Zeit, weigerte sich, eine Einladung in mein Haus zusammen mit HABER anzunehmen, weil er dem Erfinder

des Gaskrieges nicht die Hand drücken wollte.
Dabei hatte RUTHERFORD einen großen Anteil an der technischen Verteidigung seines Landes gehabt und war keinesfalls ein Pazifist. Aber er zog eine Grenze, jenseits derer ein Vernichtungsmittel nicht mehr als Waffe gelten sollte. Ich glaube, er würde das damit begründet haben, daß es ohne eine moralische Grenzlinie für den Waffengebrauch auch keine Grenze für die Vernichtung geben könne und damit die Gefahr des Endes des zivilisierten Lebens herbeigeführt werde."

Es mutet uns heute grotesk an, wenn FRITZ HABER seine Verantwortlichkeit für die Giftanwendung im 1. Weltkrieg vor einem parlamentarischen Untersuchungsausschuß des Deutschen Reichstages am 1. Oktober 1923 mit folgenden Worten versucht "nach oben" abzuschieben: "... Mit der völkerrechtlichen Zulässigkeit der Gaswaffen bin ich niemals befaßt worden. Auch habe ich in den Akten des Kriegsministeriums aus den ersten Kriegsjahren nichts darüber gefunden. Diese Seite der Sache hat der Generalstabschef und Kriegsminister v. FALKENHAYN offenbar persönlich geprüft...".

Um verstehen zu können, wie schnell sich die deutsche chemische Großindustrie über die Schreckensbilanz des 1. Weltkrieges hinwegsetzen konnte und trotz der Verbote des Versailler Vertrages insgeheim die Giftstoffuntersuchungen für militärische Zwecke schon zu Beginn der zwanziger Jahre wieder aufnahm, muß man hier noch einmal HABER zitieren, der am 4. Dezember 1923 in einem Vortrag vor dem Deutschen Klub in Buenos Aires die Meinung der deutschen Großbourgeoisie in die Worte kleidete: "... So stellen sich die Vorwürfe der Presse, die sich für die Stimme des Gewissens ausgaben, als der Ausdruck des Mißvergnügens dar über unsere erfolgreichere Handhabung der Gaswaffe ...".

Zehn Jahre nach dieser Äußerung begann der Faschismus in Deutschland seinen grausigen Weg, und HABER entging 1934 nur durch den Tod dem Schicksal ungezählter seiner jüdischen Mitbürger, die bei der schrecklichsten Giftverwendung aller Zeiten in den KZs ihr Leben ließen. Die Worte HABERs, die er bei seiner schon erwähnten Rechtfertigung der Giftverwendung im 1. Weltkrieg zur Verwendung der Blausäure sagte: "... Die Einatmung der Blausäure belästigt in keiner Weise. Man kann nicht angenehmer sterben...", sind sowohl angesichts dieser sicherlich auch für HABER unvorstellbaren Exzesse der Faschisten das Makaberste, was ein Wissenschaftler seines Ranges geäußert hat. Man findet geistige Parallelen in den Äußerungen mancher Genetiker, die die "Annehmlichkeiten" einer genetisch manipulierten Gesellschaft im Sinne einer Menschenplanwirtschaft als "Zeitalter der Genies" preisen oder die, wie kürzlich der Genetiker ALAN S. PARKES verächtlich äußern: "Allein in Großbritannien gibt es rund eine Million Tonnen überflüssiger Männer." !

Der Weltöffentlichkeit wurde bis zum Ende des 2. Weltkrieges nichts über eine Weiterentwicklung der chemischen Waffe bekannt. Zwar hatte 1935 WARD in den USA das Stickstoff-Yperit gefunden und Italien hatte im Abessinienfeldzug mit Schwefel-Yperit 15 000 Soldaten geschädigt, aber grundlegende Neuentwicklungen auf militärchemischem Gebiet waren nicht an die Öffentlichkeit gedrungen. Was war jedoch tatsächlich geschehen? 1936 stieß ein junger Chemiker der IG Farben, GERARD SCHRADER, in Leverkusen bei Arbeiten über importunabhängige Schädlingsbekämpfungsmittel auf die außerordentliche Warmblütertoxizität phosphororganischer Ester. Die Konzernleitung und die zuständigen Stellen der Armee erkannten sofort die Tragweite der SCHRADERschen Befunde. Unter strengster Geheimhaltung wurden ab 1937 die Forschung und ab 1940 die Projektierung sowie der Bau der erforderlichen Produktionsanlagen für diese Phosphorsäureester-Kampfstoffe vorangetrieben.

Es entstanden die Werke Dyhernfurt und Schwanheide bei Frankfurt/Oder. Das Werk Dyhernfurt produzierte von Mai 1943 bis April 1945 allein 12 000 Tonnen Tabun und ab Juni 1944 600 Tonnen Sarin. Insgesamt hat man den Kampfstoffvorrat der deutschen Faschisten 1945 seitens der Alliierten auf 250 000 Tonnen geschätzt.
Parallel und völlig ohne Kenntnis der im faschistischen Deutschland ausgeführten Arbeiten auf dem Kampfstoffgebiet wurde in England mit Beginn des 2. Weltkrieges eine großangelegte Kampfstoff-Forschung in die Wege geleitet, die u.a. auf Beobachtungen polnischer Chemiker zurückgriff, welche kurz vor Ausbruch des 2. Weltkrieges auf die hohen toxischen Eigenschaften der Fluorazetate gestoßen waren und die diese Beobachtungen nach ihrer Flucht nach England dem dortigen Kriegsministerium mitteilten. Ausgehend von diesen Untersuchungen über Fluorazetate gelangte man in England gleichfalls auch zu den Fluorphosphaten, so daß in England und später auch in Kanada noch während des 2. Weltkrieges die Großproduktion sowohl von Fluorazetaten als auch von organischen Fluorphosphaten in die Wege geleitet werden konnte. WINSTON CHURCHIL hat in seinen Memoiren über den 2. Weltkrieg klar zum Ausdruck gebracht, daß die Westalliierten auf einen möglichen Kampfstoffeinsatz der faschisti-

schen Wehrmacht vorbereitet waren und nicht gezögert hätten, ihrerseits die modernen Ultragifte in einem Gegenschlag einzusetzen.

Im Verlauf der Nürnberger Prozesse ist die ganze Tragweite der Vorbereitung eines chemischen Krieges durch die faschistischen Machthaber bekanntgeworden und hat zunächst dazu beigetragen, daß unter dem Eindruck der Verbrechen des 3. Reiches in dem ersten Jahren nach dem 2. Weltkrieg eine militärische Verwendung von Giftstoffen generell abgelehnt wurde. Hinzu kam, daß durch die spektakulären Entwicklungen auf dem Kernwaffengebiet und der Raketentechnik das Interesse an chemischen Waffen zunächst in den Hintergrund trat.

1952 fanden sich jedoch in der wissenschaftlichen Literatur erste Hinweise darauf, daß in den USA mit Hilfe von Spezialisten der faschistischen Wehrmacht Großproduktionsstätten für phosphororganische Kampfstoffe vom Typ des Tabun, Sarin und Soman errichtet worden waren.
1957/58 hat in Schweden L.E. TAMMELIN im Zuge ziviler Forschungen über Elementarprozesse der Nervenleitung Cholinphosphorsäureester synthetisiert, die hinsichtlich ihrer Toxizität die Kampfstoffe des 2. Weltkrieges um das 100- bis 1000fache übertreffen. Von schwedischer Seite sind diese Ergebnisse publiziert worden, um damit jeden Verdacht einer mißbräuchlichen militärischen Verwendung der Forschungsergebnisse in Schweden auszuschließen. Diese Veröffentlichung der Ergebnisse führte allerdings dazu, daß insbesondere in den USA ein großangelegtes Forschungsprogramm über diese extrem phosphororganischen Verbindungen in die Wege geleitet wurde, welches zu den sogenannten "V-Stoffen" führte, die heute im großtechnischen Maßstab in den USA produziert und für einen chemischen Krieg einsatzbereit gehalten werden.
Parallel zu diesen Entwicklungen ist seit Mitte der 50er Jahre die Kampfstoffentwicklung zusätzlich in Richtung synthetischer Psychogifte ausgebaut worden, die sowohl als Sabotagegifte wie auch als Offensiv-Kampfstoffe vor allem gegen die ungeschützte Zivilbevölkerung bereitgehalten werden. Die Entwicklung derartiger Substanzen nahm ihren Ausgang von psychoaktiven Naturstoffen, wobei insbesondere das teilsynthetisch zugängige Lysergsäurediäthylamid (LSD) als Modellsubstanz diente.

Mit erheblichem propagandistischen Aufwand sind diese psychoaktiven Verbindungen als "nicht letale Kampfstoffe" insbesondere von den USA und einigen westeuropäischen Staaten im Sinne angeblich humaner Waffen und als eine Art Ergänzung zur "sauberen"

Atombombe hingestellt worden. In der militärwissenschaftlichen Literatur der fünfziger und sechziger Jahre finden sich zahlreiche Beispiele dafür, daß führende Militärs der NATO-Staaten die "angenehmen" Seiten einer derartigen Kriegsführung wie überhaupt die "Vorteile" eines chemischen Krieges propagieren. Solche Behauptungen sind nicht nur unwissenschaftlich, der Ethik und Moral zuwiderlaufend, sie sind schlechterdings barbarisch. Abgesehen von der akut toxischen Wirkung aller heute in Betracht kommenden chemischen Kampfstoffe wird seitens der Propagandisten eines chemischen Krieges wider besseren Wissens darüber geschwiegen, daß dem größten Teil der in Betracht gezogenen chemischen Kampfmittel im Falle des Überlebens einer Vergiftung schwere Spät- und Dauerschäden zuzuschreiben sind. Es handelt sich bei diesen Substanzen - wie schon erwähnt - zu einem Teil um alkylierende Agenzien (z.B. die Schwefelsäurederivate sowie einige der psychotoxischen Verbindungen), die erwiesenermaßen kanzerogene und mit hoher Wahrscheinlich auch mutagene Wirksamkeit besitzen. Von anderen der in Betracht kommenden Verbindungen ist bekannt, daß sie teratogene Effekte zeigen. Für eine Reihe dieser Kampfstoffe ist es außerdem erwiesen, daß sie psychopathologische und neurologische Spätschäden bewirken. Jede Verharmlosung des Einsatzes chemischer Kampfmittel und jeder Rechtfertigungsversuch einer Anwendung solcher Mittel muß daher als das gebrandmarkt werden, was er seinem inneren Wesen nach ist, nämlich als ein bewußter Schritt in Richtung des Völkerrechtsbruches und der Mißachtung der Charta der Vereinten Nationen und damit als ein kriegsverbrecherischer Akt.

Man halte sich vor Augen, daß die Zivilbevölkerung in immer stärkerem Maße in Kriegshandlungen einbezogen wird. So betrug beispielsweise im 1. Weltkrieg die Verlustquote unter den Zivilisten 5 %; im 2. Weltkrieg waren es bereits 48 % getöteter Zivilisten, im Koreakrieg stieg die Verlustquote unter den Zivilisten auf 84 % und für die amerikanische Aggression in Vietnam muß man bereits jetzt mit einer Verlustquote von 90 % unter den Zivilisten rechnen.

In diesem Zusammenhang gilt es an die 1920 von LOUIS LEWIN formulierte Feststellung zu erinnern: "... Gifte sind illoyale Waffen, und wer sie, in der Absicht, mit ihnen dem Gegner einen vernichtenden Schaden zuzufügen, anwendet, ist ein illoyaler Feind, der sich außerhalb des Gesetzes stellt. Der Begriff der illoyalen Waffe braucht ebenso wenig begrifflich umgrenzt zu werden, wie der des Meuchelmordes, des Treubruches, des Diebstahls oder der Notzucht. Würden einst die

Menschen der Stimme ruhiger Prüfung und leidenschaftsloser, edler Empfindung Gehör geben - was leider undenkbar ist - dann würde Scham sie ergreifen ob alledem, was unter so mannigfaltigen Deckmänteln an Häßlichstem im Kriege verübt worden ist, vor allem mit der entehrenden Waffe Gift."

Diese Worte bedürfen nur insofern einer Ergänzung, als daß es heute nach den Schrecknissen zweier Kriege und im Angesicht der entsetzlichen Möglichkeiten eines 3. Weltkrieges durchaus denkbar und sogar realisierbar geworden ist, was LEWIN noch bezweifelt, daß nämlich die edleren Empfindungen die Oberhand bekommen - denn nur wenn dies geschieht, kann die weitere Existenz der Menschheit als gesichert gelten.

Unter diesen Aspekten ist es erforderlich, noch einiges über den Einsatz angeblich harmloser chemischer Mittel aus der Palette der Herbizide durch die US-amerikanischen Truppen in Vietnam zu sagen. Gerade erst in den letzten Monaten ist die Weltöffentlichkeit über das ganze Ausmaß der ökologischen Schäden des Giftstoffeinsatzes in Vietnam informiert worden. So sind bis zum Frühjahr dieses Jahres 80 % des südvietnamesischen Waldgebietes und 20 % der Reisernteflächen diesem Herbizideinsatz zum Opfer gefallen; mehrere Tierarten sind bereits ausgestorben, andere Tierarten stark dezimiert und von der völligen Vernichtung bedroht. Die Rückwirkung der ökologischen Schäden auf die vietnamesische und kambodschanische Zivilbevölkerung ist vielfältig und in allen Konsequenzen noch gar nicht voll zu überschauen. Außer den schweren akuten Schädigungen der unmittelbar vom Giftstoffeinsatz betroffenen Personen sind weitreichende genetische Manifestationen nicht mehr auszuschließen. In den USA selbst hat man in den letzten Jahren den experimentellen Nachweis geführt, daß ein Teil dieser in riesigen Mengen in Vietnam eingesetzten Verbindungen mutagen sowie teilweise auch kanzerogen und teratogen wirksam sind. Beispiele hierfür sind einige Triazine (z.B. Amitrol), ferner Derivate der halogenierten Phenoxykarbonsäuren (z.B. 2,4-D und 2,4,5-T) und ihre herstellungstechnisch bedingten Verunreinigungen (z.B. Dioxine) sowie die arsenorganischen Herbizide wie Kakodylsäure u.a. Man kann sich des Eindruckes nicht erwehren, daß in Vietnam und Kambodscha die USA sich ein riesiges "chemisches Versuchsfeld" geschaffen haben, das der einschlägigen amerikanischen Industrie nicht nur einen profitablen Absatz gewährleistet, sondern bewußt für Wirkungsstudien der Herbizide und anderer biologisch aktiver Verbindungen als eine Ergänzung zu den Versuchen an Laboratoriumstieren benutzt wird. Angesichts dieses Sachverhaltes mutet es wie blanker Hohn an, wenn heute die USA in der UNO und ihren Organisationen für eine "reinere Welt" im Sinne der Begrenzung von Auswirkungen zivilisationsbedingter Umweltvergiftungen, z.B. durch Pflanzenschutz- und Schädlingsbekämpfungsmittel, Autoabgase und industrieller Emissionen eintreten bzw. wenn sie sich als "Vorbild" für andere Industriestaaten und Entwicklungsländer hinstellen. Dabei ist die Notwendigkeit einer weltweiten industriellen Sanierung unbestritten und auch unter genetischen Aspekten eines der Probleme, vor dem wir bereits heute und in verstärktem Maße in den nächsten Jahrzehnten stehen werden. Dort, wo wissenschaftliche und technische Erkenntnisse für die Entwicklung des eigenen Landes auf Kosten anderer Länder und ihrer Bewohner gesammelt werden, die man damit von vornherein als "minderwertiges Versuchsmaterial" einstuft, sind die Verantwortlichen von den Denkvorstellungen und Handlungsweisen der Faschisten nicht allzu weit entfernt. Hier werden uns die ethischen Konsequenzen des Mißbrauches der Forschung so deutlich, daß kein sich seiner Verantwortung bewußter Wissenschaftler sie übersehen kann.

Zusammenfassend ist festzustellen, daß heute ein breites Spektrum biologisch hochwirksamer chemischer Kampfstoffe in den imperialistischen Staaten einsatzbereit zur Verfügung steht. Von einem erheblichen Teil der in Betracht kommenden Substanzen ist in den letzten Jahren experimentell eine mutagene Aktivität (neben anderen Spät- und Dauerschäden) nachgewiesen worden. Ungeachtet der erkannten Gefahren werden in Vietnam solche Gifte nach wie vor eingesetzt und wird der Grad der Gefährdung verharmlost. Angesichts einer derartigen Pervertierung wissenschaftlicher Forschung und Entwicklung durch imperialistische Militärs, gewissenlose Politiker und das Wesen der Wissenschaft verratende "Gelehrte" ist höchste Wachsamkeit aller dem Frieden und dem sozialen Fortschritt verpflichteter Wissenschaftler erforderlich. Es ist in unser aller Hand gegeben, den ethischen Prinzipien der Wissenschaft zum Sieg zu verhelfen und man kann dem Darmstädter Juristen GEORG STRICKRODT in keiner Weise beipflichten wenn er laut "Spiegel" vom 9.3.70 einen "cordon sanitaire der Rechtsordnung" um den Bereich der Genetik-Publikationen gezogen wissen will, um auf diese Weise die "Unheilpropheten" wie auch die "Manipulierungspropagandisten" zu isolieren. So leicht sollte man es sich nicht machen, diejenigen, die in Kenntnis der realen Möglichkeiten verbrecherischer Giftstoffverwendung auf die vor uns und den späteren Generationen liegenden Gefahren hinweisen und die für aktive Maßnahmen gegen den Mißbrauch wissenschaftlicher Erkenntnisse eintreten, als Unheilpropheten abzustempeln.

Das Unheil unserer Welt liegt in der imperialistischen Gesellschaftsordnung begründet, die mit allen ihren Spielarten - bis hin zum genokratischen Staat einer Eliteklasse und bis hin zu einer Welt, über die die Furie der Massenvernichtungswaffen gegangen ist, - die Gefahr heraufbeschworen hat, daß ein genetisch total deformierter Rest von Bewohnern dieser Erde übrigbleibt, auf die die Bezeichnung Mensch kaum mehr anzuwenden sein wird.

Angesichts dieses erkannten Unheils sind die Fragen der persönlichen Verantwortlichkeit des Wissenschaftlers in einer Unausweichlichkeit gestellt, die den engen Rahmen der fachspezifischen Verantwortung für die Richtigkeit der speziellen Laboratoriumsresultate längst gesprengt hat. In diesem Sinne muß Verantwortung des Wissenschaftlers, wie dies der Vorsitzende des Forschungsrates der DDR, Professor STEENBECK, formuliert hat, als eine Forderung der Ethik verstanden werden, wobei diese Ethik an das Vorhandensein einer menschlichen Gesellschaft und die Sicherung ihres Weiterbestehens gebunden ist.

LITERATUR

Chemical Mutagenesis in Mammals and Man, Edited by F. VOGEL and G. RÖHRBORN, Springer, Berlin, Heidelberg, New York 1970

FRANKE, S., Lehrbuch der Militärchemie, Deutscher Militärverlag, Berlin 1968

GRÜMMER, G., Herbizide in Vietnam, Vietnam-Ausschuß der DDR, Berlin 1969

HANSLIAN, R., Der chemische Krieg, Berlin 1936

HELM, U., Psychokampfstoffe, Regensburg, München 1964

HIMWICH, W.A., SCHADE, P., Horizons in Neuropsychophamacology, Elsivier, Amsterdam, New York 1965

KURTH, H., Chemische Unkrautbekämpfung, GUSTAV-FISCHER-Verlag, Jena 1967

LEWIN, L., Die Gifte in der Weltgeschichte, Springer, Berlin, Heidelberg, New York 1920

LOHS, Kh., Synthetische Gifte, Deutscher Militärverlag, Berlin 1967

SPIEGELBERG, U., Psychopathologisch-neurologische Schäden nach Einwirkung synthetischer Gifte, Wehr und Wissen, Darmstadt 1961

KONSEQUENZEN DES KERNWAFFENEINSATZES AUS STRAHLENBIOLOGISCHER SICHT

HELMUT ABEL

Forschungszentrum für Molekularbiologie und Medizin der
Deutschen Akademie der Wissenschaften zu Berlin, Berlin-Buch

Über die Erscheinungen und Folgen nuklearer Explosionen wurde in den vergangenen 25 Jahren bereits sehr ausführlich informiert und diskutiert, so daß es sich hier erübrigt, ein detailliertes Bild zu entwerfen. Im folgenden Beitrag sollen daher nur wenige wesentliche Faktoren skizziert werden, die das "Überleben" betreffen und die Problematik der genetischen Gefahren und der Verantwortung des Wissenschaftlers berühren.

Von den 3 Wirkungskomponenten einer Kernexplosion (Druckwelle, Hitzewelle, Strahlung) sei hier nur die Komponente der Strahlung betrachtet. Die Strahlung kann einerseits somatische Schäden induzieren und andererseits genetische Veränderungen auslösen. Bei den somatischen Schäden muß zwischen akuten Schäden und Spätschäden differenziert werden. Häufig wird die Frage gestellt, welche Strahlendosen für den Ernstfall als noch zulässig angesehen werden dürfen. Das nationale amerikanische Komitee für Strahlenschutz hat auf eine diesbezügliche Anfrage des amerikanischen Ausschusses für Zivilverteidigung die Antwort gegeben, daß es unmöglich sei, für den Ernstfall zulässige oder erlaubte Strahlendosen anzugeben; die einzige z. Zt. gegebene Möglichkeit besteht darin, eine "Anleitung zum Überleben" auszuarbeiten (Empfehlungen des NCRP).

Diese Aussage charakterisiert klar die Situation: Alle Sachverständigen sind sich darin einig, daß es nur bezüglich des akuten Strahlenschadens begrenzte Möglichkeiten eines Schutzes gibt. Zur Abschätzung dieser Möglichkeiten müssen die Dosisabhängigkeiten der Überlebenswahrscheinlichkeit und der Erholungswahrscheinlichkeit betrachtet werden.
Direkt sind diese Funktionen für den Menschen nicht bekannt; sie sind nur durch Extrapolationen aus Tierversuchen zu erhalten. Es wird angenommen, daß für den Menschen die Überlebenswahrscheinlichkeit 50 % bei einer kurzzeitig applizierten Dosis (LD 50)

von etwa 400 rad beträgt. Bei dem halben Wert der LD 50 (also 200 rad) steigt die Überlebenswahrscheinlichkeit auf 90-95 % an, um beim doppelten Wert der LD 50 (ca. 800 rad) auf 5-10 % abzusinken.
Im Ernstfall muß damit gerechnet werden, daß mehrmalige Strahlenbelastungen auftreten bzw. sich an eine kurzzeitige Belastung eine länger anhaltende Strahlenbelastung anschließt. Bei derartigen fraktionierten oder protrahierten Bestrahlungen muß zur Abschätzung des effektiven Schadens die Erholungswahrscheinlichkeit berücksichtigt werden. Es ist bekannt, daß jede Bestrahlung reparable und irreparable Schäden induziert. Die Zusammenhänge zwischen dem Bestrahlungsrhythmus und dem Grad der jeweiligen Erholung (oder Reparatur) sind jedoch so kompliziert, daß eine quantitative Berücksichtigung dieser Phänomene im Ernstfall eines Kernwaffeneinsatzes nur sehr pauschal und grob erfolgen kann. Die Erholungswahrscheinlichkeit wirkt sich so aus, als ob von der insgesamt erhaltenen Strahlendosis nur ein Bruchteil (Restdosis) wirksam geworden ist; von dem übrigen Teil der Dosis hat sich der Organismus erholt. Diese Restdosis ist also das Produkt aus der tatsächlich erhaltenen Gesamtdosis und der Erholungswahrscheinlichkeit; sie ist in ihrer Wirkung derjenigen Dosis gleichen Wertes äquivalent, die kurzzeitig und einmal appliziert wurde.

In der zitierten Anleitung zum Überleben wird für den Fall einer Kurzzeit-Bestrahlung mit der Dosis D_o (appliziert innerhalb von 4 Tagen) und einer anschließenden Dauerbestrahlung mit der Dosisleistung D folgende Formel zur Abschätzung der äquivalenten Restdosis (ERD) angegeben:

$$ERD = D_o \left[0,1 + 0,9\,(1-0,025)^{t-4}\right] + \mathring{D}\int_4^t \left[0,1 + 0,9\,(1-0,025)^{t}\right] dt.$$

Die erste eckige Klammer drückt aus, daß 10 % der durch die Dosis D_o verursachten Schäden als irreparabel anzusehen sind und der Körper die restlichen 90 % mit einer Rate von 2,5 % pro Tag vom 4. Tag an regeneriert; die zweite eckige Klammer besagt, daß auch bei der anschließenden Dauerbestrahlung die Erholung gleichmäßig fortschreitet.

Es ist z.Zt. unmöglich, quantitative Voraussagen für die Chancen der Erhaltung einer genetisch gesunden Konstitution der Menschheit nach einem Kernwaffeneinsatz zu machen. Es ist aber absolut klar und muß immer wieder betont werden, daß die genetischen Konsequenzen eine unvergleichlich höhere Bedeutung für die gesamte Menschheit besitzen als die akuten Folgen derartiger Katastrophen. Die gegenwärtigen Kenntnisse der Strahlenphysik und der medizinisch-biologischen Strahlenforschung reichen gerade aus, um für das unmittelbare Überleben eine gewisse Anleitung zu geben; sie sind jedoch völlig unzureichend, um das gesamte Ausmaß der Konsequenzen abschätzen zu können. Vergegenwärtigt man sich, daß in Hiroshima und Nagasaki nach heutiger Terminologie nur taktische Atombomben zum Einsatz kamen, es waren 15 Kt TNT-Bomben, heute aber 100 Mt TNT-Bomben einsatzbereit sind, dann erscheinen die vorsichtig formulierten Schlußfolgerungen verschiedener Untersuchungsausschüsse über die genetischen Auswirkungen der beiden Bombenabwürfe in einem anderen Licht. MESSERSCHMIDT (MESSERSCHMIDT) faßt seine Eindrücke nach dem Studium zahlreicher Berichte folgendermaßen zusammen: "Auf Grund all' dieser Ergebnisse wird es doch wahrscheinlich, daß durch die beiden Detonationen im Erbgut der Bevölkerung von Hiroshima und Nagasaki Mutationen ausgelöst wurden."

Zwei Faktoren sind für die Beurteilung der genetischen Konsequenzen eines Kernwaffeneinsatzes von entscheidender Bedeutung. Der erste Fakt betrifft die zufällige Verteilung strahleninduzierter Mutationen. Daraus muß der Schluß gezogen werden, daß jede strahleninduzierte Erhöhung der natürlichen Mutationsrate negative Auswirkungen hat.
Der zweite Fakt bezieht sich auf das Verhältnis von natürlicher Mutationsrate und strahleninduzierter Mutationsrate pro Dosiseinheit. Bei größenordnungsmäßig 10 rad werden beide Mutationsraten bereits vergleichbar, d.h. die Gesamt-Mutationsrate erhöht sich bei etwa 1o rad auf den doppelten Wert der natürlichen Mutationsrate.
Im Fall eines Kernwaffeneinsatzes wird die Bevölkerung ein Vielfaches dieser sogenannten Verdopplungsdosis erhalten. Die genetischen Konsequenzen einer vervielfachten Mutationsrate sind unabsehbar.

In einem Vortrag zum Thema "Physik in unserer Zeit" stellt ROBERT OPPENHEIMER fest: Die Forderung, der Wissenschaftler muß die Verantwortung für das Ergebnis seiner Arbeit selbst übernehmen, ist eine Forderung, die nur als Vorwand dafür dient, ihn in Bereiche zu führen, für die es ihm sowohl an Erfahrung wie an Wissen fehlt und nicht zuletzt auch an Geduld.
An dieser Auffassung OPPENHEIMERS ist nur richtig, daß der politisch unwissende Wissenschaftler unfähig ist, seiner Verantwortung gerecht werden zu können. Dieser Typ Wissenschaftler war, ist und bleibt eine Gefahr für die Gesellschaft.

In diesem Zusammenhang sei auf die allgemein akzeptierte Feststellung eingegangen, daß in der ersten Hälfte dieses Jahrhunderts der Fortschritt im Bereich der Naturwissenschaften durch die Physik bestimmt wurde und diese Rolle nunmehr an die Biologie übergegangen sei. Diese Feststellung besagt nicht, daß die Verantwortung von den Physikern auf die Biologen übergeht. Sie bringt nur zum Ausdruck, daß sich der interdisziplinäre Charakter der Forschung mehr und mehr verstärkt; die Verantwortung bleibt unteilbar. Um jedoch der Verantwortung gerecht werden zu können, muß die Einheit von Politik und Wissenschaft voll entwickelt werden. Der Wissenschaftler erfüllt seinen gesellschaftlichen Auftrag erst dann, wenn sich sein fachliches und politisches Wissen gleichermaßen bewußt umsetzt im Prozeß des aktiven Veränderns der gesellschaftlichen Verhältnisse.

LITERATUR

Die Strahlenbelastung bei einer Notlage, Empfehlungen des NCRP März 1965, Manuskript Kernf. Anlage Jülich

MESSERSCHMIDT, O., Auswirkungen atomarer Detonationen auf den Menschen, Verlag Thiemig, München 1960

OPPENHEIMER, J.R., Atomkraft und menschliche Freiheit, Rohwolt-Verlag, Hamburg 1957

GENETIK UND BIOLOGISCHE KRIEGFÜHRUNG

EHRENFRIED PETRAS

Forschungszentrum für Molekularbiologie und Medizin der
Deutschen Akademie der Wissenschaften zu Berlin

Erlauben Sie mir als Einleitung ein paar persönliche Bemerkungen:
Ich bin noch nicht sieben Jahre alt gewesen, als mein Vater von der Gestapo verhaftet wurde. Kurz nach dem Ende des 2. Weltkrieges ist mein Vater an den Folgen von Nazihaft und Naziverfolgung gestorben. Später habe ich erfahren, daß die Erziehungsanstalt, die mein Vater bis zum Ausbruch des Nazi-Reiches leitete, während des Krieges in eine Filiale der Giftgasfabrik Dyhernfurth umgewandelt wurde.
Ich bin zwölf oder höchstens dreizehn Jahre alt gewesen, als meine Mutter mir berichtete, was sie von einem Augenzeugen über das Konzentrationslager Auschwitz wußte.
Während der ersten fünfzehn Jahre meines Lebens ist von Staats wegen stets und ständig versucht worden, mir einzubleuen, der Mord an Juden, Polen, Russen und anderen "Fremdstämmigen" sei eine objektive Notwendigkeit und daher auch vom moralischen Standpunkt aus als geltendes Recht zu betrachten. Jeder weiß, wie seinerzeit alle diejenigen, die zur physischen Vernichtung kommen sollten, vorher prophylaktisch zu "Untermenschen" erklärt wurden.
Ich gehöre zu einer Generation, die schon früh und in sehr konkreter Form mit dem Problem des Faschismus und somit auch mit der Problematik eines von den Ideologen des Imperialismus pervertierten Pseudo-Darwinismus konfrontiert worden ist. Ich habe versucht, daraus meine Lehren zu ziehen.

Seit dem Beginn unseres Jahrhunderts sind die Theorien vom Über- oder Herrenmenschen, dem alles erlaubt ist, und dem Untermenschen, der auszurotten bzw. zu "liquidieren" ist, ein wichtiger Bestandteil im Instrumentarium des Imperialismus und des Faschismus.
Nur wer nichts gegen Theorien einzuwenden hat, die eine bewußte Gleichsetzung von Mensch und Tier zum Inhalt haben, ist heute für den Völkermord zu gebrauchen.
Nur er hat heute im System des Imperialismus eine Chance, zur Macht zu gelangen.

So ist es nicht verwunderlich, wenn sich die Ideologen des Imperialismus mit immer wieder neuen "Theorien", die sich in vielfältiger Weise aus vulgären Verfälschungen des Darwinismus herleiten, gerade unter Wissenschaftlern bis heute um die Verwirrung der moralischen Aspekte bemühen. Ihnen zur Seite stehen die Manager der staatlichen Administrationen und der imperialistischen Monopole, die es verstehen, durch massiven materiellen Druck - wie auch durch unmittelbare existentielle Bedrohung - im wissenschaftlichen Bereich eine Atmosphäre der Angst, des Mißtrauens und eines geradezu grenzenlosen Opportunismus zu erzeugen.

In der westdeutschen Bundesrepublik hat die Militarisierung der Wissenschaft heute einen Grad erreicht, der allenfalls in den Verhältnissen im Deutschland Hitlers eine Entsprechung findet. Ähnlich steht es in den USA. Ich glaube, nur wer dergleichen in eigener Anschauung erlebt hat, kann ganz ermessen, welche Pervertierung menschlichen Denkens auf diese Weise heraufbeschworen wird. Diese Pervertierung hat - um nur ein scheinbar beiläufiges und der Öffentlichkeit nahezu entgangenes Ereignis zu erwähnen - z.B. dazu geführt, daß eine US-amerikanische Wissenschaftlerin vom Pentagon den höchsten aller überhaupt für Zivilpersonen vorgesehenen Orden bekam, weil sie einen Reis-Mehltaupilz züchtete, der gegenüber den bisher bekannten Pflanzenschutzmitteln resistent war.
Ich kann hier allein schon aus zeitlichen Gründen nicht auf die allgemeine naturwissenschaftliche, medizinische und militärische Problematik der B-Kriegsforschung eingehen. Hierzu habe ich auch an anderer Stelle bereits einiges gesagt (Ministerium für auswärtige Angelegenheiten der DDR, PETRAS). Vielmehr möchte ich, was die speziellen Fachprobleme betrifft, einige Anmerkungen zur Bedeutung genetischer Untersuchungen für die biologische Kriegsführung machen.

Die B-Kriegsforschung stellt ihrem Wesen nach in genetischer Hinsicht Ziele, die sich grundsätzlich von den Zielen unterscheiden, die sich im Rahmen der A- und C-Kriegsforschung ergeben.
In der A- und C-Kriegsforschung bezieht sich das Interesse der Genetiker einzig und allein auf die Problematik der Effekte, die durch die zur Verfügung stehenden Waffen ausgelöst werden können.

In der B-Kriegsforschung ist das anders. Es steht zwar außer Zweifel, daß genetische Effekte auch durch B-Kampfstoffe erzielt werden können - und die Gefahren, die sich aus dieser Tatsache ergeben, dürfen keineswegs unterschätzt werden - jedoch ist die Entwicklung auf diesem Gebiet offenbar noch nicht bis zur Produktion neuer, aktuell bedeutsamer Massenvernichtungsmittel fortgeschritten. Von unmittelbar aktueller Bedeutung sind aber seit langem zwei Problembereiche bekannt:

1. Die Problematik der Erzeugung von B-Kampfstoffmaterial (also von pathogenen Mikroorganismen- und Virusmaterial und von Toxinen wie auch von Überträgerorganismen), das auf Grund seiner hohen Effektivität, seiner hohen Resistenz gegenüber den während des militärischen Einsatzes dominierenden Umwelteinflüssen (bei B-Kampfstoffmaterial ist z.B. die Resistenz gegenüber atmosphärischen Einflüssen bedeutsam; man spricht auch davon, daß es möglich sei, Mikroorganismenaerosole zu erzeugen, deren Lebendkeimzahl sich während des Aufenthaltes in der Atmosphäre nicht nur nicht verringert, sondern sogar in signifikanter Weise erhöht) und auf Grund von Erkennungs- und Identifizierungsschwierigkeiten (hier sei nur an die vielfältigen Möglichkeiten des Einsatzes exotischen oder anderen weitgehend unbekannten Mikroorganismen- und Virusmaterials erinnert. Für den Fall der Anwendung derartigen Materials hofft man natürlich stets auch auf den Ausbruch einer politisch oder militärisch ausnutzbaren Panik) als besonders geeignet erscheint.

2. Die Problematik der Analysierung der Resistenz- und Immunitätssituation innerhalb der für eine Aggression vorgesehenen Populationen und die Suche nach Möglichkeiten, diese Situation in gezielter Weise zu verändern. Hierbei geht es vor allem darum festzustellen, ob die für eine B-Waffen-Aggression vorgesehenen Opfer den zur Verfügung stehenden Kampfstoffen gegenüber resistent oder immun sind (japanische Militärbiologen untersuchten zu diesem Zweck u.a. tausende chinesischer und sowjetischer Häftlinge, die sie später in viehischer Weise als B-Kriegs-Versuchsobjekte ermordeten), und welche genetischen oder anderen Methoden angewandt werden können, um - womöglich für genau vorausplanbare Perioden - die Resistenz und die Immunität der für einen Überfall vorgesehenen Populationen auf ein Minimum zu reduzieren (hierfür kommt vor allem ein mit der Anwendung von B-Kampfstoffen kombinierter Einsatz atomarer oder chemischer Waffen in Frage. Untersuchungen auf diesem Gebiet sind nicht nur in den USA und in Großbritannien, sondern auch in Westdeutschland seit langem

betrieben worden. In diesem Zusammenhang ist es natürlich stets auch von großem Interesse, zu erkunden, welche Schutzmittel für die betroffenen Populationen zur Verfügung stehen).

Meine Damen und Herren, das Leben auf unserem Planeten ist zu diesem Zeitpunkt nicht nur in seiner genetischen Entwicklung, sondern darüber hinaus in seiner nackten Existenz bedroht. Ich möchte Sie hier und heute bitten - und ich glaube, damit zugleich im Namen einer ganzen Gruppe ehemals westdeutscher Wissenschaftler, Ingenieure und Techniker zu sprechen, mit denen zusammen ich im vergangenen Jahr vom Boden der DDR aus öffentlich an die Kollegen in der Bundesrepublik appelliert habe: Geben Sie sich keinen Illusionen hin über die Gefahr, die uns umgibt, gleichviel welche Partei in Bonn z.Zt. einen Kanzler stellt! Auch der jetzige Bundeskanzler BRANDT hat seinerzeit - im August 1969[1] - ganz offen erklärt, die Truppen des NATO-Paktes seien bereit, "chemische und bakteriologische Kampfstoffe" einzusetzen, und er hat wörtlich hinzugesetzt: "Die Erfahrungen haben gezeigt, daß nicht nur die Waffen selbst Wandlungen unterliegen, sondern daß sich auch die Vorstellungen ändern können, welche Waffen zur Verteidigung unverzichtbar sind".

Ich erinnere mich noch sehr gut daran, wie der Bundestagsabgeordnete von GUTTENBERG, der inzwischen ja keineswegs von der Bonner Bildfläche verschwunden ist, vor zwölf Jahren unter dem Beifall seiner Fraktionskollegen im Bonner Bundestag erklärte, er sei bereit, Atombomben auch über Städten der DDR abwerfen zu lassen, und ich bin auf Grund meiner Erfahrungen sicher, daß die seinerzeit in Westdeutschland verbreitete Parole "Lieber tot als rot" mehr war als ein bloßes Bla-Bla-Geschrei - auch wenn ihre Urheber bislang keineswegs die Absicht haben, vorzeitig aus dem Leben zu scheiden (das traurige Schicksal des am Ende seines Lebens ganz und gar wahnsinnig gewordenen amerikanischen Kriegsministers FORRESTAL kann hier wohl als Ausnahme gelten).

In der Bundesrepublik wird heute plötzlich - wie man hört, für vorerst 15,7 Millionen Westmark - eine sogenannte Friedensforschung aus dem Boden gestampft. Das ist natürlich kein zufälliges Ereignis. Hätte es nicht in den letzten beiden Jahren eine Fülle von Enthüllungen über westdeutsche ABC-Kriegsvorbereitungen gegeben, so

---

1 Während eines Interviews mit dem Bonner "Deutschlandfunk"

wären Staat und Industrie (beteiligt ist z.B. der FLICK-Konzern) dort zweifellos nicht gewillt, auch nur einen einzigen Pfennig für derartiges auszugeben.

Auch heute haben die westdeutschen Monopole natürlich nicht die Absicht, ihre "freiwilligen Spenden" für die Festigung des Friedens verwenden zu lassen. Sie versuchen vielmehr, den guten Namen des Stockholmer Friedensforschungsinstituts und anderer Institutionen für die psychologische Verschleierung der Machenschaften des Bonner "Verteidigungsministeriums" zu mißbrauchen. - In diesem Ministerium ist heute übrigens der ABC-Kriegsexperte Dr. STRATHMANN einer der engsten Berater des Ministers HELMUT SCHMIDT.

Selbst der gewiß nicht des Kommunismus verdächtige Westberliner TU-Präsident WITTKOWSKI hat die Fragwürdigkeit der Bemühungen um eine solche "Friedensforschung" erkannt, und er hat in sehr lobenswerter Weise dazu beigetragen, daß ein Friedensforschungsinstitut nach Bonner Vorstellungen in Westberlin bisher nicht installiert werden konnte. - Andererseits haben sich - wie Dr. E. von WEIZSÄCKER hier mitteilte - führende Genetiker und andere Kreise der BRD bereitgefunden, ihr öffentliches Ansehen für äußerst bedenkliche Vorhaben aufs Spiel zu setzen. Ich bedaure das außerordentlich.

Vielleicht darf ich abschließend noch eine Episode aus meinem eigenen Erleben anführen, die mir viel zu denken gegeben hat: Während einer der im Grafschafter Institut für Aerobiologie üblichen Akademikerbesprechungen wurde eines Tages mitgeteilt, wie man sich amerikanischerseits die "Schutzmaßnahmen" im Falle eines Atomkrieges vorstellt. Von der Zivilbevölkerung war hierbei natürlich von vornherein nicht die Rede (im Gegensatz zu allen anderslautenden, im Grund verbrecherischen Bonner Behauptungen besäße sie ja auch tatsächlich keinerlei ernst zu nehmende Schutzmöglichkeiten).

Es war aber davon die Rede, daß man in einem solchen Falle zwischen zwei Gruppen von Soldaten zu unterscheiden habe: Zwischen solchen, die "on target" und solchen, die "off target" seien. Sie können sich vermutlich nicht vorstellen, was damit gemeint war: Als "on target" gelten in der amerikanischen Terminologie diejenigen Soldaten, die während eines Atomschlages mit Sicherheit einer hohen Strahlenbelastung unterliegen. Für sie gibt es nach der Ansicht der amerikanischen Generäle keine Rettung. Man läßt sie daher ihren Kampf gegen den Kommunismus ohne jegliche medizinische Versorgung weiterführen, bis sie am Strahlentod gestorben sind. Als "off target" werden demgegenüber diejenigen Soldaten bezeichnet, die allenfalls einer mehr oder weniger geringfügigen Strahlenbelastung unterliegen. Lediglich für sie sollen medizinische Fürsorgemaßnahmen getroffen werden (z.B. für die in Bunkern sitzenden Hauptverantwortlichen). Ein solches "Selektionsprinzip" kennen wir bereits - aus der Praxis von HITLERs Konzentrationslagern. Das moralische Urteil über derartige Konzeptionen des Wahnsinns möchte ich Ihnen selbst überlassen.

Zum Glück sind die Bestrebungen der ABC-Kriegsvorbereiter heute nicht mehr geheimzuhalten, und in aller Welt vergrößert sich ständig die Zahl derjenigen Wissenschaftler, die sich nicht nur passiv von allen Vorbereitungen zum Völkermord distanzieren, sondern auch aktiv - und notfalls unter Einsatz ihrer persönlichen Existenz - für ein Erkennen der Gefahr und für ein friedliches Fortbestehen der Menschheit eintreten. Das hat sich erst kürzlich wieder im Verlauf des diesjährigen Internationalen Mikrobiologenkongresses in Mexiko klar erwiesen.

LITERATUR

Ministerium für Auswärtige Angelegenheit der DDR (Hrsg.), "DR. PETRAS schlägt Alarm", Verlag Zeit im Bild, Dresden 1968

Ministerium für Auswärtige Angelegenheiten der DDR (Hrsg.), "Bonn bereitet Giftkrieg vor", Staatsverlag der DDR, Berlin 1969

PETRAS, E., Zur B- und C-Kriegsrüstung in Westdeutschland, Urania, 33 (1970) 11, 41; 33 (1970) 12, 40 und 34 (1971) 1, 50

BIOLOGISCHE KRIEGFÜHRUNG

HORST SCHLECHTE

Sektion Biologie, Forschungsgruppe Mikrobengenetik der Universität Rostock

Im folgenden sollen zunächst einige denkmögliche Erscheinungsformen der Biologischen Kriegführung skizziert werden.
Einem Bericht der amerikanischen Zeitschrift "Scientific Research" ist zu entnehmen, daß die USA während des 2. Weltkrieges, während des Koreakrieges und in Vietnam stärkere Verluste als Folge von Infektionskrankheiten als infolge des feindlichen Feuers hinnehmen mußten und müssen, in Vietnam insbesondere durch die Malaria. Wörtlich heißt es darin: "Wenn man diese Verluste als 'natürliche' biologische Kriegführung betrachtet, als freie Modellversuche biologischer Waffen, dann wird klar, daß eine minimale kontrollierte Applikation von Infektionskrankheiten der konventionellen Kriegführung entschieden überlegen sein würde. Und die Möglichkeiten sind theoretisch schrecklicher als ein Atomkrieg. Die Atombombe, welche auf Nagasaki geworfen wurde, wog 5 Tonnen und tötete 80 000 Menschen, aber nur eine Fraktion einer Unze von Hühner-Embryonalgewebe, beimpft mit Coxiella burnetti - dem mikrobiellen Erreger des Q-Fiebers - könnte 1 Milliarde infizieren und etwa 10 Millionen töten."

Denkmöglichkeiten dieser Art sind keineswegs erschöpft. Pressemeldungen zufolge reichen die bereits eingelagerten Mikroben für die mehrfache Vernichtung aller Menschen der Welt aus - die Sicherheitsvorkehrungen dieser Depots wären durch katastrophale Sorglosigkeit gekennzeichnet. In bezug auf den Großkrieg ergeben sich zwei Fragen:

1. Warum wurden und werden bei den bisherigen Auseinandersetzungen keine B-Waffen oder nur in unbedeutendem Maße eingesetzt?
2. Besteht die Gefahr ihres Einsatzes durch kriegführende Staaten?

Zur Beantwortung der ersten Frage kann man folgende Gesichtspunkte verwenden: Es liegen noch keine oder zu wenig Testerfahrungen vor. Das Problem der genauen

Dosierung im Interesse einer Beschränkung des Aerosolwindes auf das Zielgebiet ist noch nicht ausreichend gelöst.
Man ist noch auf der Suche nach einem "idealen" Krankheitserreger.
Furcht vor dem Übergreifen der Epidemie auf die eigenen Soldaten oder Verbündeten.
Furcht vor der Weltöffentlichkeit und vor der Opposition im eigenen Lande.
Furcht vor den Massenvernichtungswaffen des Gegners.
Wesentlich schwieriger lassen sich Hinweise zur zweiten Frage geben, z.B.:
Ein Angreifer mit B-Waffen dürfte nur schwierig namhaft zu machen sein, da er nicht in das Territorium des Opfers einzudringen braucht.
Biologische Angriffe ließen sich wahrscheinlich in ihrer Vernichtungsgewalt dosieren zwischen leichten Epidemien, die von natürlichen nicht zu unterscheiden sind bis zu alles vernichtenden Seuchen.
Folglich dürften sich, so drücken sich westliche Kommentatoren aus, B-Waffen nicht wie Kern-Waffen zur Herstellung eines vorübergehenden friedenssichernden Kräftegleichgewichts eignen, was wiederum die Wahrscheinlichkeit eines Angriffes erhöht (E. von WEIZSÄCKER, 1969). B-Waffen eignen sich nicht zur Defensive, denn wenn ein Aggressor bereits das eigene Territorium erreicht hat, wäre ein Gegenschlag Selbstvernichtung.
Dazu ist zu berücksichtigen, daß B-Waffen keine für eine Verteidigungsmaßnahme erforderliche rasche Wirkung entfalten - die auszulösende Epidemie tritt auf Grund der langen Inkubationszeit des Menschen erst nach Tagen bis Wochen ein.
B-Waffen wirken nicht materialzerstörend; sie sind unwirksam gegenüber dem Personal der pneumatisch isolierten U-Boote, Flugzeuge und Tanks des Gegners.
Demnach sind die vorhandenen B-Waffen als Aggressivwaffen vor allem gegen die Zivilbevölkerung des Gegners vorgesehen.

Das vermutlich am schwierigsten lösbare Problem der Biologischen Kriegführung stellt die sogenannte "Attentatstechnik" dar. Es geht von dem Gedanken aus, daß ein immer größer werdender Kreis kleiner Staaten, Interessengruppen und auch Einzelpersonen von dieser Möglichkeit Kenntnis erhalten und auch technisch in der Lage sind, B-Waffen in kleinen Mengen herzustellen. Sie würden angewandt als Droh- und Erpressungsmittel gegen übermächtige Gegner, zum Austragen kleiner Konflikte, zum Vernichten von (rechtsunfähigen) Minderheiten - z.B. ethischen - und gegen anderweitig lokalisierbare Personengruppen - z.B. Parlamentarier. Besonders unheimlich ist dabei die Vorstellung, daß Gesundheit und Vitalität von Menschengruppen ständig durch leichte unbemerkte Epidemien eingeschränkt werden könnte. In ihrer Perfektion könnte die Attentatstechnik eine permanente Begleiterscheinung von Krisen- und Konkurrenzsituationen werden und eventuell eine regelrechte biologische Kriminalistik erforderlich machen.

Von kleinen krisenbedrohten Staaten geht daher eine erhebliche Gefahr aus. (Gelegentlich hört man: B-Waffen sind die Waffen der Kleinen.) Besonders bedrohlich ist diese Situation angesichts der Tatsache, daß ihnen durch die Großmächte und weitere Industriestaaten große Mengen Waffen zur Verfügung gestellt werden, die es ihnen erlauben, ihre Konflikte zur Ursache unverhältnismäßig auszuweiten. Wie im Kapitel Attentatstechnik erläutert wurde, bedeuten darüber hinaus kleinere militante Organisationen und sogar Einzelpersonen eine Gefahr. Die alltäglichen Flugzeugentführungen beweisen, welche Verwirrung und Gefahr selbst Außenseiter hervorrufen können. So besteht ein gewisser Anlaß zu der Befürchtung, daß die B-Waffen, anstatt kontrollierbar zu werden, sich in zunehmendem Maße einer Kontrolle entziehen. Die Ursachen muß man in zwei wesentlichen Konstellationen sehen:

1. Politische Krisen, insbesondere öffentliche und drohende militärische Auseinandersetzungen, Bürgerkriege, Katastrophengebiete.
2. Gegenwärtige Organisation der Wissenschaft, die in beschleunigtem Tempo Informationen und willfährige Fachleute für militärische Aufgaben bereitstellt.

Die Beseitigung der ersten Konstellation erfordert in erster Näherung die Einführung einer weltweiten Friedensordnung, Veränderung der gesellschaftlichen Verhältnisse, Industrialisierung unterentwickelter Gebiete und Bewältigung der Problematik von Ernährung und Bevölkerungswachstum, Auflösung faschistischer Diktaturen - insgesamt Maßnahmen, welche verschiedene Ebenen der gesellschaftlichen Auseinandersetzung betreffen. Selbst bei im Weltmaßstab optimalen gesellschaftlichen und wirtschaftlichen Maßnahmen ist die Lösung dieses gewaltigen Komplexes nicht in weniger als 10 Jahren denkbar. Die B-Waffengefahr ist jedoch gerade in diesen Monaten und in den kommenden Jahren besonders brisant, wie die vorausgeschickten Angaben verdeutlichen sollten, in einer Situation, in der noch keinerlei wirksame Defensivmaßnahmen und Sperrverträge wirksam sind und in der sich die Waffensysteme noch in Entwicklung befinden. Der nächste internationale Schritt, der bereits in Genf vorbereitet wird, muß die Schaffung einer zur Internationalen Atomagentur (IAEA) analogen Behörde sein. Weitere internationale politische Maßnahmen müssen ein B-Waffensperrvertrag - etwa auf der Grundlage des britischen Vorschlages - und die Einführung einer Inspektionsbehörde sein, die wenigstens Fabriken und Lager großer Waffen erfassen könnte.

Ohne die Rolle der etwas trägen politisch-organisatorischen Maßnahmen unterschätzen zu wollen, soll im folgenden die zweite Konstellation - die Rolle der Wissenschaft - untersucht werden, deren rasches Wachstumstempo eher kurzfristige Maßnahmen erlaubt.

Die Biologie ist in die Phase der technischen Entwicklung getreten, die völlig neue politisch-soziale Probleme aufwirft. Die Möglichkeit der Biologischen Kriegführung stellt die Menschheit gleich zu Beginn dieser Phase in eine Situation äußerster Bedrohung. Ich möchte hier nicht über technische Einzelheiten der Biologischen Kriegführung sprechen, sondern zunächst nur noch einmal betonen, daß es sich dabei um die Anwendung der potentiell gefährlichsten Massenvernichtungswaffen handelt, die zudem nicht für Verteidigungszwecke geeignet sind und bisher in ihrer aktuellen technischen Form nicht angewendet wurden. In der gegenwärtigen Situation besteht eine gewisse Berechtigung zu der optimistischen Hoffnung, die Anwendung, Weiterentwicklung und - was wahrscheinlich das Gefährlichste wäre - die Verbreitung biologischer Kampfmittel an kleinere aggressive Staaten oder Terroristengruppen zu unterbinden. Vielleicht liefert die Bewältigung der B-Kriegsgefahr ein Modell für die Behandlung anderer politischer Probleme und für die Einordnung der politisch-sozialen Möglichkeiten, die die technische Entwicklung der Biologie mit sich bringt. Im November 1969 verkündete der Präsident der USA NIXON unter anderem einen totalen Verzicht der USA auf Entwicklung und Anwendung der B-Waffen sowie die Auflösung der verantwortlichen militärischen Forschungszentren. Das größte bekannt gewordene Zentrum Fort Detrick, in dem mehrere hundert Biologen tätig waren, ist inzwischen einer öffentlichen Institution unterstellt worden. Zur allgemeinen Beurteilung dieser Erklärung muß man in Erwägung ziehen, daß es sich bei dieser Erklärung um ein demagogisches Täuschungsmanöver handeln könnte. Aggressivität ist ein Wesensmerkmal des Imperialismus. Wenn man diese Erklärung als real einschätzt - davon gehen die Teilnehmer des letzten Mikrobiologen-Kongresses vom 1. - 4.8.1970 in Mexiko aus - dann müssen objektive Sachzwänge die US-Regierung zu diesem Schritt getrieben haben. Gegenwärtig und an dieser Stelle können die Ursachen nicht im einzelnen untersucht werden. Ich meine, daß, falls man die hier angeführte zweite Alternative der Beurteilung berücksichtigt, mit dieser Erklärung ein bedeutender Fortschritt gegeben ist - zu dem sicher nichthumane Erwägungen geführt haben - indem man dann folgern kann, daß erstens auch andere imperialistische Staaten in einer solchen Entwicklungsetappe angekommen, zum Abbruch ihrer B-Rüstung gezwungen sein werden und daß zweitens damit feststeht, daß heute B-Waffen-Forschung effektiv nicht mehr in großen Institutionen durchgeführt werden kann.

Im weiteren werde ich an diesen eben genannten Aspekt anknüpfen, um einiges zur Rolle der Wissenschaftler und der Wissenschaftsstruktur im Zusammenhang mit der Problematik der B-Kriegs-Forschung zu sagen; zuerst einiges zu den Aktivitäten einzelner Wissenschaftler und wissenschaftlicher Organisationen gegen die Biologische Kriegführung:

Seit 1947 sind zahllose Protestaktionen und -resolutionen gegen die Biologische Kriegführung unternommen worden, die insbesondere in den USA in den letzten Jahren zu einer außerordentlich starken Beunruhigung der Öffentlichkeit geführt haben. Man kann z.B. nicht selten lesen, die B- und C-Gefahr sei neben dem Vietnamkrieg und der Umweltverschmutzung das aktuelle politische Problem in den USA. Ich möchte jedoch auf die Diskussion einzelner hervorragender Widerstandsaktionen verzichten und statt dessen die Wesensmerkmale des Wissenschaftlerprotests nennen:

1. Unter den Wissenschaftlern, die sich an B-Kriegs-Forschung beteiligen, gibt es, soweit das bekannt werden konnte, keine Prominenten.
2. In der Protestbewegung gegen die Biologische Kriegführung haben sich insbesondere führende Molekularbiologen und Genetiker engagiert.
3. Die Protestmaßnahmen haben zu einer Isolierung von Wissenschaftlern und Institutionen beigetragen, die B-Kriegs-Forschung betreiben.
4. Ich möchte als Diskussionspunkt vorschlagen: Proteste können zur Informierung und Aktivierung der Öffentlichkeit beitragen. Militärpolitische Entscheidungen, wie die NIXON-Erklärung werden davon nur indirekt oder im Zeitpunkt ihrer Verkündung beeinflußt.

Der Punkt - die Isolierung von Wissenschaftlern - leitet über zu einem Aspekt der Beziehungen von Wissenschaftlern, der meines Erachtens die moralische Haltung von Einzelpersonen und von Kollektiven entscheidend positiv beeinflußt - der wissenschaftlichen Kommunikation. Es war vermutet worden, daß zumindest in den USA B-Kriegs-Forschung nur noch in kleineren Institutionen durchgeführt werden kann. Damit ändert sich Wesentliches in den Beziehungen von Wissenschaftlern, die in der B-Waffen-Forschung tätig sind, zu ihren Kollegen auf angrenzenden Fachgebieten. Eine kurze Erklärung und ein Vergleich der Art wissenschaftlicher Kommunikation einmal unter Chemikern und zum anderen beispielsweise unter Genetikern soll diese These erläutern:

Jeder Wissenschaftler ist bei der Durchführung einer Forschungs- oder Entwicklungsarbeit auf Kommunikation mit seinen Kollegen angewiesen. Diese Kommunikation kann in drei im Wesen verschiedenen Formen geschehen: 1. als persönliche Kommunikation, z.B. Gespräch, Briefwechsel, Kongreßbesuch. 2. durch Lesen von Originalveröffentlichungen. 3. durch Lesen von Sekundärliteratur - in den Naturwissenschaften sind das vor allem Bücher, Übersichtsartikel und Nachschlag-Einrichtungen. Die persönliche Kommunikation hat die Besonderheiten, daß sie einmal die raschestmögliche Form der Informationsübertragung darstellt und außerdem kooperativ wirkt, d.h. die Kommunikationspartner inspirieren sich. In der Chemie (mit Ausnahme der Biochemie) spielt persönliche Kommunikation eine vergleichsweise geringe Rolle. Chemische Forschungsergebnisse, etwa Materialkonstanten und Reaktionsvorschriften behalten vielfach über lange Zeit ihren Wert und müssen oft aus über Jahrzehnte zurückliegenden Untersuchungen entnommen werden. Daher wäre ein persönlicher Kontakt zu dem Kollegen oft schon aus Zeitgründen nicht mehr möglich; dazu kommt, daß das Auffinden von Originalarbeiten auf Grund der besonderen Nomenklaturschwierigkeiten in der Chemie oft außerordentlich erschwert ist. Man schätzt daher den Anteil unbeabsichtigter Doppelarbeit infolge mangelnder Information über das bereits vorhandene Wissen in der Chemie auf 30 % (KRESZE). Ganz anders ist die Situation auf modernen Arbeitsgebieten der Biologie. Hier haben Forschungsergebnisse oft nur sehr kurzzeitigen Wert, um dann durch neuere Daten und Theorien abgelegt zu werden. Die Arbeitsqualität des Biologen ist daher oft in direktem Maße davon abhängig, wie schnell er sich neue Informationen über neue Probleme seines Arbeitsfeldes beschaffen kann. Charakteristisch ist diese Situation für die Genetik.

Hier spielt die persönliche Kommunikation - etwa durch das Verschicken von Sonderdrucken und Vorabdrucken - für die meisten Forscher eine wichtigere Rolle als die Literatursuche.

Je mehr wissenschaftliche Mitarbeiter eine Institution hat (vorausgesetzt, diese arbeiten koordiniert), desto eher wird sie die für die eigene Arbeit wesentlichen Daten aus der eigenen Forschungskapazität bereitstellen können und desto mehr auf persönliche Kommunikation mit außerbetrieblichen Kollegen verzichten können.
Es war festgestellt worden, daß wahrscheinlich nur noch kleinere Institutionen B-Kriegs-Forschung betreiben können. Daher bestehen sehr günstige Voraussetzungen, deren wissenschaftliches Niveau als wenigstens unterdurchschnittlich zu veranschlagen - da der Fortschritt der Biologie von einer zahlenmäßig sehr großen Gruppe führender Biologen getragen wird, mit denen die für die Arbeitsqualität erforderlichen Kontakte auf Grund von Geheimhaltungsbestimmungen und der ablehnenden Haltung der meisten Biologen gegenüber der B-Waffen-Forschung isoliert sind. Bedauerlicherweise bestehen jedoch angesichts der gegenwärtigen Organisationsstufe der Chemie Voraussetzungen für die Entwicklung von C-Waffen, da einmal zahlreiche Chemiekonzerne existieren und außerdem auch die Möglichkeit zur Isolierung kleiner Chemikergruppen besteht, ohne deren Arbeitsqualität vergleichsweise einzuschränken, während man vermuten kann, daß die besonders intensive Kommunikationssituation der Genetiker ein spürbares Engagement bei der B-Waffen-Entwicklung verhindert hat.

Obwohl hier die Rolle der persönlichen Kommunikation hervorgehoben wurde, darf man nicht übersehen, daß ein die Qualität der wissenschaftlichen Leistung bestimmender Faktor nicht der Spontanität überlassen sein darf. In diesem Zusammenhang ist auch das vor wenigen Jahren gegen die Profitinteressen westlicher Zeitschriftenverlage durchgeführte Projekt "Information Exchange Group" zu sehen, dem in der Sektion "Nucleinsäuren und Genetischer Code" 1500 prominente Wissenschaftler angeschlossen waren. 1968 wurde dieses Projekt eingestellt. Die Wissenschaftspolitik der DDR bemüht sich, die Kommunikation als Faktor in ihre Planung und Prognose fest einzubeziehen (KLARE). In Detailsituationen, z.B. Berücksichtigung der Rolle der Kommunikation bei der Genetik-Prognose oderKommunikation in der Universität ist aufzuholen.

Die Gefahr eines Biologischen Krieges erfordert auch den weiteren Ausbau der internationalen Wissenschaftsorganisation. Auf der staatlichen Ebene bedeutet das zur Zeit die Bemühung um den Eintritt der DDR in die UNESCO. Für die persönliche Ebene wurde die Diskussion um einen internationalen Wissenschaftlereid in die WFW getragen (STEENBECK).

Abschließend sei ein Hinweis auf den 4. Internationalen Mikrobiologen-Kongreß 1970 gegeben. Dort wurde eine Resolution zur Ächtung der Biologischen Kriegführung rung verabschiedet (HEDEN).

LITERATUR

Biological wafare: The deadly aerosol, Scientific Research 22.I. (1968), 40

Chemical and bacterialogical (biological) weapons and the effects of their possible use, Report of the Secretary-General, United Nations, New York, 1969

HEDEN, C.-G., A professional verdict over BW, New Scientist, 10. IX. (1970) 518

KLARE, H., Wissenschaft im Sozialismus, Wissenschaft und Fortschritt 10, (1969) 454 und 490

KRESZE, G., Kommunikation in der Chemie heute - Probleme und Möglichkeiten, Angew. Chemie 82 (1970), 536

STEENBECK, M., Die Verantwortung der Wissenschaftler und europäische Zusammenarbeit, Wissenschaftliche Welt 12, (1968), 6, 25

WEIZSÄCKER, E. von, Verantwortung der Biologie, Pastoraltheologie 58 (1969), 181

DISKUSSION

STEENBECK: Ich möchte einige Bemerkungen zum zentralen ethischen Problem der Verantwortung machen.

Wer die Zukunft will und plant, der muß auch an die Fähigkeit und die Bereitschaft der Menschen glauben, vernünftig zu handeln zu können. Ich habe deshalb etwas gegen gelegentlich aufkommende Selbstgerechtigkeit mit der ausschließlichen Betonung "Drüben sitzt der böse Feind". Ich habe immer die Hoffnung ausgesprochen, daß der größte Teil der Wissenschaftler in der ganzen Welt in den Grundanliegen mit uns übereinstimmt. Das heißt allerdings noch nicht, daß darum die Entwicklung der Wissenschaft und ihre Anwendung dort so verläuft, wie wir es vertreten. Es ist bekannt, daß ein sehr großer Teil der naturwissenschaftlichen Forschung in den USA wie auch in der Bundesrepublik letzten Endes von militärischen Stellen finanziert oder unterstützt wird. Das ist primär aber nicht die Schuld der einzelnen Forscher drüben oder hier unser Verdienst, das ist Schuld bzw. Verdienst der Gesellschaftsordnung drüben bzw. bei uns.

Hier ist sehr viel von der Verantwortung des Wissenschaftlers gesprochen worden, auch ist festgestellt worden, daß der Forscher selbst dafür eintreten muß, daß seine Ergebnisse vernünftig und sinnvoll angewendet werden. Das ist richtig, aber es würde ein völliges Vorbeigehen an der Verantwortung bedeuten, bezögen wir diesen Begriff jeweils nur auf den forschenden Wissenschaftler selbst. Ohne Unterstützung in der Öffentlichkeitsarbeit kann ein einzelner Forscher seiner Verantwortung gar nicht gerecht werden. Ich möchte an den Begriff Selbstgerechtigkeit noch einmal anknüpfen. Es ist mir hier zu wenig von der persönlichen Verantwortung jedes Wissenschaftlers, vor allem jedes Naturwissenschaftlers die Rede gewesen. Dazu gehört natürlich Einsicht, Verantwortung ist letzten Endes eine Angelegenheit des Gewissens. Aber Gewissen ohne das Fundament des soliden Wissens bleibt im wesentlichen blasse Sentimentalität. Die erste Forderung, die wir deswegen erfüllen müssen, wenn wir den Begriff der Verantwortung für uns selbst ernst nehmen wollen, ist dieses Wissen zu erwerben, um die gesellschaftlichen Zusammenhänge, in die wir mit unseren Handlungen gestellt sind, zu erkennen. Sage niemand, daß das nur eine rationale, aber keine moralische Leistung sei. Erweiterung unseres Wissens ist immer auch eine moralische Leistung. Die erste Stufe unserer persönlichen Verantwortung ist also der Erwerb dieses gesellschaftlichen Wissens, das über das reine Fachwissen hinausgeht. Die zweite Stufe ist vielleicht noch schwerer, nämlich: Die Erkennung der Zusammenhänge muß sich umsetzen in ihre Anerkennung. Das ist keineswegs so ohne weiteres möglich; das, was wir dabei erkennen müssen, widerspricht nämlich sehr häufig unserer Eitelkeit, vielleicht auch unserem persönlichen Interesse und nur zu häufig altgewohnten Vorstellungen und Wertungen. Die dritte, unter Umständen die schwierigste Stufe ist folgende: Es reicht nicht aus zu wissen, was zu tun ist. Man muß sich auch dafür einsetzen, daß das Nötige dann geschieht. Das kann ein einzelner nicht, er muß sich einsetzen in dem großen Kreis derer, die das gleiche Ziel verfolgen, jedenfalls in der großen Linie. Das ist nur möglich durch Parteinahme. Von dem Wissenschaftler unserer Zeit wird darum verlangt, zwei Forderungen zu genügen, die sich nur scheinbar auszuschließen scheinen: Nämlich objektiv und parteilich zu sein. Das heißt, so genau wie er nur kann, soll er die objektiven Zusammenhänge erkennen, und dann mit innerem Engagement Partei nehmen, sich also dafür einsetzen, daß das Nötige auch geschieht - und das erfolgt immer nur gegen Widerstände. Parteinahme fordert seine Mitarbeit auch dann, wenn nicht immer alles genau so in der Reihenfolge geschieht, wie er es selbst möchte. Entscheidend ist das von der gesellschaftlichen Entwicklung geforderte große Ziel. Das sind Dinge, für die man sich in seiner Umgebung einsetzen muß, auch wenn man sich damit unter Umständen Anfeindungen aussetzt. Erst dadurch zeigt sich die moralische Leistung. Das gehört zu der Verantwortung, die jeder von uns zu übernehmen hat. Sonst bleibt die Verantwortung ein wohlklingendes Schlagwort. In der großen Zielsetzung ist für uns hier die Entscheidung oft einfacher als für den Forscher im Westen. Aber, wie gesagt, das darf uns nicht zur Selbstgerechtigkeit führen. Es ist sicher irrig, die Gefahr nur in personifizierten Kriegstreibern zu sehen; die gibt es sicher viele. Aber viel gefährlicher ist die Entwicklung, die in der Machtstruktur der kapitalistischen Gesellschaft selbst liegt. Ich habe heute davon gesprochen, daß die Verantwortung auch von denen wahrzunehmen ist, die unmittelbar in der Forschung und meistens auch unmittelbar in der Anwendung ihrer Ergebnisse sich beteiligen. Gestatten Sie mir noch eine persönliche Bemerkung. Ich war selbst in der Sowjetunion an der Entwicklung der Atombombe, wenn auch nicht an entscheidender Stelle, beteiligt, nachdem sie die USA schon angewendet hatten. Ich habe es bewußt getan, obwohl ich damals noch alles andere als ein Kommunist war. Ich sagte mir: Aus dem gleichen Grunde, aus dem während des 2. Weltkrieges wegen der Gefahr eines Gegenschlages Giftgase nicht mehr oder zumindest nicht im großen Stil eingesetzt worden sind, würde auch eine Wiederholung von Hiroshima und Nagasaki dann unterbleiben, wenn ein Gegenschlag möglich ist. Das waren für mich damals die Beweggründe. Ich möchte dazu erwähnen, daß heute manche Warnung schon gar nicht mehr gehört wird. Dagegen müssen wir angehen. Und ich hatte in dem vergangenen Jahrzehnt immer Angst davor, daß unter der Dominanz des Kampfes gegen die Nuklearwaffen die B- und C-Waffen vergessen werden könnten. Menschen, die das Problem wichtig nehmen, sind ansprechbar. Nicht ansprechbar aber ist die Gleichgültigkeit. Der zu begegnen, gehört auch zu der Verantwortung des Wissenschaftlers. Ich komme noch einmal ganz kurz auf das Problem "objektiv und parteilich" zurück. Parteilich heißt, sich mit der ganzen Kraft einsetzen, daß das Ziel, was wir in der sozialistischen Gesellschaft sehen - der einzig möglichen Zukunftsform der Gesellschaft - erreicht wird. Und es gehört unter Umständen Zivilcourage dazu, objektive Schwierigkeiten zu überwinden. Von selbst kommt etwas Gutes nicht. Wir dürfen keinen Zweifel aufkommen lassen, welches Ziel wir unter Umständen in Kauf nehmen wollen und müssen, daß es persönliches Entsagen bedeuten und auch Schmerzen bereiten kann. Aber ebenfalls zur Verantwortung im Leben jedes einzelnen gehört dann die Kraft, zu regenerieren und mit Blick auf das Ziel den tatsächlichen Weg zu gehen. Was mir an den bisherigen Diskussionen gefehlt hat, war der Standpunkt zur persönlichen Verantwortung.

Ich möchte hier noch einiges zu meinem Weg sagen, der mich heute zu keiner anderen Entscheidung führen würde, als ich sie 1956 für mein Verbleiben in der DDR traf, obwohl ich damals vieles von den gesellschaftlichen Zusammenhängen noch nicht wußte. Ich sagte bereits, daß ich in der Sowjetunion, wenn auch nicht an einer entscheidenden Stelle, aber jedenfalls mit allen Kräften an der Entwicklung mitgewirkt habe, die die Kernwaffenherstellung möglich machte. Die Arbeiten von mir und meiner Gruppe - sie bestand sowohl aus deutschen wie aus sowjetischen Spezialisten - öffneten den Weg für eine moderne Gaszentrifuge. Als meine Mitarbeiter und ich 1956 zurückkehrten, war es völlig freigestellt, wohin wir gehen wollten; zwei meiner Mitarbeiter, die sich als gute, zuverlässige Freunde erwiesen hatten, gingen in die westdeutsche Bundesrepublik. Ich selbst habe ihnen damals erst ermöglicht, dort ihre Arbeiten weiterzuführen, über die von der sowjetischen Regierung ausdrücklich eine Geheimhaltung nicht gefordert worden war - so etwas sei ohnehin nicht durchzusetzen. Mir schwebte eine billige Isotopentrennung irgendwelcher Elemente vor, wie man sie z.B. braucht, um Zwischenstufen beim Ablauf irgendwelcher chemischer Reaktionen durch markierte Atome zu untersuchen; aber es war 1956 für mich einfach unvorstellbar, daß in der deutschen Bundesrepublik Arbeiten aufgenommen werden könnten, die zur eigenen Herstellung nuklearer Sprengstoffe führen könnten. Tatsächlich wurden die Arbeiten meiner früheren Mitarbeiter aber von Beginn an am Uran durchgeführt. Das Verfahren ist inzwischen die Grundlage des Gaszentrifugenvertrages zwischen der Bundesrepublik, Holland und Großbritannien

geworden. Die Kenntnis darüber habe ich aus westlichen Zeitungsmeldungen, in denen in diesem Zusammenhang auch mein Name genannt wurde. Vor sieben Jahren - anläßlich einer UNO-Tagung in Genf - warnte ich noch meine beiden ehemaligen Mitarbeiter, daß sie sich nicht für falsche Ziele mißbrauchen lassen sollten. Sie waren der Meinung, wenn eine militärische Anwendung auf sie zukäme, würden sie nicht mehr mitmachen. Ich gab ihnen aber zu bedenken: "Wenn Ihr Eure Kenntnisse einmal preisgegeben habt - und das habt Ihr - dann ist die Sache einfach durchführbar, und dann braucht man Euch auch nicht mehr - und auch nicht, wenn man auf die noch viel gefährlichere Trennung der Plutoniumisotopen umsteigt, das ist dann alles leicht ohne Euch möglich." Einer von den beiden soll inzwischen fristlos entlassen sein; ich kenne die Gründe nicht. Der andere scheint sich ebenfalls zu lösen.
Ich habe damals aus Freundestreue etwas getan, was politisch - wie ich jetzt weiß - falsch war. Ich würde heute anders handeln. Ich weiß, daß dieses Verfahren in sehr kleinem Umfang durchführbar und extrem schwierig zu überwachen ist. Ich habe keinerlei konkrete Hinweise zu der Annahme, daß es mit militärischer Zielstellung in Westdeutschland geschieht. Ich weiß aber, welche Gefahren darin stecken. Ich will hier kein besonderes Mißtrauen schüren, ich will auf eine Feststellung hinaus: Es kann sein, daß auch Sie subjektiv noch so anständigen Motiven wie Freundestreue nicht nachgeben können, ohne an einer mißbräuchlichen Entwicklung schuldig zu werden. Sie alle kennen wahrscheinlich das Stück "Der Fall OPPENHEIMER". Dort fand das in großem Maße statt. Es kann auch Ihnen, es kann jedem Forscher in kleinerem oder größerem Maßstab jederzeit begegnen. Seien Sie innerlich vorbereitet - auch das gehört zur Verantwortung.

LOHS: Diese Bemerkungen sind die denkbar beste Überleitung zu dem Fragenkomplex, der die Verantwortung der Wissenschaftler betrifft. Die weitere Diskussion wird sich noch intensiv mit diesen Fragen beschäftigen. Darum danke ich Ihnen sehr herzlich.

von WEIZSÄCKER: Meine Damen und Herren, ich bin eigentlich gar nicht vorbereitet, hier in dieser Diskussion noch etwas zu sagen, ich werde ja morgen zur "Information" reden, aber an einigen Stellen möchte ich doch kurz einhaken. Zunächst möchte ich den Bemerkungen von Herrn Prof. STEENBECK ausdrücklich zustimmen - das nur zur Vorbemerkung - ich finde es Wort für Wort richtig, daß es ohne persönliche Verantwortung nicht geht. Zu den Problemen der B- und C-Waffen, speziell der B-Waffen, haben wir in dem Heidelberger Friedensforschungsinstitut eine Studie durchgeführt (ERNST von WEIZSÄCKER (Hrsg.), BC-Waffen und Friedenspolitik, KLETT/KÖSEL 1970) und ich habe mich sehr gefreut, daß man hier mit den Überlegungen zu teilweise sehr ähnlichen Ergebnissen gekommen ist. Ich möchte herausgreifen, was mir am wichtigsten scheint: Erstens, daß die Entwicklung zur Internationalität der Wissenschaft politisch nötig ist und der wissenschaftlichen Produktivität zugute kommt, geradezu deren Voraussetzung ist. Zweitens, daß man so konkrete Forderungen, wie z.B. die nach der Aufnahme der DDR in die UNESCO oder in die UNO als ein Ergebnis der politischen Überlegungen zum B-Waffen-Problem bekommt. Diese Forderung ist vollkommen richtig, ich vertrete sie bei uns auch. Nun erlaube ich mir, noch einmal auf Prof. STEENBECKs Worte zurückzukommen. Die Chancen, im weltweiten Konzert der Mächte zu einer solchen friedlichen Entwicklung, zu einer Internationalisierung zu kommen, vermehren sich dramatisch mit der Überwindung des Provinzialismus und mit der Überwindung der Selbstgerechtigkeit. Es ist in dem Zusammenhang förderlich, sich einzelne besonders makabre Gesichtspunkte des B-Waffen-Problems noch einmal vor Augen zu halten. Ich nenne einmal folgendes: Wenn wir uns zwei Staaten überlegen, die miteinander in irgendeinem Konflikt stehen, sagen wir Jordanien und Israel, und haben eine feindselige nationale Aufheizung und ein allgemeines gegenseitiges Mißtrauen, und nun bricht da auf einmal in Amman zum Beispiel die Cholera aus. Sie können sich vorstellen, daß alsbald die Bevölkerung dieses Landes glaubt, daß das die Juden waren, sie hätten die Cholera gebracht - vollkommen unabhängig davon, ob das richtig ist. Das heißt also, gerade das breite Bevölkerungswissen über die Gefahren der B-Waffen, das wir im Sinne der friedlichen Bewußtseins-Entwicklung brauchen, kann dazu führen, daß die gegenseitigen Verdächtigungen in einer hygienisch unsauberen Situation zum eigentlichen Kriegsmoment werden. Denn selbstverständlich läßt sich das die angeschuldigte Gegenseite nicht gefallen und schießt zurück. Und in einer derartig aufgeheizten Situation, wie wir sie etwa im Nahen Osten haben, würde auf beiden Seiten ein noch so törichter Politiker mit solchen Verdächtigungen bei der eigenen Bevölkerung Erfolg haben. Wenn wir uns diese Verantwortung vor Augen halten, dann resultiert daraus spätestens im Zeitalter der B- und C-Waffen eine Pflicht, die gegenseitige Verketzerung über die

Landes- und Blockgrenzen hinaus einzustellen. Damit ist nicht etwa die Pflicht gemeint, aufzuhören mit der politischen Wahrheitsliebe. Im Gegenteil, die Wahrheitssuche verpflichtet uns dazu, bei den Fakten zu bleiben. Ich bin gern bereit, in privaten Gesprächen - ich will jetzt die Zeit nicht überbeanspruchen - noch Einzelheiten zur Frage der B- und C-Waffen in der Bundesrepublik zu berichten. Wenn das gewünscht wird, kann ich dazu noch ein paar Worte sagen, aber ich glaube, daß ich es hier bei der Andeutung belassen kann, daß das Bild hier gelegentlich etwas zu düster gemalt wird.

LOHS: Ihrem letzten Satz kann ich nicht zustimmen! Nach meiner Auffassung ist das, was Herr Professor STEENBECK einleitend sagte, ganz entscheidend. Man kommt als Wissenschaftler um die Anerkennung einer gegebenen Situation nicht herum, auch wenn man diese Situation nicht selbst "verschuldet" hat.

ROSENTHAL: Hat eine biologische Kriegführung eine Chance, strategische Erfolge zu erzielen, wenn die Lebensprozesse beherrschbar sind? Sollte man nicht vielleicht annehmen, daß der angebliche Verzicht der USA-Regierung auf biologische Kriegsforschung der Annahme entspringt, in Zukunft damit nicht mehr viel ausrichten zu können, weil - zum Beispiel in 20 Jahren - alle Beteiligten genügend gegen biologische Waffen unternehmen können?

LOHS: Ich möchte zu den Bemerkungen von Herrn ROSENTHAL in einem Punkte etwas zur Ergänzung sagen. Auf Grund wissenschaftlicher "Fortschritte", die man in den letzten Jahren erzielt hat, ist es ganz sicher so, daß mit bestimmten Erregern, die man noch vor 10 Jahren vielleicht für eine biologische Kriegführung in Betracht zog, kein B-Krieg geführt werden wird. Vor allem ist das Risiko ihrer unkontrollierbaren Verbreitung zu groß. Aber wenn Sie in diesem Falle die Frage der Prognostik stellen, dann würde ich Ihnen raten, einmal die Zeitschriften "US Armed Forces Chemical Journal" und "US Armed Forces Medical Journal" einzusehen; dort sind zur Prognostik auf diesem Gebiet sehr aufschlußreiche Überlegungen angestellt worden, und vor allem wird auch die Frage angeschnitten, "Inwieweit ist es 'besser', einen biologischen oder einen chemischen Krieg gegenüber einem Kernwaffenkrieg zu führen?". Die Entwicklung in den Staaten, die sich mit diesen Substanzen im Sinne einer Aggressionsvorbereitung befassen, geht zweifellos dahin, die chemische und die biologische Kriegführung zusammenzuführen. 1980 wird man nicht mehr von einem biologischen Krieg und von einem chemischen Krieg sprechen, denn es wird das Problem der synthetischen Toxine und damit auch die Frage der Eingrenzung gelöst sein. Die kaum noch zu beherrschenden therapeutischen Gegenmaßnahmen sind für derartige synthetische Toxine außerordentlich problematisch. Vor allem wird ein Grad der Toxizitätssteigerung erreicht, der dann etwa in der Größenordnung der heute als Botulinus-Toxine bekannten Stoffe liegt - und dies für relativ einfach aufgebaute, totalsynthetisch zugängige Verbindungen! Jedem von uns ist wohl bewußt, was es bedeuten würde, wenn es nicht gelingt, sowohl durch das persönliche Engagement der Wissenschaftler, als auch durch eine weltweite Friedensbewegung und durch eine nicht in der Unverbindlichkeit bleibende Friedensforschung diesen Dingen entschieden entgegenzutreten.

GEISSLER: Ich bin überzeugt, daß die Entscheidung Präsident NIXONS vornehmlich auf ökonomischen und strategischen Überlegungen basiert, glaube aber, daß man auch die entschiedene Haltung führender Molekularbiologen und anderer Wissenschaftler dabei nicht übersehen sollte. Professor STEENBECK hat ja eben darauf hingewiesen, welche Stellung hervorragende Naturwissenschaftler in der Öffentlichkeit einnehmen, welches Ansehen sie genießen, und ich glaube, daß ihre entschiedene Haltung gegen die biologische und chemische Kriegführung in der amerikanischen und internationalen Öffentlichkeit beträchtlichen Eindruck hinterläßt, was seinerseits Rückwirkungen auf die US-Regierung haben dürfte.
Erlauben Sie mir, das mit einigen Beispielen zu belegen.
In die Sonderdrucke einer Arbeit (F.W. STAHL und N.E. MURRAY, Genetics, 53, (1966) 569), auf denen eine Chromosomenkarte des Bakteriophagen T4 zu sehen ist, hat Professor STAHL, einer der bekanntesten amerikanischen Molekulargenetiker, mit einem roten Gummistempel die Losung "U.S. GET OUT OF VIETNAM" hineingedruckt - um, wie er mir im Herbst 1966 in Neapel erklärte, wenigstens auf diese bescheidene Weise seinen Protest gegen die barbarische US-Aggression auszudrücken und sich eindeutig von der amerikanischen Kriegführung zu distanzieren.
Zweitens habe ich schon in meiner Einführung angedeutet, daß mir während meines Aufenthaltes in Cold Spring Harbor Laboratory of Quantitative Biology das hohe Verantwortungsbewußtsein der dort ständig und gastweise tätigen amerikanischen Molekularbiologen auffiel. Der Direktor des Instituts, Nobelpreisträger Prof. J.D. WATSON, reist im Land umher und protestiert gegen die amerikanische Kriegführung in Vietnam.

Darüber wird natürlich in der Presse berichtet, und da WATSON in der amerikanischen Öffentlichkeit sehr hohes Ansehen genießt, ist anzunehmen, daß sein entschiedenes und mutiges Auftreten nicht ohne Wirkung bleibt. Ferner wird von informierten Kreisen darauf hingewiesen, daß die NIXONsche Entscheidung mindestens auch unter dem Einfluß des führenden Molekularbiologen Professor MESELSON zustande gekommen ist, der einerseits zum Beraterstab Präsident NIXONs gehört, andererseits aber - wie erst wieder Anfang 1970 in "Scientific American" - aus seiner kompromißlosen Ablehnung einer biologischen Kriegführung und deren Vorbereitung keinen Hehl macht. Schließlich erinnere ich mich an ein Kolloqium in Cold Spring Harbor, wo ein verantwortlicher Mitarbeiter des US Gesundheitsdienstes sprach, der im Anschluß an seinen Vortrag, gar nicht zum Thema gehörig, in der Diskussion gefragt wurde, was denn mit den in Fort Detrick gelagerten Beständen an biologischen Waffen geschähe. Auf seine Antwort, diese würden Charge um Charge vernichtet, kam sofort die Gegenfrage, wer denn das kontrolliere. Wenn auch unsere Kollegen in den USA und in anderen imperialistischen Staaten mit derartigen Aktionen keine prinzipiellen Entscheidungen herbeiführen können, dürfte ihr Appell doch nicht ungehört verhallen - ganz abgesehen davon, daß er uns Beispiel sein sollte als lebendiger Ausdruck des Verantwortungsgefühls.

PAWELZIG: Genügt es zur Einschätzung einer möglichen Gefahr, Virulenz und theoretische Abwehrmöglichkeiten zu diskutieren? Muß man nicht, wenn man glaubt, Friedensforschung zu betreiben, das doch etwas komplexer sehen und den Gesichtskreis etwas weiten? Ich glaube, auch eine geringe Kapazität, eine relativ geringe Anzahl an B-Waffen Arbeitender bilden dann eine ernstere Gefahr, wenn gleichzeitig die militärische Führung sich an der Kriegsstrategie begeistert.

PETRAS: Ich möchte noch einmal dringend vor Illusionen warnen: Was nützen uns Diskussionen unter Wissenschaftlern, wenn sie de facto zur Verschleierung der nach wie vor real gegebenen Gefahren des Einsatzes von A-, B- und C-Waffen mißbraucht werden können? Was nützt uns ein Friedensforschungsinstitut, wenn es für die Bemäntelung einer aggressiven Politik mißbraucht werden kann? Herr Professor GEISSLER sprach hier gerade von der Bedeutung, die hochqualifizierte Wissenschaftler der USA heute haben, und er deutete an, manche von ihnen hätten sich mittlerweile Positionen erobert, die ihnen ein gewisses politisches Mitspracherecht sichern. Ich erinnere aber nur daran, daß in diesem Jahr trotz weltweiter Proteste 12.500 Nervengasgranaten von US-Militärs im Atlantik versenkt worden sind. Wer hat hierbei mitsprechen können? Viele haben mitgesprochen. Viele haben öffentlich protestiert - nicht zuletzt kompetente amerikanische Wissenschaftler. Trotzdem haben die amerikanischen Militärs durchgesetzt, was sie wollten. Und wer kann uns denn angesichts all dessen, was wir Tag für Tag aus Vietnam erfahren, heute weismachen, die ABC-Kriegsforschung in den USA und in Westdeutschland werde nun eingestellt oder auch nur eingeschränkt? Nicht einmal die B-Kriegsforschung ist nennenswerter Weise eingeschränkt worden. Allenfalls hat man Firmenschilder ausgewechselt. Einige meiner ehemaligen Grafschafter Kollegen haben erst ganz vor kurzem wieder in Bonn an einer Konferenz über Nervenkampfstoffe teilgenommen. Ich glaube nicht, daß wir uns leichten Herzens durch Friedensparolen beruhigen lassen dürfen. Ich weiß zum Beispiel, daß große Mengen einsatzfähiger Kampfstoffe (z.T. stammen sie noch aus der Zeit des 2. Weltkrieges) bis heute in unmittelbarer Nähe der Staatsgrenze der DDR gelagert werden. Welcher Wissenschaftler, welcher westdeutsche Friedensforscher hat sich über dieses Problem mit den führenden Politikern der Bundesrepublik unterhalten, und welches Resultat hat das gebracht?

LOHNS: Ich möchte die Diskussion nicht einschränken. Aus meiner Sicht, Herr GEISSLER, stimme ich Ihnen vollinhaltlich zu, daß das persönliche Engagement der USA-Wissenschaftler in der gegenwärtigen Phase von außerordentlichem Wert ist, aber dies reicht eben nicht aus. Das Entscheidende ist die gesellschaftliche Struktur, die grundlegend verändert werden muß. Nach meiner Meinung ist es von ungeheurem Wert, daß es heute eine "Weltvereinigung der Wissenschaftler" und auch Friedensforschungsinstitute gibt, die im Sinne der verbesserten Kommunikation und des wirklich persönlichen Engagements sich für diese Belange einsetzen. Dies ist ein Sachverhalt, der vor 50 Jahren undenkbar war. Man muß beide Seiten hier sehen. Die Bemühungen der westdeutschen, amerikanischen, englischen und französischen Kollegen, die sich engagieren, dürfen natürlich keineswegs unterschätzt werden! Mit unseren potentiellen Möglichkeiten, die wir, als ein sozialistisches Land, sehen, haben wir solche Bemühungen so zu fördern, daß es weder zur Verketzerung noch zur Diffamierung kommt, sondern wirklich zur Herausarbeitung der realen Gefahrenmomente. Wesentlich ist, daß dies nicht Aktionen Einzelner bleiben, sondern daß daraus eine Massenbewegung der USA-Wissenschaftler entsteht.

GEISSLER: Ich stimme Herrn LOHS völlig zu, daß es sich hier um prinzipielle Probleme handelt, und daß der Protest von Wissenschaftlern, mögen sie noch so zahlreich sein, gegen Auswirkungen des imperialistischen Systems nichts ausrichten kann, solange das menschenfeindliche System selbst existiert. Aber zumindest ein Teil dieser Wissenschaftler berücksichtigt auch das: Ich besitze ein in Cold Spring Harbor aufgenommenes Diapositiv, auf dem ein handgeschriebenes, vervielfältigtes Plakat (an einem Wegweiser im Institutsgelände) zu sehen ist, das zu einer Veranstaltung im großen Hörsaal einlädt, wo Filme über die Black Panther-Partei gezeigt werden und anschließend eine Diskussion mit Vertretern des New Yorker Black Panther Defence Committee stattfindet. Dies ist eines von vielen Beispielen, das zeigt, wie progressive weiße Wissenschaftler auf die unterschiedlichste Weise die Black Panther-Bewegung unterstützen, welche den Kampf gegen den Rassismus um Gleichberechtigung als Kampf gegen das kapitalistische System versteht.

von WEIZSÄCKER: Ich würde gern noch ein paar Worte zur Situation in der Bundesrepublik sagen, weil es schon angesprochen worden ist. Die "Gesellschaft für Genetik" hat in der letzten Mitgliederversammlung folgendes beschlossen:
"(Die Gesellschaft) bemüht sich um sachliche Unterrichtung der Öffentlichkeit über den Wissensstand ihres Fachgebietes sowie um die Verhinderung denkbaren Mißbrauchs und möglicher Gefahren, die aus der Anwendung bzw. Nichtanwendung genetischer Erkenntnisse resultieren können. Die Gesellschaft verpflichtet daher ihre Mitglieder zur Unterrichtung der Mitgliederversammlung über die Planung von direkten Versuchen an menschlichen Leben oder solchen, die ernste absehbare Probleme für die menschliche Gesellschaft zur Folge haben könnten." Das ist sehr allgemein gehalten. Für Leute, die in Gebieten arbeiten, die sich leicht militärisch mißbrauchen lassen, muß man genauer werden. Ich lese daher noch eine Formulierung vor, die kürzlich vom Verteidigungsministerium in Bonn akzeptiert worden ist, nämlich, daß jeder Mitarbeiter des Instituts in Grafschaft eine Erklärung unterschreibt, in der er sagt, er habe zur Kenntnis genommen:
"Die Bundesrepublik Deutschland ist durch die Pariser Verträge vom 23.10.1954, dem Brüsseler Vertrag von 1948 am 24.3.1955 beigetreten (BGBl 1955 II, S. 256 ff.). Sie hat darin auf die Herstellung von atomaren, biologischen und chemischen Waffen verzichtet (Anlagen I und II zum Protokoll Nr. III über die Rüstungskontrolle) und sich der laufenden Kontrolle dieses Verzichts durch multinationale WEU-Organe

unterworfen... Ich habe von dem vorstehenden Sachverhalt und den Bestimmungen der Anlagen I und II zum Protokoll vom 24.10.1954 Kenntnis genommen. Ich verpflichte mich, Anzeige zu erstatten, wenn mir bekannt wird, daß den oben genannten Bestimmungen im Institut zuwidergehandelt wird, oder wenn ich auch nur den begründeten Verdacht solcher Zuwiderhandlungen habe." Das haben wir durchgesetzt.

PETRAS: Einen solchen Revers habe ich schon im Frühjahr 1968 zur Unterschrift vorgelegt bekommen - allerdings ohne den letzten Passus. Daß es einen solchen gegeben haben soll, hat das Bonner "Verteidigungs"ministerium bereits vor fast zwei Jahren wider besseres Wissen behauptet.

von WEIZSÄCKER: Diese Entwicklung stammt tatsächlich aus neuerer Zeit, seit der Umorganisation des Instituts. Und ich habe mit den verantwortlichen Herren im Verteidigungsministerium intensiv gesprochen. Wir haben eine Besichtigung in Grafschaft durchgeführt, gemeinsam mit äußerst kritischen Genetikern und anderen Biologen. Dort haben wir mit den einzelnen Wissenschaftlern gesprochen. Der damalige Leiter Dr. BISA ist entlassen. Der neue Leiter, Dr. OLDIGES macht jedenfalls keinerlei B-Waffen-Produktionsforschung, er macht ausschließlich die Antidot-Forschung, das ist eine Sache, die praktisch in jedem Land gemacht wird. Außerdem werden die Ergebnisse publiziert, seit einem halben Jahr vollständig. Es werden internationale Behörden, auf Wunsch auch unangekündigt, jeder Zeit in das Institut hineingelassen. Es ist nach den Vorwürfen, die Dr. PETRAS hier im DDR-Fernsehen erhoben hat, sofort eine internationale Expertenkommission nach Grafschaft gebeten worden, die sich das Institut dort angesehen hat und die Vorwürfe nicht bestätigte. Unsere möglichen Vorwürfe gegen das Institut gingen in ganz anderer Richtung, nämlich, daß das Institut wissenschaftlich unergiebig ist, daß da Steuergelder nicht sorgfältig genug verwendet werden.
Ich möchte noch ein Wort zur B-Waffen- und Machtproblematik sagen. Es wäre natürlich vollkommen illusorisch, wenn man alles auf der individuellen Ebene des einzelnen gutwilligen Biologen betrachten würde. Das ist ganz klar. Deswegen hat man sich jetzt auch darum bemüht, daß zum Beispiel in gewerkschaftlichen und kirchlichen Kreisen diese Probleme genauer untersucht werden. Die Gewerkschaften sind ein Machtfaktor, über den auch eine CDU-Regierung nicht hinweggehen könnte. Aber Macht genügt uns noch nicht, es muß zum Beispiel Überzeugung hinzukommen.

Man muß den Beweis führen, der meiner Meinung nach beinahe auf der Hand liegt, daß die allermeisten Industrien an der Friedensproduktion ganz einfach besser profitieren. Wenn Sie sich einmal die Börsenkurse anschauen in Korrelation zu sinkenden oder steigenden Friedenshoffnungen in Vietnam, dann sehen Sie, daß die Kurse immer mit den Friedenshoffnungen steigen und fallen. Dieses Faktum gilt es in die entsprechenden Machtstrukturen umzusetzen. Das heißt, daß weltweit in den Entscheidungsgremien dieses Wissen zum Durchbruch kommt. Wir dürfen nicht eine Politik aus Hoffnungen und Illusionen machen, sondern wir müssen versuchen, die Macht-Mechanismen selbst zu verstehen. Dafür brauchen wir eine ungeheuer gründliche Wahrheitssuche. Die gesellschaftlichen Strukturen sind uns, glaube ich, durchaus bewußt in unseren Friedensforschungsinstituten. Diese Institute arbeiten grundsätzlich interdisziplinär. Das heißt also, es sind da Politologen, Soziologen, Marxisten usw. immer mit dabei, wenn naturwissenschaftlich-technische Abrüstungsfragen bearbeitet werden, weil sonst einfach die Basis zu schwach ist, auf der man politisch zu einigermaßen tragfähigen Resultaten kommt.

PETRAS: Ich weiß nicht, wie lange Herr von WEIZSÄCKER in Grafschaft gewesen ist. Ich bin jedenfalls nahezu neun Jahre lang dort gewesen, und wenn Herr von WEIZSÄCKER hier von einem jetzt auf einmal "obskuren" Dr. BISA spricht, dann muß ich dazu sagen, daß Dr. BISA früher immerhin ein persönlicher Freund des Herrn STRAUSS, des Herrn LÜCKE und des Herrn BLANK gewesen ist, und daß er beispielsweise auch in der hohen katholischen Geistlichkeit einen sehr starken Rückhalt gehabt hat.
Bevor Dr. BISA unter wahrhaftig sehr obskuren Umständen vom Verteidigungsministerium seines Postens enthoben wurde, erklärte er vor dem Gremium der akademischen Mitarbeiter des Instituts, seine demnächst zu erwartende Absetzung sei darauf zurückzuführen, daß er sich immer wieder geweigert habe, Entwicklungsaufträge auf dem BC-Kriegssektor anzunehmen. Dr. BISA hat diese Erklärung später mir gegenüber mehrfach in persönlichen Gesprächen wiederholt und bekräftigt. Natürlich sind auch unter Ägide von Dr. BISA schon Aufträge durchgeführt worden, die dem geltenden Völkerrecht widersprachen. Das weiß ich, und ich kann es belegen. Vielleicht kann sich Herr von WEIZSÄCKER dieserhalb einmal persönlich mit Herrn Dr. BISA in Verbindung setzen. Ich weiß nicht, ob und wie weit Herr von WEIZSÄCKER über die näheren Umstände des Todes von Frau BISA informiert worden

ist. Sie wurde in fahrlässiger, gewissenloser Weise durch Soman vergiftet. Nicht nur Frau BISA ist den Grafschafter Somanversuchen zum Opfer gefallen. Ich möchte hier nur erwähnen, daß einer der in Grafschaft residierenden "Sicherheitsbeauftragten" des MAD, ein gewisser, bereits durch seine Geheimdiensttätigkeit in der Nazizeit berüchtigter DORL, etwa zwei oder drei Jahre nach einer Soman-Intoxikation seinen Dienst quittieren mußte. Ob er heute noch am Leben ist, weiß ich nicht. Über das Schicksal anderer, ebenfalls von Kampfstoff"pannen" betroffener Mitarbeiter des Grafschafter Instituts möchte ich mich hier nicht äußern. Ich möchte hier nicht Dialoge mit Herrn von WEIZSÄCKER führen. Natürlich könnte ich zu dem, was er sagte, noch vieles anführen, was sich mit Fakten belegen läßt. Aber ich muß mich in der Zeit beschränken. Ich möchte nur noch einmal auf den von Herrn von WEIZSÄCKER zitierten Revers eingehen. Es war für mich eben sehr interessant, von ihm zu erfahren, daß sein Institut dem Herrn Dr. STRATHMANN bei der Formulierung dieses Schriftstückes so sehr behilflich gewesen ist. Im übrigen, ich sagte bereits, man hat seinerzeit, schon unmittelbar nach meinem Übertritt in die DDR, ganz bewußt den letzten Passus, der hier von Herrn von WEIZSÄCKER zitiert wurde, nachträglich in dieses Schriftstück hineingelogen. Was ich tatsächlich unterschrieben habe, ist in einer Sendung des 2. Westdeutschen Fernsehens im Original vorgeführt worden. Eine Kopie liegt hier vor. Die Art und Weise, in der es zur Unterzeichnung dieses Schriftstückes gekommen ist, ist für die Verhältnisse im Einflußbereich des westdeutschen Verteidigungsministeriums bezeichnend. Zu mir kam der MAD-"Sicherheitsbeauftragte" des Instituts, ich möchte bemerken, es war damals ein gewisser KOOYMANS, ein ehemaliger Holländer, der in der Nazizeit in Deutschland als Polizeipräsident fungierte, später in der Sowjetunion als Kriegsverbrecher verurteilt und schließlich 1955 zur weiteren Strafverbüßung in die Bundesrepublik abgeschoben wurde. Dieser Mann legte mir also den Revers zur Unterschrift vor. Mir blieb nur eine kurze Zeit zum Durchdenken des Textes. Bevor ich unterzeichnete, habe ich erklärt, dieser Text stehe ja eigentlich in einem absoluten und unvereinbaren Gegensatz zu einer erst wenige Tage zuvor von Dr. BISA gemachten Mitteilung, wonach auf Anweisung des Verteidigungsministeriums in Zukunft Entwicklungsarbeiten im Vordergrund zu stehen hätten. KOOYMANS erwiderte darauf lakonisch und mit drohendem Unterton: "Ja, das stimmt. Und darüber hinaus muß ich Ihnen mitteilen, wer behauptet, daß hier Entwicklungsarbeiten durchgeführt würden, macht sich genauso strafbar wie derjenige, der solche Arbeiten durchführt." Meine Damen und Herren, da beißt sich nun die Katze in den Schwanz. Und mehr möchte ich hier nicht sagen.

LEY: Ich möchte noch auf folgendes verweisen. Es ist bisher die individuelle, persönliche Verantwortung des Wissenschaftlers betont worden. Was Dr. PETRAS schilderte, zeigt, wie kompliziert im Einzelfall das Problem sich gestaltet. Es wird in einer noch deutlicheren Weise offenbar in den Fällen, wo die Organisation derartiger aggressiver Arbeiten so stattfindet, daß möglichst an den Einzelnen, die einzelne Gruppe, das einzelne Institut solche Teilabschnitte mit einer kaschierten Zielstellung gegeben werden, so daß unmittelbar undurchschaubar ist, in welchen Zyklus von Aggressionswaffen die betreffenden Tätigkeiten eingehen. Gegenwärtig haben wir die Situation, daß sich tatsächlich erstmalig Wissenschaftler massiv progressiv einsetzen und sich demonstrativ von solchen aggressiven Vorbereitungen abgrenzen. Zum anderen aber ist der Fall, wo kein direkter Zusammenhang unmittelbar sichtbar ist, natürlich genau so jederzeit gegeben und zeigt damit, daß die Struktur, in die demonstrierenden Wissenschaftler aus echtem humanistischem Gefühl sich einreihen, weit darüber hinaus reicht, was die Gebiete der Wissenschaft zu erfassen gestatten. Aus der Anzahl derer, die in Fort Detrick beschäftigt sind, scheint hervorzugehen, daß der Rüstungsarbeiter der gegenwärtig gefährlichsten Waffen ein hochintelligenter, studierter Mann sein muß und nur ganz wenige andere Hilfskräfte zusätzlich benötigt. Das bedeutet eine völlige Umkehrung des früheren Verhältnisses in manchen Teilen der Rüstungsindustrie. Andererseits ist es nach wie vor aber das Entscheidende, daß die Verbindung mit den gesellschaftlichen Kräften, die entscheidende Massenwirksamkeit entfalten können, als revolutionäre Potenz grundlegend ist und davon auch die Proteste der Intelligenz abhängig sind, und trotz ihrer Wichtigkeit erst so den Protest in einer nachhaltigen Weise zum Tragen kommen lassen. Wenn in einzelnen Ländern die Arbeiterklasse oder einige ihrer Teile auf Grund ganz spezifischer Sachverhalte, die schon von MARX mit dem Terminus Arbeiteraristokratie belegt worden sind, keine akuten Massenbewegungen hervorbringen, die sich gegen derartige Aggressoren wenden, dann ist es die Pflicht jener Gruppen und Organisationsstrukturen, die breiten Volksschichten in den imperialistischen Ländern zu aktivieren. Dadurch läßt sich letztlich eine so starke Wirkung zustande bringen, daß es in diesen aggressiven spätbürgerlichen Ländern möglich ist, die Potenzen auszuschalten, die zu einem Angriffskrieg führen und in diesen

Ländern letztlich die gesellschaftlichen Strukturen durchzusetzen, die von ihrem humanistischen Grundanliegen diese Aggression schließlich herabsetzen, mindern und auslöschen, so daß die Menge guten Willens, Arbeitsfähigkeit und Intelligenz, die in der Arbeitstätigkeit entwickelt werden, menschlich und damit positiv im Klassenkampf einzusetzen sind. Wenn führende Wissenschaftler heute ihre Stimme erheben und die Autorität der Naturwissenschaft und Technik in vollem Umfange für Humanismus und Frieden einsetzen, dann bedeutet das eine unerhört wichtige neue Tatsache, die sich in den letzten Jahrzehnten herausgebildet hat. Gleichzeitig ist es aber nötig, die Verbindung mit den breiten Schichten des Volkes über Black Panther hinaus mit der gesamten werktätigen, arbeitenden Bevölkerung herzustellen und dadurch diejenigen Impulse zu schaffen, die entscheidende Wendungen herbeizuführen vermögen, nicht aber wie es von revisionistischer Seite vorgeschlagen wird, auf solche progressive Kooperation zu verzichten.

STEENBECK: Ich möchte noch etwas ergänzen zu dem, was ich vorhin zum Gaszentrifugenverfahren sagte und was die in der Diskussion erwähnten Börsenkurse betrifft. Das Verfahren wurde 1961 auf eine amerikanische Forderung hin zum Staatsgeheimnis erklärt. Daraufhin stiegen die Aktien der DEGUSSA, die im Besitz dieses Verfahrens war, sofort von etwa 400 auf 700. Sie sanken dann ebenso schnell, als eine große westdeutsche Illustrierte einen Artikel veröffentlichte - ein früherer Mitarbeiter von mir hatte das inszeniert - des Inhaltes: "Geheimhaltung für die Katz, der Erfinder lebt in Jena ...". Ein nicht zu bezweifelndes Mißtrauen gegenüber der Bundesrepublik resultiert bei uns - was von unserer Seite ständig betont wird - aus der großen Anzahl in der Bundesrepublik heute führender Militärs und Politiker mit einer nationalsozialistischen Vergangenheit. Ich denke gar nicht daran, diese Leute für unzuverlässig, schlecht oder gemein zu halten. Aber ich traue ihrem politischen Urteil und Weitblick nicht; haben sie großen Teils doch am zweiten Weltkrieg an keineswegs zweitrangiger Stelle bis zum bitteren Endsieg mitgemacht. Wenn ich trotzdem mit Optimismus in die Zukunft sehe - ohne sie leichtfertig für selbstverständlich zu halten - so liegt das an der Tatsache, daß es heute überall in der Welt Menschen gibt, die sich ernsthafte Gedanken über ihre Verantwortung machen wie wir hier. Aber zur befreienden Tat wird das erst, wenn noch viel mehr Menschen zum Nachdenken darüber gebracht werden, was die Zukunft an

Schönem enthält, und daß diese Zukunft nicht ein Schicksal ist, dem wir uns fügen müssen, sondern Menschenwerk, das wir selbst gestalten und für das wir Verantwortung tragen. - Auch vor unseren eigenen Kindern und Enkeln.

INDIVIDUUM UND POPULATION IN IHRER GENETISCHEN BEZIEHUNG

URSULA NÜRNBERG

Sektion Biologie der Humboldt-Universität Berlin

Da wir unter Vererbung die Tatsache der Weitergabe von Merkmalen von Eltern auf Nachkommen verstehen, muß die genetische Beziehung zwischen Individuum und Population entsprechend dieser Definition und der des Begriffes Population über und durch die Fortpflanzung erfolgen, denn wir bezeichnen als Population eine Fortpflanzungsgemeinschaft von Individuen. Wir sprechen von einem gemeinsamen Genpool. Durch die Verwendung der Fortpflanzung zur Charakterisierung der Population ergibt sich eine Orientierung auf Generationenfolgen, also auf einen über größere Zeiträume laufenden Prozeß. Damit ist die Beziehung zu einem evolutionären Prozeß eindeutig.

Nur einige der verwirklichten Möglichkeiten möchte ich hier herausgreifen.

Bei Bakterien z.B. ist die Genausstattung der Einzelzelle, des Individuums, im Allgemeinen durch den haploiden Status gekennzeichnet. Die Form der Vermehrung ist die Spaltung der Zellen in 2 Tochterzellen nach vorausgegangener Substanzvermehrung mit Reduplikation der genetischen Information. Daraus folgt eine relativ hohe Konstanz in der genetischen Konstitution bei der Fortpflanzung, die Bildung eines vegetativen Klons. Variabilität entsteht mutativ und es bildet sich praktisch keine Genreserve heraus, da jedes mutierte Gen sofort dem Selektionsdruck der Umweltbedingungen ausgesetzt ist. Auf der anderen Seite wird die so entstehende Variationsbreite der Population sehr schnell wirksam.

Die Möglichkeiten der parasexuellen Beziehungen zwischen Individuen scheinen einen relativ geringen Umfang zu haben und erhöhen zwar die Variationsbreite ebenfalls, die Produkte unterliegen aber schnell dem gleichen Grad direkter Selektion. Mangelvarianten bedeuten dabei eine Spezialisierung in ökologischer Hinsicht.

Die Möglichkeiten der epigenetischen Regulation haben in diesem Zusammenhang zweierlei Wirkung: sie erhöhen zwar auf der einen Seite die Ökonomie des Systems Bakterium, auf der anderen Seite wird aber auch das Feld für systemstörende

Mutationen erheblich verbreitert. Es ist wohl eine bedeutende Populationsgröße und die erhebliche Vermehrungsgeschwindigkeit mit dem Prinzip der Regulation optimal balanciert.

Das Individuum spielt in diesem System eine Rolle als Möglichkeit für die Vermehrung bestimmter genetischer Konstellationen. Seine Bedeutung für die Erhaltung der Population findet Ausdruck in einem schnellen Anstieg oder Abfall der Zahl identischer Zellen.

Auf der nächst höheren Stufe der Ebene "Individuum - Population" ergeben sich neue Aspekte. Mit einer starken Entwicklung der sexuellen Fortpflanzung bei den Lebewesen ergibt sich zunächst eine wesentlich erhöhte Rekombinationsrate des genetischen Materials, so auch eine Steigerung der Variationsbreite in der Population. Durch die damit gekoppelte Entwicklung zu komplizierteren Systemen ist eben auch die Variationsmöglichkeit der Phänotypen innerhalb der Population wesentlich höher. Die sexuelle Fortpflanzung bei Haplonten bringt nun zwar diesen wesentlichen Schritt, jedoch entspricht noch wie bei dem Beispiel der Bakterien Phänotyp praktisch dem Genotyp und die Genkombination unterliegt weitgehend direkt der Selektion. Unter den jeweils gegebenen Verhältnissen ungeeignete, d.h. nicht fortpflanzungsfähige oder in geringerem Umfang fortpflanzungsfähige Individuen haben keinen Einfluß auf die Entwicklung der Population. Fortpflanzungsfähige stehen dem Rekombinationsprozeß zur Verfügung, je größer ihre Nachkommenschaft ist, in um so stärkerem Maße das Bild der Population beeinflussend.

Schieben sich hier haploide vegetative Vermehrungsphasen ein, prägen angepaßte Individuen schneller das Bild der Population um. Sie sind aber sehr stark auch enger mit dem Genpool verbunden, da ihr Genmaterial mit einer Vielzahl von Genotypmöglichkeiten rekombinieren kann.

Beim Übergang zu Diplo-Haplonten wirkt zunächst die diploide Phase in Richtung auf eine Verbreiterung des Rekombinationsmaterials in der Schaffung der Voraussetzung für die Bildung vieler Meioseprodukte mit einer entsprechenden Variationsbreite, die ihrerseits sofortige Selektionswirkung erfahren, andererseits oft durch starke vegetative Entwicklung die Wirkung der Umwelteinflüsse als gestaltend für die Population verstärken.

Phylogenetisch läßt sich im Pflanzenreich bei Diplo-Haplonten die Erweiterung der diploiden Phase auf Kosten der haploiden beobachten. Damit kommt es schließlich in einer neuen Stufe der Organisation zur vollen Ausnutzung der in der Diploidie gegebenen immensen Erhöhung der Plastizität der Populationen. Es entsteht die in rezessiven Genen gegebene genetische Reserve neben der nicht zu unterschätzenden Möglichkeit einer gesteigerten quantitativen Variation durch intermediäre Merkmalsbildung, Superdominanz und andere Wirkungen unterschiedlicher Gendosen. Die Diploidie setzt im Hinblick auf das Individuum selbst eine ganz neue Situation in der Beziehung von genetischer Konstitution zum Phänotyp.

Die Selektionswirkung der Umwelt ist nun nicht mehr einfach und direkt auf den Genotyp gerichtet. Das Individuum als Phänträger unterliegt ihr, es wird also von der Selektion nicht mehr die ganze genetische Wertigkeit des Individuums für die Population und deren Entwicklung erfaßt. Die Plastizität der Gruppe wird auf genetischer Basis erweitert, auf der anderen Seite aber die Kontinuität und Stabilität der Population in ihrer genetischen Struktur stärker gesichert. Diese genetische Struktur nimmt demzufolge weiterhin an Komplexheit zu.

Die enge Relation zwischen Fortpflanzungsfähigkeit und Mitwirkung an der Formung und Entwicklung der Population bleibt bestehen. Bei Pflanzen spielen die zahlreichen Variationen der Kombination mit vegetativer = identischer Vermehrung bzw. Lebensverlängerung eine Rolle, bei Tieren mehr die Entwicklung von besonders gegen Selektion geschützten Jugendphasen und verschiedene Formen instinktmäßigen Kollektivverhaltens.

Eine besondere Stellung nehmen bei Pflanzen autogame Formen ein. Sie stellen in gewissem Sinne einen Rückschritt dar. Das Individuum wird ähnlich der Situation bei Bakterien im Fortpflanzungsprozeß nicht in die Population durch Wechselwirkung einbezogen, es erfährt eine Isolation. Die Population ist hier zwar nicht eine Addition von Klonen, aber eine solche von Linien im genetischen Sinne. Damit tritt die Selektionswirkung bei genetischen Fehlbildungen, wenn auch nicht am mutierten Individuum, so doch speziell in seiner Linie, in Aktion und führt zu einer relativ schnellen Eliminierung. Die genetische Reserve wird nur bei kurzfristiger Eignung für die jeweiligen Umweltveränderungen genutzt.

Das biologische System mit höchster Integrationsstufe, großer Plastizität der Population und gleichzeitig deren relativ hoher Stabilität in genetischer Beziehung stellt also eine Population aus diploiden Organismen mit mehr oder weniger panmiktischer sexueller Fortpflanzung dar. Es sind zwar auch eine ganze Reihe von Systemen bekannt mit höheren Ploidiegraden, diese sind jedoch nur unter besonderen Bedingungen optimal leistungsfähig. Bei ihnen ist dié Zeitspanne zur Entfaltung der genetischen Reserven und der darauf beruhenden Plastizität im Verhältnis zu lang. Daher haben sich in der Evolution nur unter speziellen Umweltgegebenheiten solche Systeme entwickelt, vielfach läuft außerdem eine Kontraselektion über den Mechanismus der genetischen Geschlechtsbestimmung, so daß hier besonders Arten mit vegetativer Vermehrung incl. Parthenogenese zu finden sind. Ließe man im Hinblick auf die Evolutionsfähigkeit nur die hier zur Diskussion gestellten Verhältnisse und Entwicklungslinien gelten, müßte mit dem Fortschreiten in Richtung der aufgezeigten Tendenz allmählich eine Verlangsamung und schließlich ein Stillstand in der Evolution zu erwarten sein. Ein wesentlicher Faktor muß daher an dieser Stelle erwähnt werden: der der Isolation von Populationen. Auf die Größe der Populationen als bedeutungsvoll wurde an einigen Stellen bereits verwiesen. Ganz erheblich ist jedoch nicht nur die Individuenzahl, sondern auch deren Isolierung von anderen Genpools wirksam. Je kleiner eine isolierte Population wird, um so bedeutungsvoller kann ein Individuum für die Evolutionsrichtung werden, aber es kann und muß auch wesentlich leichter der Eliminierung anheim fallen. Besondere Beispiele für diese Beziehungen bieten die gezüchteten Haustiere und Kulturpflanzen, bei denen eben zum Zweck einer Verschärfung der Selektionswirkung die Fortpflanzungsgruppen extrem verkleinert werden.

Zweifellos ist auch die Wirkung des Einzelindividuums auf die Population bei Pflanzen und Tieren nicht auf die genetische Beziehung beschränkt. Diese ist allerdings wohl die Wesentliche. Sie bleibt es auch bis zu den höherentwickelten Säugetieren. Mit der Differenzierung des Gehirns jedoch und der Herausbildung der Lernfähigkeit wie der damit verbundenen nichtgenetischen Informationsübertragung nimmt die Integration des Einzelindividuums in die Gemeinschaft sprunghaft zu. Eine völlig neue, auf höherer Ebene liegende Differenziertheit eines biologischen Systems haben wir beim Menschen: ein "gesellschaftlich-biologisches System". Dabei liegt zwar ein biologisches System vor, jedoch sind die gattungsspezifischen Kriterien nicht mehr rein biologisch zu erfassen. Diese Ebene reicht nicht mehr aus. Jedoch geht die Weiterführung der Entwicklungslinie durch die rein biologischen Systeme gerade zum Menschen weiter, wenn wir die genetischen Beziehungen betrachten.

Die genetische Komplexheit der Population hat weiterhin zugenommen; neben der Integration durch die genetische Rekombination im Fortpflanzungsprozeß hat sich aber die Integration in gesellschaftlicher Hinsicht entwickelt und hier ist die Rückwirkung der zur Gesellschaft gewordenen Population absolut dominierend geworden. Die genetische Stabilität der Population als einer diploid-panmiktischen ist außerordentlich hoch, da auch bei dieser Ebene die Selektion der Individuen als biologischer Einheiten nicht auf genetischer, sondern auf phänotypischer Basis erfolgt.

Für die genetische Rekombination spielt zwar beim Menschen die Fortpflanzung die gleiche Rolle wie auf der rein biologischen Stufe, jedoch nimmt erheblich an Bedeutung zu die geistige Rekombination und Integration, wir haben nicht mehr nur die genetisch-biologische Beziehung: Individuum - Population, sondern die der Einheiten der höheren Organisationsebene: Persönlichkeit - Gesellschaft.

Wenn, wie Herr LEY zitierte, ENGELs sagt, daß der Vorzug des Menschen in seinem Verhältnis zur Natur darin besteht, "ihre Gesetze zu erkennen und richtig anwenden zu können", so kommt es also zunächst auf das richtige Erkennen an und darum sind wir zur Zeit bemüht, das heißt, zu erkennen, wie wirken die genetischen Gesetze auf den Menschen selbst.

Wir haben festgestellt, daß wir selbst unsere Umgebung, auf welche Weise auch immer, mit Mutagenen anreichern. Notwendig wird also, Mutagene ebenso als schädliche Substanzen zu behandeln wie andere Gifte, dazu gehört auch, ihr Vorhandensein zu erkennen.

Erbkrankheiten müssen, wie andere Krankheiten, diagnostiziert und behandelt werden. Wir müssen aber auch lernen, über das einzelne Leben hinaus verantwortlich zu handeln: Also negative Eugenik ebenso wie Prophylaxe bei anderen Krankheiten. Der Weg hierzu wurde im Verlaufe des Symposiums deutlich gemacht: notwendig ist die weitgehende Aufklärung der Menschen, aber auch die Erziehung zum selbstverständlichen Vertrauen zum beratenden Arzt und die entsprechende Handlung im Interesse der eigenen Familie und der Gesellschaft. Die Frage kann meiner Meinung nach nur eine Rolle spielen, wenn der Einzelne als Persönlichkeit von der Gesellschaft gestaltet und gleichzeitig Gestalter seiner Gesellschaft ist. Führen wir unsere Menschenentwicklung so weiter, wie wir sie uns vorgenommen haben, als Entfaltung zu sozialistischen Persönlichkeiten, wird mit dem Reifungsprozeß die Zahl derer, die sich falsch verhalten, immer geringer werden müssen.

Zur Frage der Notwendigkeit einer Veränderung der genetischen Basis des Menschen möchte ich zwei Beispiele anführen. Niemand wird aus den in aller Welt anerkannten Erfolgen unserer Sportler bei den Weltmeisterschaften darauf schließen, daß wir in den 21 Jahren des Lebens der DDR eine Veränderung der genetischen Grundlage der Bevölkerung vorgenommen hätten. Eine Gesellschaft, die jedem die volle Entfaltung als Persönlichkeit sichert, müßte nicht nur Probleme des sportlichen Wettkampfes bewältigen können. Das 2. Beispiel, das absichtlich nicht eine Intelligenzsteigerung betrachtet, ist folgendes: Man könnte ja auch eine genetische Veränderung zur Erreichung einer Gruppe besonders schöner Menschen sich denken. Alle wissen, wie kurzlebig ein der Mode unterworfenes Schönheitsideal ist. Hier werden es selbstverständlich alle ablehnen, eine genetische Veränderung vorzunehmen, zur Erreichung dieses Zieles. Mir scheint also, wir sollten als die Lösung der ethischen Probleme der Genetik die Mahnung von Herrn Prof. STEENBECK bejahen, eben das zu tun, was nötig ist. Also nicht Dinge auf der biologischen Ebene reparieren wollen, die wir gesellschaftlich lösen können.

DISKUSSION

FUCHS-KITTOWSKI: Ich glaube, daß wir uns in der Diskussion vor allem auf die Probleme konzentrieren sollten, die gesellschaftlich relevant sind. So sei ausgehend auch vom Zusammenhang mit der gestrigen Diskussion erwähnt, daß bestimmten Vertretern der Eugenik m.E. mit Recht vorgeworfen wird, daß sie das Schicksal des Individuums völlig zugunsten eines abstrakten Art- oder Populationsbegriffes opfern wollen. Derartige extreme Vorhaben müssen entschieden zurückgewiesen werden, andererseits haben Sie im Vortrag mit Recht betont, daß wir lernen müssen, über das einzelne Individuum hinaus zu denken und verantwortlich die gesamtgesellschaftliche Entwicklung zu betrachten. Daher bin ich mit Ihren Formulierungen, wie die sozialistische Gesellschaft die Interessen des Individuums und der Population zu berücksichtigen hat, völlig einverstanden.

NÜRNBERG: Bezüglich Entscheidungen interessiert ja unsere Ärzte zunächst: Welches sind denn die Krankheiten, die wir erfassen müssen? Was müssen wir in unsere Arbeit mit einbeziehen? Wo liegen die Grenzen? Ich glaube, man sollte da tatsächlich nicht zu lange warten, irgendwelche konkreten Maßnahmen zu treffen, Entscheidungen darüber, welche Krankheiten sind frühzeitig zu diagnostizieren und das nicht nur auf die Phenylketonurie beschränken, sondern auch auf andere Bereiche. Ich möchte sagen - mit anderen Methoden fortfahren, d.h. erzieherisch wirken, und soweit es geht, die Öffentlichkeit informieren.

FREYE: Mutagene sollten nach ihrem Vortrag wie andere Gifte auch behandelt werden. Eine Reihe von Medikamenten, so unter anderen besonders die Cancerostatica, ist aber als mutagen erkannt worden. Der Arzt steht also vor der schwierigen Entscheidung zwischen der Behandlung des Individuums und der Gefährdung der kommenden Generation. Mit der aufgestellten Forderung machen sie ihm die Entscheidung nicht leichter.

NÜRNBERG: Ich möchte sagen, leichter machen kann keine Gesellschaft einem Menschen Entscheidungen. Wir haben ja schon in Halle über Möglichkeiten zur Frühdiagnose gesprochen, welche zu entwickeln sind und es gestatten, festzustellen nach dem derzeitigen Stand der Kenntnisse, ob eine Frucht gesund sein wird.

DER UMSCHLAG VON QUANTITÄT IN QUALITÄT AM BEISPIEL GENETISCH BEDEUTUNGSVOLLER POLYMERE

ELISABETH GÜNTHER

Sektion Biowissenschaften der Ernst-Moritz-Arndt-Universität Greifswald

In jedem Zeitalter haben Wissenschaftler versucht, die Erkenntnisse der Wissenschaft mit ihrer Weltanschauung in Zusammenhang zu bringen bzw. ihre Weltanschauung nach dem Wissensstand ihrer Zeit zu formen. Die modernen Naturwissenschaften stehen im allgemeinen in so guter Übereinstimmung mit dem dialektischen Materialismus, daß eine besondere Betonung der philosophischen Zusammenhänge überflüssig erscheint. Ein besonders gutes Beispiel ist die Zurückführung aller genetischen Prozesse auf Vorgänge in der DNS bzw. RNS als materieller Basis der Vererbung.

Aus der Vielzahl der Möglichkeiten möchte ich einige Beispiele aus der Nukleinsäure - forschung herausgreifen, die zeigen, wie das Gesetz vom Umschlagen von Quantität in Qualität in der Genetik realisiert ist. Dieses Grundgesetz der materialistischen Dialektik formulierte ENGELS in seiner Schrift "Dialektik der Natur".

1. Funktion der einzelnen Nukleotide im Vergleich zur Funktion der Polynukleotide:
Einzelne Nukleotide üben in Form von Triphosphaten als Energieträger der Zelle bedeutungsvolle Funktionen aus. ATP z.B. speichert die während der Dissimilation entstehende Energie und ist in der Proteinbiosynthese bei der Anlagerung der Aminosäuren an die tRNA wirksam.
Als weiteres Mononukleotid ist GTP an der Proteinbiosynthese beteiligt.
Die Polymerisierung vieler Nukleotide führt zu Polynukleotiden. Durch die Polymerisierung wird eine neue Qualität erreicht, die dadurch zum Ausdruck kommt, daß folgende Funktionen ausgeübt werden können:
Informationsspeicher in Form von DNS oder seltener RNS.
Informationsüberträger in Form von mRNS.
Vermittler zwischen genetischem Informationsüberträger (mRNS) und Merkmalsausbildung (Aminosäuren) in Form von tRNS.
Erkennungssequenzen für Enzyme und Regulationsproteine (z.B. Repressoren) in Form von Promoter, Operator, Bereiche der tRNS und rRNS.

2. Funktion von Einstrang-Nukleinsäure im Vergleich zur Funktion von Zweistrang-Nukleinsäure: Viele genetische Funktionen der Nukleinsäuren werden durch Basenpaarungen ermöglicht, z.B. die Polymerisation von mRNS an der DNS bei der Transkription, die Basenpaarung zwischen dem Kodon der mRNS und dem Antikodon der tRNS bei der Translation und die Anlagerung von Nukleotiden nach dem Prinzip der Basenpaarung bei der identischen Replikation der Nukleinsäuren. Als WATSON und CRICK 1953 ihr Doppelhelix-Modell aufstellten (WATSON, CRICK), sprachen sie bereits die Vermutung aus, daß der DNS-Doppelstrang für die Replikation der Gene von Bedeutung sei. Bei den Protokaryonten und den Eukaryonten liegt die DNS als Doppelstrang vor, nur einige Viren enthalten einsträngige DNS bzw. RNS. Einstrang-Moleküle müssen zur Replikation erst in die Zweistrangform, die replikative Form (RF) übergehen. Erst die Bildung des komplementären Stranges führt zu einer neuen Qualität, zur Replikationseinheit. Dieses Prinzip wurde u.a. am einsträngigen DNS-Virus ØX 174 (GOULIAN, KORNBERG) und bei RNS-Viren (WEISSMANN et al.), z.B. TMV (= Tabakmosaikvirus) nachgewiesen. Erst der Polynukleotid-Doppelstrang ist zugleich Informationsspeicher und Replikationseinheit.

3. Qualitätssprung bei der De-Novo-Synthese der DNS: Bei den heute lebenden Organismen erfolgt die DNS-Replikation nach dem in den Genen vorliegenden Muster. Die in der Evolution entstandene Basensequenz wird identisch repliziert. Wie erfolgt aber eine Polymerisation von Nukleotiden ohne dieses Muster? - Wie kann bei der Entstehung des Lebens die Polymerisation der Nukleotide zu Polymeren ohne Muster vor sich gegangen sein? KHORANA und seine Mitarbeiter stellten Oligomere und Polymere mit verschiedener Kettenlänge aus Desoxyadenylsäure und Desoxythymidylsäure her (KHORANA et al.):

pTpApTpA = $(AT)_2$ pTpApTpApTpA = $(AT)_3$ pTpApTpApTpApTpA = $(AT)_4$
pTpApTpApTpApTpApTpA = $(AT)_5$ pTpA.....n = $(AT)_n$

Diese Oligomere und Polymere wurden auf ihre Replikationsfähigkeit bei Zugabe von dATP, dTTP und DNA-Polymerase geprüft. Es zeigte sich, daß die Oligomere als Muster (Template) für die Replikation dienten. Neben der Replikation der kurzen Ketten beobachtete man aber auch die Bildung von Polymeren. Die Oligomeren dienen also nicht nur als Muster, sie können zugleich Starter (Primer) für die Bildung von Polymeren sein. Bei der De-Novo-Synthese von dAT und bei Verwendung von Ketten mit weniger als 6 Nukleotiden erfolgt in den ersten Stunden keine Bildung von Polymeren. Nach mehreren Stunden ist dann ein rapider Anstieg zu verzeichnen. Geht man von Oligomeren mit einer Kettenlänge von mehr als 10 Nukleotiden aus, dann erfolgt sehr schnell eine Bildung von Polymeren.

Wie ist dieses Phänomen zu erklären? KORNBERG (KORNBERG) vermutet, daß bei kurzkettigen Oligomeren zuerst eine Replikation erfolgt. Daran schließt sich eine Verschiebung der Einzelstränge gegeneinander an, da sich wiederholende Sequenzen vorliegen. Durch eine Replikation wird das freie Ende mit Nukleotiden ausgefüllt und so eine Kettenverlängerung um 2 Nukleotide erreicht. Dieser Prozeß wiederholt sich, bis große Oligomere entstanden sind. Wenn etwa eine Kettenlänge von 10 Nukleotiden erreicht ist, erfolgt eine schnelle Polymerisation. Kurze Ketten wirken also vorwiegend als Muster für die Replikation. Von einer bestimmten Kettenlänge ab wirkt das System nicht nur als Muster, sondern fördert zugleich die Bildung von Polymeren.

4. Ein "Chromosom" - mehrere Chromosomen: Organismen mit echtem Zellkern, der von einer Kernmembran abgeschlossen ist, werden als Eukaryonten von den Protokaryonten unterschieden. Bei Protokaryonten ist außerdem die gesamte genetische Information in einer Struktur, in einer Polynukleotidkette, vereinigt. Bei Eukaryonten dagegen finden wir die DNS des Zellkerns auf mehrere Strukturen, die Chromosomen aufgeteilt, der Mensch hat z.B. 46 Chromosomen. Wodurch können diese Unterschiede bedingt sein? Vergleichen wir die Nukleotidanzahl in der DNS von Protokaryonten und Eukaryonten! Die Information der Viren ist in etwa 10^4 - 10^6 Nukleotidpaaren, die der Bakterien in 10^6 - 10^7 Nukleotidpaaren gespeichert. Bei den Eukaryonten finden wir aber 10^8 - 10^{11} Nukleotidpaare, also mindestens das 10fache, meistens aber das 100- oder 1000-fache. Vermutlich kann diese große Nukleotidmenge nicht mehr in einer zusammenhängenden Struktur gespeichert werden, sie wird bei den Eukaryonten auf mehrere Chromosomen verteilt. Mit dem Vorliegen mehrerer genetischer Einheiten ergeben sich zugleich neue Möglichkeiten für die Verteilung und Kombinierbarkeit, die zu interchromosomalen Rekombinationen führen.

Diese Beispiele zeigen, daß die molekularbiologischen Erkenntnisse der Nukleinsäure-Polymerisation den Übergang von Quantität in Qualität sehr eindrucksvoll widerspiegeln.

LITERATUR

GOULIAN, M., und KORNBERG, A., Enzymatic synthesis of DNA, XXIII. Synthesis of circular replicative form of phage ØX 174 DNA, Proc. Nat. Acad. Sci. USA 58, (1967), 1723

KHORANA, H.G., JACOB, T.M., MOON, M.W., NARANG, S.A., and OHTSUKA, B., Studies on polynucleotides. XLII. The synthesis of deoxyribopolynucleotides containing repeating nucleotide sequences. Introduction and general considerations, J. Amer. Chem. Soc. 87, (1965), 2954

KORNBERG, A., Synthesis of DNA-like polymers de novo or by reiterative replication, In: BRYSON, V. u. VOGEL, H.J., Evolving genes and proteins, (1965), 403

WATSON, D., und CRICK, F.H., Genetical implications of the structure of deoxyribonucleic acid, Nature 171, (1953), 964

WEISSMANN, CH., BILLETER, M.A., SCHNEIDER, M.C., OCHOA, S., and KNIGHT, C.A., Replication of viral RNA, VI, Proc. Nat. Acad. Sci. USA 53, (1965), 653

DISKUSSION

GEISSLER: Ich glaube nicht, daß es eine direkte Beziehung zwischen Genomgröße, gemessen an der Zahl der Nucleotide, und der Zahl der Chromosomen des betreffenden Organismus gibt. Mindestens 3 Virusarten haben mehr als ein Chromosom, REO-Viren haben zum Beispiel 10 Chromosomen (aus doppelsträngigen RNS-Molekülen dreier Größenklassen). Über die geordnete Verteilung dieser Chromosomen ist nichts bekannt. Ich möchte aber sehr unterstreichen, was von Frau Prof. GÜNTHER über die Bedeutung der Basenpaarung und der Duplexe gesagt wurde. Bekanntlich war die Fehlinterpretation der klassischen Genetik vor 20 Jahren unter anderem darauf zurückzuführen, daß zu jener Zeit der hohe Turnover allen biologischen Materials nachgewiesen wurde, während die Genetiker auf Grund ihrer experimentellen Befunde annehmen mußten und postulierten, daß das genetische Material weitgehend stabil sei und nicht am Umbaugeschehen in der Zelle teilnehme. Unterdessen haben aber Untersuchungen über die Reparatur von DNS-Schäden eindeutig ergeben, daß das genetische Material selbst - unter bestimmten pathologischen Bedingungen - gar nicht so stabil ist. HARM hat gezeigt, daß Coli-Bakterien unter bestimmten Umständen mehr als 99,99 % von Strahlenschäden (Pyrimidin-Dimere) durch Exzisionsreparatur ausbessern können, was bedeutet, daß etwa 1 % aller Nucleotide eines bakteriellen Kernäquivalentes durch neueingebaute ersetzt werden, ohne daß den Zellen im Nachhinein etwas anzumerken ist (Mutationen oder ähnliches). Das genetische Material ist also gar nicht so sehr stabil: stabil ist die genetische Information, und das wegen der Entwicklung des Doppelstranges im Verlauf der Evolution.

PAWELZIG: Zur in der Diskussion aufgeworfenen Frage des Statischen und Dynamischen in der Erbstruktur: Meines Erachtens, und das scheint mir auch durch den Entwicklungsgang der Ideen der Regelung usw. belegt, sollte man die Frage nicht auf dem Boden dieser Gegenüberstellung diskutieren. Wir sprechen ja u.a. schon lange von dynamischer Stabilität und stabiler Dynamik, in dieser Richtung können wir auch noch weiter produktiv die Begriffe präzisieren.

UNTERSCHIEDE ZWISCHEN GENETISCHER UND SHANNON'SCHER INFORMATION

ERNST von WEIZSÄCKER

Forschungsstätte der Evangelischen Studiengemeinschaft, Heidelberg

Die SHANNON'sche Informationstheorie gibt eine Möglichkeit der Quantifizierung von Nachrichten (SHANNON, WEAVER). Das Maß der Überraschung für den Empfänger wird zum Maß der Information gemacht. Die Überraschung einzelner Zeichen und Zeichensequenzen wird aus der Seltenheit des Auftretens derselben bestimmt, wofür vorausgesetzt werden muß, daß die statistischen Eigenschaften der verwerteten Sprache, des Kodes, über hinreichend lange Zeit konstant sind. Der durchschnittliche Informationswert eines Zeichens ist

$$I = - \sum_{i=I}^{N} P_i \; \mathrm{ld} \; p_i$$

wobei P_i die Auftretenswahrscheinlichkeit des i-ten Zeichens und N die Anzahl der im Kode vorkommenden Zeichen ist.

Diese Formel läßt sich für die Berechnung von Kanalkapazitäten und für primitive eindeutige Übersetzungen aus einer Sprache in eine andere verwenden. Für alle diffizileren informationellen Prozesse ist sie fast wertlos. Das liegt daran, daß man bei diesen Prozessen sehr häufig gar nicht genau weiß, wer eigentlich der Empfänger ist. In der Genetik zum Beispiel ist es durchaus fraglich, ob man die Ribosomen oder die ganze Zelle oder einen ganzen Organismus als den Empfänger der in der DNS enthaltenen Information bezeichnen soll. In jedem Fall pflegt der Empfänger unvergleichlich viel komplexer zu sein als die Information selbst. Wer daher den Empfänger bereits versteht, versteht im Zweifelsfall auch längst die Struktur und den Bildungsmechanismus der Information und damit vermutlich alles, was ihn informationell an dem betreffenden Problem interessiert. Sobald man bei einem Empfänger überhaupt von Verstehen sprechen kann, muß man auch annehmen, daß eben dieser Empfänger durch sinnvolle Nachrichten verändert wird und zwar so, daß die Wahrscheinlichkeit, mit der er weitere Nachrichten der gehabten Art erwartet, verändert wird. Also haben wir es hier mit variablen Erwartungswahrscheinlichkeiten zu tun, also mit einem Bereich, in dem wir SHANNONS Formel nicht mehr anwenden können.

Wie viele bits enthält die DNS?: In Biologie-Lehrbüchern (HASSENSTEIN) wird gelegentlich gesagt, daß nach den SHANNON'schen Formeln jedes Nukleotid(-Paar) der DNS zwei bits Information enthält. Das rührt daher, daß normalerweise insgesamt vier verschiedene Nukleotide zugelassen sind, so daß der Zweier-Logarithmus von 4, also 2, die Anzahl bits pro DNS-Nukleotid wäre. Wer sagt aber, was "normal" ist, warum nicht außer den bekannten Basen auch Urazil oder Hypoxanthin oder noch andere Basen zugelassen sind? Wer sagt außerdem, daß es nur Basen und Zucker und Phosphorsäuren sein dürfen, und wer schließlich, daß nur Moleküle mit einem Molekulargewicht von etwa 200 zugelassen sind? Die Antwort hängt völlig davon ab, was für einen Empfänger man sich vorstellt. Nimmt man einen unvorbereiteten organischen Chemiker als Empfänger, so ist jedes Nukleotid eine Entscheidung von z.B. 1 aus 1000 oder 1 aus 100 000, also enthält es 10 - 15 bits Information. Für einen Physiker ist der Überraschungswert eines so komplexen Gebildes wie eines Nukleotids noch wesentlich größer. Für ihn würde vielleicht ein Nukleotid 100 bits Information enthalten.

Auf der anderen Seite interessiert uns aber die biologische Verwertung der Information, und wir wollen uns nicht als Physiker oder Chemiker dumm stellen, sondern versuchen, uns als Ganzkörperbiologen aufzufassen. Wir kämen damit in die Nähe der Auffassung, daß der gesamte Organismus der Empfänger für die genetische Information ist.
Für einen Ganzkörperbiologen enthält die DNS zweifellos weniger als 2 bits Information, wenn er sich nicht dogmatisch an die SHANNON'schen Formeln hält. Von den ungezählten mathematisch möglichen DNS-Sequenzen sind ja, nicht durch Zufall, nur ganz, ganz wenige biologisch verwirklicht. Das sind die Sequenzen, die zu lebensfähigen und auch fortpflanzungsfähigen Organismen führen. Da die allermeisten DNS-Sequenzen in die Proteinsprache übersetzt völligen Unsinn bedeuten, könnte man also sagen, daß für einen Ganzkörperbiologen, auch wenn er molekular interessiert ist, die DNS vielleicht nur 1/1000 bit oder noch weniger Information enthält. Diese Aussage ist nicht zu verwechseln mit der ebenfalls richtigen Feststellung, daß es im Erbgut vieler Tiere große Mengen von Redundanz gibt, daß ganze Stränge von DNS doppelt und vierfach und achtfach vorkommen (OHNO).

In ähnlicher Weise kann man natürlich die Frage behandeln, wie viele bits ein Tier mit - sagen wir n Nukleotiden im Erbgut enthält (CHR. und E. von WEIZSÄCKER). Auch das ganze Tier enthält natürlich im SHANNON'schen Sinne für einen Physiker unvergleichlich viel mehr Information als für einen Chemiker, einen Biochemiker oder gar für einen Biologen. Andererseits wissen wir alle, daß ein Biologe gerade dadurch definiert ist, daß er vom Tier mehr versteht als der Physiker, daß ihm das Tier vermutlich auch durch seine Information mehr Erkenntnis-Fortschritt, wissenschaftlichen Fortschritt ermöglicht als dem Physiker. Spätestens an dieser Stelle müssen wir ernstlich die Frage stellen, ob eigentlich der SHANNON'sche Informationsbegriff überhaupt adäquat ist für die Beschreibung komplexer Systeme. Es wird dabei nicht nur um die quantitativen Aussagen von SHANNON, sondern um die ganze Begrifflichkeit gehen.

Zur Definition der Information: Von SHANNON haben wir gelernt, daran wollen wir festhalten, daß ohne Neuigkeit keine Information zustande kommt. Ob wir allerdings Information mit dem Maß an Neuigkeit (begrifflich) identifizieren dürfen, haben wir soeben infrage gestellt. Wenn alles neu ist, wenn in einer Nachricht nichts bestätigt wird, versteht niemand etwas, kein Empfänger kann definiert werden, der von der "Nachricht" etwas versteht. Pragmatisch gesehen wäre es durchaus unbefriedigend, auch Informationen zuzulassen, die in keiner Weise verstanden werden können (C.F. von WEIZSÄCKER). Ich halte die Komponente der Bestätigung in der Information für genau ebenso essentiell wie die Neuigkeit, auf die SHANNON hingewiesen hat. Unter Bestätigung verstehe ich zunächst einmal die Redundanz, die auch bei den Nachrichtentechnikern vorkommt, die dort allerdings ganz im Sinne SHANNONs die Information vermindert und dafür gegen Rauschen schützt. Ferner verstehe ich unter Bestätigung das Vorwissen, das der Empfänger jeweils schon hat. Handelt es sich nämlich um eine zeitliche Abfolge von Nachrichten, dann ist es reine Auffassungssache, ob man das Wiederholen einer Nachricht als Redundanz in der Doppelnachricht auffaßt oder ob man die erste Nachricht alsbald zum Vorwissen des Empfängers zählt. Selbstverständlich kann das Vorwissen im Lauf der Zeit verblassen, wodurch die Bestätigung vermindert wird.

Auch die Struktur, die physische oder logische Struktur von materiellen oder gedanklichen Gebilden, möchte ich als Bestätigung auffassen. Das ist so zu verstehen:

Wenn ein Empfänger, gleichgültig, ob er informationelle Absichten hat oder nicht, über einen Kanal eine Struktur wahrnimmt, so ist er prinzipiell in der Lage, über denselben Kanal dieselbe Struktur wieder wahrzunehmen und sich bestätigen zu lassen über die Eigenschaften der Struktur. Auch die Struktur des Kanals spielt übrigens in diesem Informationsprozeß eine bestätigende Rolle. Je größer, einfacher und stabiler die Struktur des Objekts und des Kanals ist, desto größer ist der relative Anteil der Bestätigung in diesem informationellen Prozeß. Je kleiner, komplexer und instabiler nämlich die Strukturen sind, desto größer ist die Wahrscheinlichkeit, daß bei einem zweiten Wahrnehmungsakt andere Ergebnisse zustande kommen, daß also das erste Ergebnis nicht bestätigt wird.

Die Behauptung ist jetzt, daß Information zusammengesetzt ist aus Erstmaligkeit oder Neuigkeit einerseits - das entspräche der SHANNON'schen Information - und Bestätigung andererseits. Wenn in einem Informationsprozeß nur Bestätigung vorherrscht, keinerlei Neues passiert, ist die Information Null. Umgekehrt, wenn keinerlei Bestätigung vorhanden ist, ist nach obiger Betrachtung keinerlei Verstehen, ja nicht einmal Struktur möglich, damit ist die Information auch Null. Dazwischen, wo sich Erstmaligkeit und Bestätigung auf vernünftige Weise ergänzen, ist die Information größer als Null. Es ist zu vermuten, daß es genau ein Maximum für eine bestimmte Sorte von Informationsprozessen gibt. In dem Bereich, wo viel Bestätigung vorherrscht, ja wo die Bestätigung weit überwiegt, ist anzunehmen, daß jeder Zuwachs an Neuigkeit einen Zuwachs an Information bedeutet. Hier hätten wir also den SHANNON'schen Fall. Nimmt die Neuigkeit auf Kosten von Bestätigung weiter zu, so bezeichnet man sie gewöhnlich als Rauschen.

Die Betrachtung ist bisher noch zu einfach; denn sie tut so, als spielten sich alle informationellen Prozesse auf derselben semantischen Ebene ab. In Wirklichkeit können zum Beispiel neue Buchstaben-Kombinationen, also neue Wörter, als Wörter neu sein, während sie auf der semantischen Ebene der Buchstaben schiere Bestätigung bedeuten.

Ziemlich ungeklärt ist bisher die Frage der Quantifizierung sowohl der Bestätigung wie auch der pragmatisch verstandenen Information, die wir bei dieser Erörterung im Gegensatz zu SHANNON im Auge haben. Es gibt einen Ansatz der Quantifizierung der Bestätigung von CARNAP. Im Gegenzug hat auch POPPER eine Anzahl von

Möglichkeiten der Quantifizierung von Bestätigung vorgeschlagen. Aber alle diese Definitionen zielen nicht unmittelbar auf das, was wir als Bestätigung bezeichnen wollen. Die Versuche, auf der Basis solcher Quantifizierungen eine einigermaßen vernünftige und reproduzierbare Kurve der pragmatischen Information in Abhängigkeit von Erstmaligkeit einerseits und Bestätigung andererseits aufzutragen, sind bisher noch nicht erfolgreich gewesen.

Was kann die Biologie damit anfangen? Mit einer nicht quantifizierten, möglicherweise nicht einmal streng quantifizierbaren Theorie kann die biologische Experimentalforschung vermutlich nicht sehr viel anfangen. Die Biologie kann aber von der neuen Begrifflichkeit befruchtet werden, und umgekehrt könnten quantitative Beispiele aus der Biologie wesentliche Beiträge zur Etablierung einer neuen quantitativen pragmatischen Informationstheorie leisten.

Ich möchte im folgenden noch auf einige Stellen hinweisen, an denen die SHANNON'sche Informationstheorie ganz sicher nicht weiterhilft, an denen aber eine im obigen Sinne erweiterte Informationstheorie vermutlich mindestens gute Anregungen geben wird:

1. Zu jeder physiologisch definierbaren Information sollte man versuchen, das Ausmaß der Bestätigung in den jeweiligen Informationsprozessen zu berechnen, indem man die Redundanz und die Vorwissenseigenschaften sowie die Stabilität der Strukturen berücksichtigt; die Frage der Kommensurabilität und der gegenseitigen Gewichtung von Redundanz, Vorwissen und Struktur müßte hierfür unter biologischen Gesichtspunkten thematisiert werden. Man käme dabei auch zur Berechnung der zweifellos zeitvariablen Auftretenswahrscheinlichkeiten für die betreffenden Nachrichten.
Es besteht ferner kaum ein Zweifel, daß gerade in pragmatischer Hinsicht die Informationsprozesse im Organismus optimiert sind (dies ergibt sich einfach als Folgerung der darwinschen Selektionstheorie). Fraglich ist nur, ob sich die Optimierung auch abstrakt kybernetisch und nicht nur beschreibend biologisch ausdrücken läßt.
Im Falle einer kybernetischen Beschreibung einfachster biologischer Systeme könnten dann abstrakte Optimierungskriterien versuchsweise postuliert und ggf. durch erfolgreiche Verwendung in anderen Systemen verifiziert werden. Ich vermute, daß die dauerhafte Informationsflußmaximierung im Sinne der obigen pragmatischen Information eines der wichtigsten abstrakten Optimalkriterien ist.
In einfacheren Fällen wie etwa der quantitativen Beschreibung einer optimalen Hor-

monkonzentration in der Blutbahn oder ähnlichen relativ einfachen biochemischen Systemen sollte sich sowohl die Quantifizierung der Bestätigung als auch die Quantifizierung der Erstmaligkeit durchführen lassen, und man könnte auf diesem Wege dann wenigstens ansatzweise bis zur Quantifizierung der neuen Information vorstoßen und so das Vorliegen (oder Nichtvorliegen) einer Informationsflußmaxierung testen.

2. In der Genetik, wo man lange Zeit die Mutationen immer nur für Unfälle gehalten hat, fragt man sich heute mehr und mehr, ob nicht die Mutationsrate einem Optimierungsgesetz unterliegt. Jeder weiß, daß ein Übermaß an Mutationen den Bestand einer Art gefährdet. Jeder sollte wissen, daß ein Zuwenig an Mutationen genetische Stagnation der betreffenden Art bedeutet, und daß angesichts der im Zweifelsfall ja zeitveränderlichen ökologischen Nische genetische Stagnation ebenfalls zur Extinktion der betreffenden Art oder sogar Artengruppe führen kann. Es gibt zudem bisher keinerlei überzeugenden Hinweis darauf, daß sich etwa die molekulare Stabilität der DNS oder überhaupt des Vererbungsmechanismus nicht weiter erhöhen ließe. Man denke nur an die offensichtlich nicht voll ausgeschöpften Möglichkeiten der Redundanz. Das Optimieren der Mutationsrate wäre möglicherweise wieder gleichzusetzen dem Maximieren des Informationsflusses, also des Fortzeugens der genetischen Information; wobei genetische Stagnation mit übermäßiger Bestätigung und zu große Mutationsraten mit übermäßiger Erstmaligkeit gleichzusetzen wäre[1].

3. Besonders interessant könnte eine Optimierung auf einer noch höheren semantischen Stufe werden: Wenn man in einem komplexen Ökosystem als Ziel die optimale Ausnützung der physikalischen meteorologischen Bedingungen angibt, kann man sich fragen, ob das Ziel besser erreicht wird durch eine einzige Tierart oder Pflanzenart, oder ob es nicht vielleicht nützlicher wäre, eine große Vielfalt von Arten der Tier-, Pflanzen- und Mikroorganismenwelt zu haben. Ökologische Untersuchungen (KLOPFER) lassen in der Tat vermuten, daß es sich bei der ungeheuren Formenvielfalt der Organismenwelt um eine Anpassungsentwicklung im Sinne einer optimalen Ausnützung

---

1 Mit der Aussage, daß Mutationen für die Entwicklung einer Tierart nötig sind, möchte ich keineswegs der auf dieser Tagung geführten Eugenik-Diskussion vorgreifen, insbesondere nicht der Ideologie progressiver Eugenik Vorschub leisten. Die Zeiträume, für die derartige genetische Erörterungen eine Rolle spielen, sind groß gegen die Dauer der wenigen Generationen, in denen die heutige eugenische Diskussion spielt.

der Ressourcen handelt. Auch diese Optimierung dürfte als langfristige Informationsflußmaximierung des Ökosystems gedeutet werden können. Langfristig auch insofern, als komplexe Ökosysteme gegenüber Störungen relativ unempfindlich sind und sich gerade deshalb einen relativ großen Mutationsspielraum der einzelnen Arten leisten können; durch diesen wird das Gesamtsystem auf lange Sicht stets anpassungsfähig bleiben. Eine weitere Chance der oben angedeuteten Informationstheorie für die Biologie liegt nach meiner Meinung in der Möglichkeit, eine wissenschaftstheoretisch befriedigende Präzision wie in der Quantentheorie nun auch in der Biologie zu erhalten: Es wäre bei jedem biologischen Meßvorgang zu fragen, wie hoch der Grad der Bestätigung in dem betreffenden Objektsystem ist, wie hoch also die Wahrscheinlichkeit ist, daß man bei einer zweiten Messung im Resultat bestätigt wird. Mehr als die Physik, allerdings weniger als Psychologie und Soziologie, hat ja die messende Biologie mit dem Phänomen der Nichtreproduzierbarkeit, oft auch der prinzipiellen Individualität zu kämpfen. Viele individuelle Gegebenheiten enthalten immerhin so viel Struktur und damit Bestätigung, daß sie durchaus reproduzierbar festgestellt werden können. In manchen Fällen aber, und keineswegs erst dort, wo man normalerweise die quantentheoretische Grenze der biologischen Meßbarkeit vermutet, sind die Strukturen so fein, so komplex oder so labil, daß die Bestätigung für das Etablieren wissenschaftlicher Aussagen einfach nicht ausreicht.

Die neue Informationstheorie scheint mir ein Begriffssystem zu bieten, das die hier angerissenen Fragen der Meßbarkeit und Verläßlichkeit (reliability) sowie die noch undiskutierten der kreativen Verwendung biologischer Resultate im Sinne einer langfristigen Informationsmaximierung in einen neuen und vermutlich fruchtbaren Zusammenhang stellt.

LITERATUR

CARNAP, R., The Continuum of Induktive Methods, Chicago 1952; sowie ders., Logical Foundations of Probability, Chicago 1962, hier zit.m. H. VETTER, Wahrscheinlichkeit und logischer Spielraum, Tübingen (1967), 31

HASSENSTEIN, B., Biologische Kybernetik, Heidelberg (1967), 80

KLOPFER, P.H., Ökologie und Verhalten, Stuttgart (1968), 42

OHNO, S. (Hrsg.), Evolution by Gene Duplication, Springer, Berlin, Heidelberg, New York 1970

POPPER, K.R., The Logic of Scientific Discovery, London 1959, darin abgedruckt drei Einzelbeiträge zu CARNAPS Theorie des Bestätigungsgrades.

SHANNON, C.E. und WEAVER, E., The Mathematical Theory of Communication, Urbana, I 1949

WEIZSÄCKER, C.F. von, Die Einheit der Natur, Hansa-Verlag München, (1971), 342

WEIZSÄCKER, Chr. und E. von, Wiederaufnahme der begrifflichen Frage: Was ist Information?, FEST OS 1, Heidelberg 1971

DISKUSSION

BELLMANN: Ich möchte vom Standpunkt der Systemtheorie etwas zum Begriff der Information sagen. Was mich speziell bewegt, ist die Frage: Kann man für den Grad der Organisation in einem biologischen System auf genetischer Ebene ein objektives Kriterium, ein objektives Maß finden? Jeder Evolutionsprozeß ist ein Lernprozeß. Im Rahmen dieses Lernprozesses werden Informationen gespeichert, und man hat bei weitem nicht erkannt, wie diese Speicherung in toto geschieht. Das ist die eine Sache. Die andere Sache ist die, daß wir - weil Sie gerade von dem heuristischen Wert solcher Betrachtungen sprachen - gern einmal wissen möchten, wie Sie darüber denken: Kann man solche Überlegungen zum unmittelbaren Einbau in das experimentelle Forschungsgeschehen verwenden? Die Kluft zwischen hoher Abstraktion und dem direkten Experiment, von der man oft spricht, scheint sich hier ein bißchen aufzutun, und deshalb wird auch das allgemeine Verständnis, die allgemeine Sprache, ein bißchen schwierig sein. Vielleicht wäre es günstig, wenn wir uns zunächst darüber verständigen könnten, wie der Informationsbegriff als heuristischer Aspekt in den direkten Erkenntnisprozeß am biologischen System eingebaut werden könnte. Sie deuteten es bereits mit der Möglichkeit der Quantifizierung an. Vielleicht darf ich noch einmal so zusammenfassen: Können wir Ihre Überlegungen bei der Modellierung und Abbildung von biologischen Realitäten in der Weise verwenden, daß wir im experimentellen Bereich weitergeführt werden, und zwar im Sinne einer solchen Ideenfindung?

von WEIZSÄCKER: Ich würde das auf jeden Fall vermuten. Wir haben uns bisher eine Reihe von Experimenten überlegt, aber eben noch nicht durchgeführt, in der Richtung, daß man bei Bakterienkulturen oder entsprechend einfachen Systemen die Mutationsrate gezielten Einschränkungen aussetzt: daß man versucht, sie entweder zu erhöhen oder zu erniedrigen durch Variation der ökologischen Bedingungen, der ökologischen Viefalt des betreffenden Mediums. Das würden vielleicht noch keine beweiskräftigen Experimente werden, aber sie dürften wohl Hinweise geben auf die Optimierung genetischer Informationsproduktion zwischen den Extremen Erstmaligkeit und Bestätigung.

Zu der Frage, ob man in der Modellierung wesentlich weiterkommt, möchte ich eine leichte Ernüchterung wiedergeben, die alle biologischen Modelltheoretiker immer wieder feststellen müssen (ich beziehe mich da z.B. auf die Ihnen bekannten Arbeiten von TRINTSCHER, dem sowjetischen Informationsbiologen) dadurch, daß jede Modellierung notwendigerweise in ein abgeschlossenes System führt, und daß es umgekehrt gerade der Witz der biologischen Systeme ist, daß sie offen sind und über die Zeit die Entropie vermindern können. Wenn Modell und Wirklichkeit an einer solchen thermodynamisch genau bezeichenbaren Stelle voneinander abweichen, dann wird man vorsichtig.

In diesem Zusammenhang möchte ich einen Satz noch etwas besser klarstellen, es ist mir vorhin nicht gelungen. Wenn wir von einer Informationsflußmaximierung sprechen als einem nach meiner Meinung plausiblen Optimierungskriterium, dann muß man sich fragen, auf eine wie lange Zeitspanne sich der Fluß bezieht. Wenn man einen sehr nahen Zeitpunkt nimmt, bis zu welchem der Informationsfluß maximiert werden soll, dann sind auch Strategien sinnvoll, bei denen nach jenem Zeitpunkt alles in sich zusammenfällt. Je weiter man diesen Zeitpunkt hinausschiebt, desto langfristigere Effekte muß man bedenken; es sieht aber systemtheoretisch so aus, als seien bei offenen Systemen langfristigere Effekte grundsätzlich nur sehr ungenau zu bestimmen. Wenn man schließlich über unendlich lange Zeiten den Informationsfluß maximieren will, dann kommt man zwar für die Anfangskriterien zu anderen Bedingungen als bei endlichen Zeiten, aber eine Sicherheit in der Berechnung erhält man mit Sicherheit nicht. Informationsberechnungen, die diese Sicherheit vortäuschen, entsprechen also nach meiner Meinung nicht der Wirklichkeit.

BELLMANN: Sehen Sie eine Möglichkeit, mit irgendeiner der nichtstatistischen Informationstheorien eine adäquate Behandlung technischer und biologischer Systeme gleichzeitig durchführen zu können. Ein technisches System ist ja ein in sich komplett geschlossenes System, die biologischen Systeme sind immer offen. Oder anders formuliert: Halten Sie es für eine Utopie, zwei sich entsprechende Systeme, z.B. die innere Struktur eines elektronischen Speichers und die innere Struktur eines neuronalen Netzes mit gleichen Methoden zu beschreiben, informationstheoretisch, systemtheoretisch gesehen?

von WEIZSÄCKER: Das sind natürlich nur Vermutungen. Die Kybernetiker, die das seit Jahrzehnten mit Intensität versuchen, sind eigentlich nicht wesentlich weitergekommen, weil sie in der Regel (auf einer höheren semantischen Ebene als die einfache Elektrotechnik) doch wieder von abgeschlossenen Systemen sprechen. Sie modellieren also den abschließbaren Teil neuronaler Netze. Über die von Ihnen gestern erwähnte nichtstatistische Informationstheorie weiß ich im übrigen leider nichts.

HAUSER: Die Frage, ob eine Information verstanden wird oder nicht, hängt nicht nur vom Sender und Empfänger und dem vereinbarten Kode ab, sondern auch vom Übertragungskanal. Dieses Problem läßt sich sicherlich in den Rahmen des vorgetragenen Modells einbauen. Schwieriger erscheint mir folgendes: Ein biologisches System unterscheidet sich insbesondere von einem Computer dadurch, daß es zur Informationsvermehrung fähig ist. Hier sehe ich bei dem vorgeschlagenen Modell noch keine Lösung.

von WEIZSÄCKER: Zum ersten möchte ich sagen: Für die neueren informationstheoretischen Arbeiten ist es üblich geworden, einfach den Kanal per Definition in den Empfänger einzubeziehen. Das kann man durch logische Manipulation tun. Das liegt an folgendem: Wenn wir ein Hörrohr oder ähnlichen Apparat haben, der rauscht, dann ist es das Rauschen auf einer physikalischen Ebene. Wenn wir aber einen optimalen Außenraum haben, optimale Kanäle, dann verstehen wir semantisch immer noch nicht alles, dann können wir das als semantisches Rauschen bezeichnen, und zwar auf den verschiedenen Ebenen der Buchstaben, der Wörter, der Bilder usw. Man findet bis hin zu den komplexesten Ebenen immer neues Rauschen und fragt sich dann, wo denn nun schließlich die Information ankommt, wo denn der letzte Empfänger eigentlich ist. Und der letzte Empfänger - damit komme ich gleich zur nächsten

Frage - ist in Wirklichkeit das, was bereits wiedergibt, daß es die Information verstanden hat, das also bereits wieder informationell aktiv wird. Wenn wir sagen: Information ist das, was den Empfänger verändert, oder: Information läßt sich überhaupt erst feststellen, wenn man in der nächsten zeitlichen Instanz (und dann vermutlich überhaupt erst in der übernächsten oder noch ferneren Instanz) retrospektiv entscheiden kann, ob es Information war, dann müssen wir erst recht auch fragen, ob wir mit einem begrifflich abgeschlossenen Informationsbegriff überhaupt arbeiten können. Es gibt eine Arbeit von CARL FRIEDRICH von WEIZSÄCKER (Aufsatzband: "Studien zur Einheit der Natur", HAUSER Verlag München 1971), in der definiert wird: Information ist, was Information erzeugt. Wenn man diese Definition hat, die zunächst als circulus vitiosus erscheint, die man aber dann an verschiedenen biologischen Modellen zumindest plausibel machen kann, dann hat man automatisch auch die Begrifflichkeit, die dem wirklichen biologisch-genetischen Informationsgeschehen entspricht, in welchem Informationsvermehrung (und -vernichtung) stattfindet. In den abgeschlossenen Systemen, wie der Nachrichtentechnik bei konstantem Kode, hat das wenig Sinn. Aber: SHANNONs Theorie ist ja in Wirklichkeit erfolgreich. Die Informationen, die mit seiner Theorie gemacht werden, wirken ja heute, sie erzeugen neue Informationen, immer in dem Maße, wie sie auch Bestätigung enthalten, also verstanden werden. Sie wirken aber auf einer höheren semantischen Ebene als auf der, auf der sie quantifiziert werden.

BENDMANN: Könnten Sie etwas zur ontologischen Deutung sagen?

von WEIZSÄCKER: Man kann hier zunächst verweisen auf die Ontologie in der Aussage "Information ist, was Information erzeugt". Wo praktisch nur Bestätigung ist, dort wird keine neue Information erzeugt. Ebensowenig dort, wo nur Erstmaligkeit ist. Und insofern keine Information erzeugt wird, ist da auch keine Information. Wo Bestätigung in der Form von Struktur vorliegt, sieht eine naive Ontologie auch schon Seiendes. Aber wenn diese Struktur in keiner Weise neue Information erzeugt, dann hat sie keine "Wirk"-lichkeit. Die Beschränkung auf wirkende Sachen führt zu der operationalen Sprechweise, die in der modernen Wissenschaftstheorie gang und gäbe ist. Dort, wo Erstmaligkeit und Bestätigung in einem fruchtbaren ausgewogenen Verhältnis zueinander stehen, kann man dann sagen: Hier wird Information in hohem Maße neu geschaffen, also ist da auch in hohem Maße Information. Da schließt man wieder aus der Zukunft zurück: Die ontologische Bedeutung von Gegenwärtigem kann erst unter Einbeziehung der Zukunft verstanden werden. Zu dem immer wieder rückschließenden Begriff der Information möchte ich noch eine für Genetiker sehr vertraute Sache anführen, und zwar fragt man manchmal "Was ist Tüchtigkeit"? Und dann wird lange herumgerätselt. Sind die Ameisen tüchtig, sind die Menschen tüchtig, sind die Saurier tüchtig? Wenn man dann die Sache ökologisch-darwinistisch interpretiert, kommt man eigentlich eindeutig auf folgende Antwort: Tüchtig waren die, deren Nachkommen heute noch leben. Von heute können wir gar nicht genau sagen, was tüchtig ist. In der Kreidezeit oder im Trias hätte man die Reptilien, besonders die Saurier, für ungeheuer tüchtig gehalten, bis sich zeigte, daß sie in einer Sackgasse waren. Die Tüchtigkeit als eine Art von Inbegriff für den pragmatischen Informationsbegriff, die Tüchtigkeit, Informationsflüsse zu maximieren, und zwar genetische, bleibt immer retrospektiv.

BELLMANN: Würden Sie eine "fitness" gleichsetzen mit einer Maximierung des Informationsflusses in einem System? Denn auf "fitness" selektiert die Natur.

von WEIZSÄCKER: Ja, aber das geht nicht mit einem zeitlichen Ende.

UHLMANN: Was Sie da sagen, ist natürlich nicht ganz ungefährlich im Sinne der Wissenschaftstheorie. Ich meine, es nützt eigentlich informationstheoretisch nichts, wenn wir sagen: Ob das, was jetzt gerade wirklich ist, Information ist oder nicht, wissen wir erst morgen, wenn es wieder neue Information erzeugt. Denn dann verschieben wir den Wert, ob etwas Information ist oder nicht, in irgendwelche Zukunft, wo sie nutzlos wird, obwohl sie heute erfolgreich sein kann.

von WEIZSÄCKER: Das ist ein sehr dankenswerter Einwurf. Denn, ich hatte es vorhin nicht ausgeführt, genau an dieser Stelle sehe ich die Gefahr einer Mißinterpretation einer solchen Begrifflichkeit: Wenn wir versuchen, diesen jeweils exakt immer nur retrospektiv definierten Begriff auch auf die Zukunft anzuwenden, verzichten wir zwar auf Exaktheit, das enthebt uns aber bei weitem nicht der Verantwortung, z.B. der Verantwortung dafür, daß ein solcher Informationsprozeß weitergeführt wird. Und wir müssen dann anfangen, Prognosen zu stellen und zu überlegen: Diese Handlungsweise wird dazu führen, daß dann das, was wir heute getan haben, sich als richtig erwiesen haben soll. Diese Handlungsweise ist es, nach meiner Meinung, was man Verantwortung nennt. Wenn man dagegen mit statistischen Informationsbegriffen arbeitet, erhält man zwar hübsch reproduzierbare Ergebnisse, die aber immer nur für die Vergangenheit gelten. Oder anders: Gerade wenn man als Wissenschaftler verantwortlich denkt, kann man mit unserem zukunftsoffenen Informationsbegriff mehr anfangen als mit dem SHANNON'schen.

ZUR PHILOSOPHISCHEN RELEVANZ DER MODERNEN GENETIK

EBERHARD THOMAS

Zentralinstitut für Philosophie der Deutschen Akademie der Wissenschaften
zu Berlin

Zwischen der marxistisch-leninistischen Philosophie und der Einzelwissenschaft bestehen enge Wechselbeziehungen. Wesentliche Ergebnisse der Einzelwissenschaft tragen zur Formung des Weltbildes des dialektischen Materialismus bei, das sich mit dem Fortschritt der gesamten Wissenschaft historisch verändert. Die Philosophie kann jedoch nicht einfach die Resultate einzelwissenschaftlicher Forschung in verallgemeinerter Form kopieren, sondern bewertet sie vom Standpunkt ihres Beitrages zur Einsicht in die Gesamtzusammenhänge von Natur und Gesellschaft, des gesellschaftlichen und wissenschaftlichen Fortschritts, der durch sie erzielt wurde. Während insbesondere die Naturwissenschaft im Interesse eines größeren Detailreichtums bewußte Einschränkungen des Gegenstandes ihrer Untersuchung vornimmt und in der Regel auch vom agierenden Subjekt, dem Menschen, abstrahiert, muß die Philosophie auch in bezug auf ihr Weltbild die gesellschaftliche Relevanz neuer Entdeckungen in das Gesamtbild einbeziehen, das sich auf der jeweils vorhandenen Entwicklungsstufe ergibt, sie vom Standpunkt der historisch bedingten Ziele einzuschätzen suchen, die sich die Menschen, genauer, bestimmte Menschengruppen und Klassen stellen, sie am gesamtgesellschaftlichen Fortschritt messen. Der "strategische Wert" einzelner Entdeckungen und Theorien für den gesellschaftlichen Fortschritt hängt unter anderem davon ab, in welchem Maße sie die weitere Entwicklung ganzer Wissenschaftszweige beeinflussen und beschleunigen, über die Aufdeckung einzelner Zusammenhänge hinaus theoretisch tragfähig werden und sie den Grad der Erkenntnis und damit der Beherrschbarkeit der Natur durch die Gesellschaft erhöhen.

Wenn man diesen Maßstab zugrunde legt, hat die moderne Genetik, insbesondere die Aufdeckung der molekularen Grundlagen der Vererbung, erhebliche philosophische Relevanz. "Die Forschung hat den Stoff sich im Detail anzueignen, seine verschiedenen Entwicklungsformen zu analysieren und deren inneres Band aufzuspüren. Erst nachdem diese Arbeit vollbracht, kann die wirkliche Bewegung entsprechend dargestellt werden." (MARX, ENGELS) Mit der DNS-Theorie der Vererbung wurde ein qualitativ höheres Stadium in der Entwicklung der Genetik und der Biologie insgesamt erreicht, in dem die Resultate der klassischen Genetik und angrenzender Gebiete im dialektischen Sinne "aufgehoben" werden. Die DNS-Theorie der Vererbung ist nicht nur eine Bestätigung der grundsätzlichen Auffassung von FRIEDRICH ENGELS (MARX, ENGELS), sondern bildete einen entscheidenden Ausgangspunkt für neue Problemstellungen innerhalb der Biologie, deren teilweise Lösung Aufschluß über den inneren materiellen Zusammenhang wichtiger Bereiche der biologischen Forschung gegeben hat, bei deren Erklärung einzelne Wissenschaftler, die sich an der spätbürgerlichen Philosophie orientierten, immer wieder auf philosophisch-idealistische Anschauungen zurückgriffen. Sie hat weiterhin die vorwiegend strukturelle Betrachtung der Vererbung unvermeidlich hinübergeleitet in die Analyse des Prozesses der "identischen Reproduktion" lebender Systeme. Damit wurde eine bisher noch fehlende theoretische Voraussetzung dafür geschaffen, eine relativ einheitliche Theorie der Selbstbewegung der lebenden Materie und der biologischen Reproduktion zu entwerfen und idealistische Spekulationen aus diesem Bereich endgültig zu verweisen. Von der naturwissenschaftlichen Seite zeichnen sich folgende Zusammenhänge bereits deutlich ab:

1. Bindung der Vererbungsvorgänge an genau definierte materielle Strukturen.
Das Strukturmodell von J.D. WATSON und F.H. CRICK gestattete ohne prinzipielle Schwierigkeit die Erklärung "klassischer" Eigenschaften des genetischen Materials, der identischen Reproduktion (Replikation), der Transkription und Translation der genetischen Information und schließlich der Mutabilität, des "crossing over" und der Rekombination, zumindest von der strukturellen Seite her (heute wissen wir, daß die zuletzt genannten Vorgänge wesentlich komplizierter sind als ursprünglich angenommen wurde). Die vollständige Entschlüsselung des "genetischen Kode" war wohl die eindrucksvollste Bestätigung der Tragfähigkeit der DNS-Theorie, führte aber zugleich über die rein strukturelle Betrachtungsweise hinaus zur Aufdeckung des Prozesses der Übertragung und Realisierung der genetischen Information in der lebenden Zelle (BIELKA).

2. Kopplung mit dem Stoffwechsel der Zelle. Noch vor wenigen Jahrzehnten überwog die Ansicht, daß die genetischen Strukturen nicht am Stoffwechsel teilnehmen. Das ist nach wie vor in dem Sinne richtig, daß sie im Vergleich zum "peripheren" Stoffwechsel der Zelle äußerst stabil (was durch Markierungsversuche auch belegt werden konnte), aber nicht von ihm isoliert sind. Sie wirken als Steuerungszentren der Proteinsynthese. Vom Standpunkt der Dialektik ist jedoch die Feststellung von Interesse, daß die Stabilität der DNS nicht auf einer ausschließlich "mechanischen" Festigkeit der chemischen Bindung beruht, sondern durch aktive Stabilisierungs- und Reparatursysteme gesichert wird (BÖHME). Bei Störungen der entsprechenden "Reparatursysteme" steigt die Umsatzrate (und die Mutationsrate) rapid an. Strukturelle Grundlage derartiger Reparaturvorgänge ist die Verdoppelung, die "Redundanz" der genetischen Information in der Doppelhelix, energetische Grundlage ein Syntheseprozeß, der unter Abbau "energiereicher Phosphatbindungen" verläuft (und dem partielle Abbauvorgänge an den "defekten" Strukturen voraussehen). Damit ist zugleich auf die vor Jahren von E. SCHRÖDINGER gestellte Frage eine Antwort gegeben, wie die "lebende Materie" die relativ hohe Stabilität ihrer Strukturen gegenüber der Entropie sichert: der 2. Hauptsatz der Thermodynamik wird nicht verletzt, da die "Reparatur" mit Verbrauch von Energie verbunden ist, die durch den Stoffwechsel der Zelle bereitgestellt wird, also kein "thermodynamisch geschlossenes System" vorliegt.

3. Genetische Regulation und Kopplung mit ontogenetischen Prozessen. Die Entdeckung der genetischen Regulation (JACOB, MONOD), d.h. einer zentralen Repression und Induktion der RNS- und Proteinsynthese in Abhängigkeit von der Anwesenheit des Substrats der "induzierbaren" Enzyme, gab zunächst eine Erklärung für genetische Effekte, die früher oft als "Beleg" für neolamarckistische "Theorien" angeführt wurden. Offenbar steht die Möglichkeit der genetischen Regulation in vollem Einklang mit der DNS-Theorie der Vererbung, setzt aber spezfische Wechselbeziehungen mit anderen Substanzen voraus. Darüber hinaus gestattet sie eine Erklärung für die Tatsache, daß bestimmte Synthesevorgänge in der Zelle nach einem bestimmten "Zeitmuster" oder "Programm" in Gang gesetzt werden können, wenn Produkte vorausgegangener Synthesevorgänge als Repressoren oder Induktoren der RNS-Synthese wirksam werden. Das ist auch unter anderen Voraussetzungen

theoretisch auf verschiedene Zellgenerationen zu übertragen. Darauf baut gegenwärtig eine recht gut gesicherte Theorie der Regulation der Genaktivität (WEBER et al.) und eine Hypothese der genetischen Basis ontogenetischer Prozesse auf (FUHRMANN). Sicher ist heute, daß z.B. Hormone an zentraler Stelle ganze Syntheseketten zu induzieren vermögen. Sollte sich eine entsprechende Theorie als generell gültig nachweisen lassen, so hätte das erhebliche praktische Auswirkungen, die gegenwärtig kaum zu überschätzen sind.

4. Kopplung mit der Umwelt. Bis heute sind zahlreiche durch die Umwelt ausgelöste Regulationsvorgänge des Stoffwechsels bekannt. Die meisten von ihnen beruhen nicht auf genetischer Regulation, sondern auf anderen Mechanismen. Dennoch gibt es Belege dafür, daß durch Umwelteinflüsse auch genetische Regulationen ausgelöst werden können. Auch bei höheren Organismen ist das schon dadurch nahegelegt, daß manche Einflüsse des biologischen Milieus zu Hormonausschüttungen führen, die ihrerseits durch Aktivierung der DNS bestimmter Loci andere Syntheseprozesse in Gang setzen (KARLSON). Bei höheren Pflanzen ist das für die Phytochromwirkung (HARTMANN), die für bestimmte Wachstumsveränderungen nach Lichteinwirkung maßgebend ist, heute sehr wahrscheinlich.

5. Kopplung mit dem Evolutionsgeschehen. Es ist heute weitgehend bekannt, wie die heute bis in den molekularen Bereich in wesentlichen Zügen aufgeklärten Gesetzmäßigkeiten der Vererbung und biologischen Reproduktion mit der Entwicklung der biologischen Evolutionstheorie zusammenhängen. Die Mutationstheorie kann heute auf solide genetische, biochemische und zytologische Grundlagen gestützt werden. Das gleiche gilt für zahlreiche andere Vorgänge, die sich im Zellkern (außer Mutationen verschiedener qualitativer Auswirkung auf den ausgewachsenen Organismus in einem gegebenen Milieu auch kompliziertere Vorgänge wie Rekombination, Inversion etc.) und Plasma (hier wäre vor allem die plasmatische Vererbung zu nennen, die ebenfalls an DNS gebunden ist) und schließlich in einer ganzen Population abspielen. Die genannten Tatsachen können jedoch keinesfalls im Sinne des Neolamarckismus ausgelegt werden. Sie demonstrieren vielmehr die Tragfähigkeit der DNS-Theorie der Vererbung in weiten Bereichen.

In zunehmendem Maße wird über die Aufdeckung bestimmter Strukturen auf biochemischer oder morphologischer Ebene die Gesetzmäßigkeit ihrer Funktion aufgeklärt.

Der "Wirkungsmechanismus" muß vom Biologen notwendigerweise von mehreren, eng miteinander zusammenhängenden Seiten untersucht werden. So sind es im weitesten Sinne chemische und physikalische Gesetze, die der Replikation und Synthese der DNS, der genetischen Transkription und Proteinsynthese zugrundeliegen, die spezifische Struktur (spezifische Basensequenz) ist jedoch allein daraus nicht mehr abzuleiten. Sie ist das Produkt einer biologischen Evolution der gesamten Art und enthält Muster und Anordnungen, die sich, einmal entstanden, biologisch "bewähren" mußten, in ihrer Endwirkung auf den vermehrungsfähigen Organismus in einem gegebenen Milieu.

Im Zusammenhang damit wurde auch die mechanische Matrizenvorstellung, die ein historisch notwendiges Durchgangsstadium war, durch eine qualitativ neue Theorie "aufgehoben". Mehr und mehr Einzelheiten über die spezifische Stellung des genetischen im organischen Gesamtsystem lassen sich naturwissenschaftlich konstatieren. Versuche, auf hypothetischem Wege mechanische Vorstellungen in Bereiche zu projizieren, in denen sie fehl am Platze sind, werden sich nicht mehr durchsetzen können.

Es ist in Einzelheiten zu begründen, daß immer mehr objektiv-dialektische Beziehungen in diesem Bereich aufgedeckt werden. Die DNS-Theorie der Vererbung ist gesichert, ebenso sicher ist es jedoch, daß es unter heutigen Naturbedingungen eine Replikation der DNS nur in der Zelle gibt. Die hier existierenden Beziehungen sind nicht gewöhnliche "Wechselwirkungen" im mechanischen oder in einem spekulativ-diffusen Sinne. Umgekehrt bricht das genau abgestimmte und regulationsfähige Funktionssystem der Zelle früher oder später ohne die spezifische Funktion des genetischen Systems zusammen, ohne reproduziert werden zu können.
Es ist gut bekannt, auf welche Art die spezifische Enzymsynthese der Zelle durch das genetische Material determiniert und gesteuert wird. Umgekehrt ist für jeden Schritt der Protein- und auch der DNS-Synthese ein bereits vorhandenes Enzym oder Enzymsystem notwendig. Diese wechselseitige Bedingtheit hat nichts mit einer früher mitunter behaupteten unmittelbaren genetischen Aufnahme und Speicherung von "Information" durch Umwelteinflüsse auf den einzelnen Organismus bzw. die einzelne Zelle zu tun, sondern ist als Einheit qualitativ unterschiedlicher Seiten eines materiellen Systems zu verstehen. Derartige Prozesse sind ihrem Typ nach bisher in der Geschichte der Wissenschaft erstmalig von KARL MARX in der politischen

Ökonomie für die Reproduktion des Kapitals als "gesellschaftliches Verhältnis" genauer dargestellt und als objektiv dialektisches Verhältnis ausgewiesen worden (MARX, ENGELS). Sie schließen ein, daß das Gesamtsystem nur durch einen ununterbrochenen fortschreitenden materiellen Prozeß zu erklären ist.

Die theoretische Tragfähigkeit der DNS-Theorie darf nicht dazu verleiten, bei extremen Vereinfachungen stehenzubleiben. Dennoch ist sie wissenschaftshistorisch betrachtet eine "Schlüssel"-Theorie, die es gestattet, weite Zusammenhänge im biologischen Geschehen herzustellen und auf eine gut gesicherte Grundlage zu stellen, also der Leistung des KOPERNIKUS in der Astronomie vergleichbar.

Gerade die Kenntnis derartiger wesentlicher Gesetzmäßigkeiten schafft und erweitert die Möglichkeit des Menschen, biologische Vorgänge zu beherrschen und z.T. sogar direkt in Vererbungsprozesse einzugreifen. Es ist auch von ihrem Erkenntniswert her erklärlich, daß damit die gesellschaftliche Relevanz der modernen Genetik sprunghaft ansteigt.

LITERATUR

BIELKA, H., Molekulare Biologie der Zelle, Jena 1969

BÖHME, H. und ADLER, B., in: GEISSLER, E., DNS-Schlüssel des Lebens, Berlin 1970

FUHRMANN, W., Naturwiss. Rdsch., 21 (1968), 1

HARTMANN, K.M. (In Vorbereitung)

JACOB, F. und MONOD, J., J. mol. Biol., 3 (1961), 318

KARLSON, P. (Hrsg.), 18. Colloq. d. Ges. f. physiol. Chem., Mosbach 1967

MARX, K. und ENGELS, F., Werke, Bd 20, 319 und Bd 23, 22, Berlin 1962

SCHRÖDINGER, E., Was ist Leben?, Berlin, Frankfurt/M. 1946

WEBER, G., LEA, M.A., CONVERY, J.H. und STAMM, N.B., Adv. Enzyme Regulation, 5 (1967), 257

DISKUSSION

GEISSLER: Mir ist nicht ganz wohl, wenn ich höre, die von den "klassischen" Genetikern früher behauptete Stabilität des genetischen Materials sei für den marxistisch-leninistischen Philosophen aus prinzipiellen Gründen nicht annehmbar gewesen. Zwar kann man die Gültigkeit bestimmter Befunde und vor allem ihre Interpretation anzweifeln - man muß aber doch auch in Rechnung stellen, daß es gewisse Befunde gibt, die zunächst mit der Theorie nicht vereinbart werden können und die eine Überarbeitung gewisser philosophischer Aussagen erforderlich machen! Im übrigen zeigt gerade dieses Problem, daß zumindest hier die (wie wir unterdessen wissen) berechtigten Einwände der Philosophen nicht zur Lösung des Problems geführt haben: Direkte Untersuchungen (mit markierten Materialien zum Beispiel) über die Stabilität des genetischen Materials hatten stets weitgehend das gleiche Ergebnis. Die Lösung kam dann völlig durch die Hintertür, im Ergebnis von strahlenbiologischen Untersuchungen.

THOMAS: In der marxistisch-leninistischen Philosophie ist es auf jeden Fall ein grober Fehler, wenn man aus irgendwelchen abstrakten Prinzipien versucht zu deduzieren, ohne den Sachverhalt zuvor genügend untersucht zu haben. Das würde ihrem materialistischen Grundsatz zuwiderlaufen, die objektive Realität, die wirkliche Welt als primär gegenüber dem Denken zu betrachten. Es kann der Fall eintreten, daß man zu Widersprüchen kommt, die zur Zeit nicht zu lösen sind, weil man diesen Sachverhalt noch nicht ausreichend kennt, um eine eindeutige Entscheidung zu treffen. Ich halte das für normal, und es wird sicherlich niemals so sein oder sollte nicht so sein, daß sich der Philosoph für denjenigen hält, der absolut und in jeder Frage immer recht hat. Aber es gibt eine Reihe von gesicherten Aussagen, die auch für den Philosophen gelten und an denen er aus guten Gründen festhält oder andere, die er bezweifelt, wie z.B. die Behauptung einer absoluten Stabilität des genetischen Materials. Wenn ein Naturwissenschaftler dann antwortet: "Ja, mir leuchtet das ein, aber ich kann im Augenblick nicht nachweisen, ob das für den vorliegenden Fall zutrifft", dann ist das ein Widerspruch, der noch zu lösen ist, und zwar durch detaillierte einzelwissenschaftliche Untersuchung. Man sollte daran denken, daß die marxistisch-leninistische Philosophie dialektisch ist, das heißt, auch derartige Widersprüche, die in der Entwicklung jeder Wissenschaft häufig auftreten und einen Antrieb ihrer

Entwicklung bilden, sind als normale Erscheinung zu betrachten. Eine Lösung suchen heißt nicht, in persönlichen Kontroversen zu beharren. Ich will noch eine historische Bemerkung anknüpfen: Wir hatten ja auch in der Entwicklung der Zusammenarbeit von Naturwissenschaftlern und Philosophen verschiedene Stufen. Es gab einmal sehr unbefriedigende Stufen, aber diese Tagung zeugt davon, daß wir ganz gewaltige Fortschritte von beiden Seiten gemacht haben. Ich wollte nicht einen faulen Zauber provozieren, sondern mir war es bewußt, daß sich bei dieser Formulierung nicht nur bei einem die Haare sträuben würden. Aber ich glaube, daß, wenn man das Resümee auch von der gesellschaftlichen und von der politischen Seite sieht, dann ist ein gesundes Ergebnis erreicht.

SEGAL: Im Gegensatz zu Prof. GEISSLER muß ich Dr. THOMAS beipflichten, die Philosophie hat das Recht und auch die Pflicht, einen warnenden Finger zu erheben, wenn auf dem Gebiet einer Einzelwissenschaft Meinungen geäußert werden, die zu allgemeinen Erfahrungen und Grundprinzipien in Widerspruch stehen. (Die viel bedenklichere Unsitte des Abwürgens derartiger Meinungen wird, meines Wissens, vorzugsweise von den Naturwissenschaftlern gehandhabt.) Auch kann ich auf Grund eigener Erfahrungen nicht der Ansicht zustimmen, die Philosophie könne dem Experimentalwissenschaftler keine reelle Hilfe bieten. Aufgabe der Philosophie ist es, den Weg von Einzelerfahrungen zu Verallgemeinerungen zu bahnen. Daraus erwächst eine Fülle von Hinweisen, die geeignet sind, den Naturwissenschaftler in der Wahl seiner Hypothesen zu unterstützen. Aber damit die uns von der Philosophie dargebotenen Informationen wirksam werden, müssen wir sie zur Kenntnis nehmen. Die Erarbeitung einer Denkmethode erfordert nicht weniger Arbeit als die einer Laboratoriumstechnik. Ich habe meiner philosophischen Weiterbildung etwa die gleiche Zeit gewidmet wie meiner Fortbildung in Mathematik oder Physik, und ich kann aus dieser Sicht erklären, daß sich der damit verbundene Arbeitsaufwand auch für den Experimentalwissenschaftler durchaus lohnt.

GEISSLER: Auf dieser Basis können wir uns gern einigen! Gegen einen "warnenden Finger", der etwa von seiten der Philosophen erhoben wird, habe ich überhaupt nichts einzuwenden - im Gegenteil, hier würde ich einen wesentlichen Ansatzpunkt für eine konkrete, fruchtbare Unterstützung der Fachwissenschaftler durch unsere Philosophen sehen.

PAWELZIG: Zur Rolle der Philosophie würde ich noch ergänzen, daß sie nicht nur als "warnendes Prinzip" in der einzelwissenschaftlichen Forschung aufzutreten hat, sondern auch, um in bestimmten Situationen das Blickfeld zu erweitern. Es sind ja oft ähnliche Probleme - entweder historisch oder auch gleichzeitig - in anderen Wissenschaften aufgetreten. Die Tatsache, daß man bestimmte methodologische Schwierigkeiten, die in anderen wissenschaftlichen Bereichen historisch früher aufgetreten sind, nicht auf demselben Weg wieder durchexerzieren muß, beweist, daß eine Wissenschaft von der anderen lernen kann, über den Weg der Philosophie, durch die Analyse des Allgemeinen, des sich in der Wissenschaft im Konkreten Widerholenden. Das zeigt sich an so vielen einzelnen Details und Problemstellungen, daß wir eigentlich unsere jüngeren Philosophen immer wieder warnen müssen, sich nicht zu sehr in eine einzelne Einzelwissenschaft einzuarbeiten, weil sie dann den Blick für diese Vermittlungsfunktion verlieren. Das ist eine Konsequenz dieser Funktion, um in ihr produktiv zu bleiben. ENGELS hat in der "Dialektik der Natur" gesagt, daß man, wenn es um Terminologie und Formulierungen des betreffenden naturwissenschaftlichen Sachverhalts geht, dem Philosophen eine gewisse Toleranz einräumen solle, wie auch dem jeweiligen Fachwissenschaftler in der philosophischen Terminologie. Ich glaube, das hat sich im Laufe unserer gemeinsamen Arbeit schon recht gut eingespielt. In der Vergangenheit wurde die Diskussion natürlich teilweise auch dadurch belastet, daß diese gegenseitige Toleranz manchmal nicht eingeräumt wurde.

ZUR ROLLE DER DIALEKTIK IM MOLEKULARBIOLOGISCHEN DENKEN

MICHAEL THEILE

Sektion Biologie, Forschungsgruppe Mikrobengenetik der Universität Rostock

Die Molekulargenetik, oder allgemeiner Molekularbiologie, ist nicht nur eine der führenden Disziplinen der Biologie geworden, deren Anspruch und Stellung im Gesamtsystem der Naturwissenschaften ständig wächst und deren unmittelbare Konsequenzen für den Menschen die vorrangige Thematik dieser Tagung bilden, ihre Fragestellungen besitzen darüber hinaus auch höchste wissenschaftstheoretische Bedeutung, und zwar sowohl hinsichtlich ihrer Entstehungsgeschichte, als auch ihrer zukünftigen Rolle im Rahmen biologischer Theorienbildung, sowohl hinsichtlich ihrer Verflechtung mit anderen Wissenschaftszweigen, als auch hinsichtlich der Frage biologischer Eigengesetzlichkeit. Aus der Fülle dieser vorwiegend methodologisch-erkenntnistheoretischen Probleme möchte ich anhand von Beispielen einige Aspekte der "Dialektisierung" molekularbiologischen Denkens behandeln. Insbesondere soll dabei das Verhältnis zwischen Physik und Molekularbiologie berücksichtigt werden. Es ist kein Zufall, daß die Fragestellungen, die die Entstehungsgeschichte der Molekulargenetik kennzeichnen, im gleichen Maße biologische Fragestellungen waren wie philosophische. Vor allem die Ergebnisse der modernen Physik hatten bei einigen Wissenschaftlern die innere Bereitschaft geschaffen, zur Frage der Möglichkeit einer vollständigen Beschreibung lebender Organismen Stellung zu nehmen. Eine wichtige Rolle hat hierbei das BOHRsche Komplementaritätsprinzip gespielt, das sich in seiner ursprünglichen Form bekanntlich auf der philosophischen Grundlage des Positivismus entwickelte und der Versuch war, die mit der Quantentheorie neu entdeckten Züge der Natur logisch widerspruchsfrei zu erklären. Die Raum-Zeit-Darstellung und die Forderung der Kausalität wurden als komplementäre, einander ausschließende Möglichkeiten der Beschreibung der Natur aufgefaßt. Damit wurde die durchgängige Gültigkeit der Kausalität durch den Begriff der Komplementarität ersetzt und in der Konsequenz die Objektivierbarkeit der Naturerkenntnisse in Frage gestellt.
Wenn das Komplementaritätsprinzip trotz seines in dieser Form agnostizistischen

Charakters eine entscheidende Rolle bei der Entstehung der Molekulargenetik gespielt hat, so liegt das zweifelsohne an seinem rationellen Kern. Seinem Inhalt nach ist es - so schreibt H. VOGEL - "kein spezifisch physikalisches oder naturwissenschaftliches Prinzip, sondern ein philosophisch-methodologischer Grundsatz, der eine bestimmte philosophische Aussage über eine Eigenart der Struktur der Wirklichkeit enthält. Diese Aussage betrifft im Grunde genommen die dialektische Erkenntnis von der Einheit und der Wechselwirkung gegensätzlicher Momente in der Struktur bzw. Entwicklung der Realität". NIELS BOHR selbst hatte den Komplementaritätsgedanken auf den Bereich der lebenden Natur angewandt, und gerade auch BOHR hat seine früheren positivistischen Auslegungen revidiert. Betrachtete er anfänglich "die Existenz des Lebens als eine Elementartatsache..., für die keine nähere Begründung gegeben werden kann und die als Ausgangspunkt für die Biologie genommen werden muß, in ähnlicher Weise wie das Wirkungsquantum... zusammen mit der Existenz der Elementarpartikel die Grundlage der Atomphysik ausmacht" (BOHR), so begründete er später das Prinzip der Komplementarität mit der außerordentlichen Kompliziertheit der lebenden Organismen als einheitliches Ganzes. Im Jahre 1962, kurz vor seinem Tode, betonte er, daß beim Studium regulatorischer biologischer Mechanismen "keine scharfe Unterscheidung gemacht werden kann zwischen der Feinstruktur dieser Mechanismen und den Funktionen, die sie bei der Aufrechterhaltung des Lebens im Organismus erfüllen".

Die Entwicklung der Molekularbiologie ist gekennzeichnet von der allmählichen Herausbildung der dialektischen Erkenntnis der Einheit von Wechselwirkung gegensätzlicher Eigenschaften und Prozesse im Bereich der lebenden Natur. Gleichzeitig zeigt sie aber auch, daß es in der Wissenschaftsentwicklung bestimmter Abschnitte - um mit FROLOV zu sprechen - "Wachstumspunkte" gibt, "die man nicht überspringen kann und darf".

Unter dem Einfluß des Komplementaritätsgedankens und dem der inzwischen entdeckten Mutationsauslösung durch ionisierende Strahlen begannen in den dreißiger Jahren die Diskussionen über die Beschaffenheit des Gens, über Genmutationen und in der Folgezeit über die Natur der Reproduktion lebender Organismen. DELBRÜCK, der maßgeblich an dieser Entwicklung beteiligt war, schreibt dazu: "BOHRS Vorschlag von einer Komplementaritätssituation in der Biologie analog derjenigen in der

Physik" ist für ihn "das ursprüngliche Motiv für das Interesse an der Biologie gewesen" (DELBRÜCK).

Wenngleich - wie DELBRÜCK später resümierte (DELBRÜCK) der Weg zur Aufklärung der Natur des Gens eindeutig an der Strahlengenetik vorbeiführte, so hatten doch die damaligen, heute sehr eigenartig anmutenden Vorstellungen vom Gen als etwas in chemischen Maßstäben nicht Faßbares, von einer "autonomen" Genetik, die nicht "vermischt sein muß mit physikochemischen Konzeptionen" (DELBRÜCK) einen wichtigen heuristischen Wert für die Geburt der Molekulargenetik: In seiner bekannt gewordenen Schrift "Was ist Leben?" (SCHRÖDINGER) aus dem Jahr 1945 griff ERWIN SCHRÖDINGER das - wie er es bezeichnete - "quantenmechanische" Genmodell DELBRÜCKS auf. Er ging von der optimistischen Konzeption der Erkennbarkeit der Natur des Lebens mit den Mitteln der Physik aus und fragte nach der Natur der Erbsubstanz und den Gründen ihrer Beständigkeit. Dabei vertrat er die Meinung, "... daß die lebende Materie zwar den bis jetzt aufgestellten 'physikalischen Gesetzen' nicht ausweicht, wahrscheinlich aber doch bisher unbekannten 'anderen physikalischen Gesetzen' folgt, die einen ebenso integrierten Teil dieser Wissenschaft bilden werden wie die ersten, sobald sie einmal klar erkannt sind". Über die Bedeutung dieses Buches schreibt DELBRÜCK-Schüler STENT rückblickend: "Diese Suche nach dem physikalischen Paradoxon, diese eines Don Quichotte würdige Hoffnung, die Genetik könne im Rahmen der konventionellen Physik nicht begreiflich sein, blieb ein wesentliches Element der psychologischen Infrastruktur der Schöpfer der Molekularbiologie". Die Molekularbiologie führte zwar nicht zu "anderen physikalischen Gesetzen", sie bestätigte aber SCHRÖDINGERs im Grunde materialistische Vorstellungen, daß die Erbfaktoren in bestimmten molekularen Strukturen der Zelle verankert sind. (Der experimentelle Beweis hierfür erfolgte bereits ein Jahr vorher, 1944, durch AVERY und Mitarb., blieb aber vorläufig unter den Biologen unbeachtet.) Die Natur des genetischen Materials erwies sich als wesentlich einfacher als man angenommen hatte. STENT schreibt dazu - vielleicht etwas aphoristisch -: "Keinem Paradoxon war man begegnet, keine 'anderen physikalischen Gesetze' waren aufgetaucht. Knüpfen und Schmelzen von Wasserstoffbrücken - das scheint alles zu sein, was man zum Verständnis der Wirkungsweise des genetischen Materials wissen muß" (STENT).

Neben der vorwiegend heuristischen Rolle, die die in Form des Komplementaritätsprinzips sich allmählich durchsetzenden dialektischen Vorstellungen spielten, blieb aber auch generell für die Entstehung der Molekularbiologie eine Komplementaritätssituation symptomatisch. Ich meine die von Anfang bestehende Trennung der Molekularbiologen in Strukturalisten und Informationalisten, wie sie beispielsweise von Kendrew (KENDREW) charakterisiert wurde: In der britischen Schule, die auf die Röntgenkristallographie (W.H. BRAGG und W.L. BRAGG) und auf die frühen Untersuchungen biologischen Materials mit Röntgenstrahlen zurückgeht, lag die Betonung auf der Kenntnis der Struktur als dem einzigen Weg zum Verständnis biologischer Funktionen, unter denen Information ein wichtiges Beispiel, keineswegs aber das einzige war. Es wurden Methoden der Aufklärung der dreidimensionalen Struktur biologischer Makromoleküle (vor allem Proteine) entwickelt, und es wurde weniger auf genetische Probleme Bezug genommen.

Die mit der Phagengruppe um DELBRÜCK und LURIA entstandene informationalistische oder "eindimensionale" Schule hatte die biologische Information zum zentralen Thema. Hier stand die Genetikder Mikroorganismen im Vordergrund und zwar auf der Ebene eines "eindimensionalen molekularen Informationsträgers", der nur allmählich als DNS-Molekül Gestalt annahm.

Dieser Spaltung, die selbst durch das Doppelhelix-Modell der DNS nicht überwunden werden konnte, lag - wie STENT berichtet (STENT) - eine unterschiedliche Einstellung zum Verhältnis zwischen Physik und Biologie und besonders zur Biochemie zu Grunde.

Es scheint, daß die Voreingenommenheit für die Struktur von dem Gedanken herrührte, alle biologischen Phänomene könnten letztlich mit den Begriffen der konventionellen Physik beschrieben werden, während für die Informationalisten kaum eine gemeinsame Basis für die Genetik einerseits und die Physik und Chemie andererseits bestand. Bekanntlich hatte bereits auch die klassische quantitative Genetik, die mit "Vererbungsfaktoren" und "phänotypischen Charakteren" operierte, ohne auf deren noch unbekannte materielle Struktur Bezug zu nehmen, eine relative Blüte erlangt. Bestand also einerseits die Annahme, die Physik könne entscheidende Beiträge für die Biologie liefern, so hoffte man andererseits - angeregt durch SCHRÖDINGER - die Biologie könne entscheidende Beiträge für die Physik liefern.

Ohne daß ich die zuletzt aufgeworfene Frage in ihrer Komplexität hier diskutieren will (THEILE), so beweist doch die geschilderte bis in die jüngste Vergangenheit reichende Situation überzeugend die Notwendigkeit dialektischen Herangehens an die materiellen Grundlagen der Genetik:

Eine von der physikalisch-chemischen Struktur losgelöste Betrachtungsweise führt in der Konsequenz allzu leicht zu idealistischen Spekulationen; ebenso falsch war es, durch schöpferisches Denken entworfene revolutionierende Hypothesen der "eindimensionalen" Schule von vornherein deshalb zu leugnen, weil sie die Frage nach der materiellen Struktur zunächst ausklammerte. Die alleinige Betonung der Struktur hingegen versperrte den Weg zur Erkenntnis der Grundlagen der Vererbung als besonderes ganzheitliches System, das in wechselseitiger Bedingtheit mit Systemen einer anderen Stufe biologischer Organisation steht. Doch werden auch auf dem Gebiet der Genetik die Forscher einfach dazu gezwungen, zur Erkenntnis der objektiven Dialektik der Natur vorzustoßen. Beredtes Beispiel hierfür ist die Entdeckung der WATSON-CRICK-Struktur der DNS, die als Ergebnis einer ersten realen Verbindung zwischen den beiden Schulen entstand.

Heute erfordert beispielsweise die Aufklärung der Regulation der Gen- und Stoffwechselaktivität, der Funktionen von Ribosomen, von transfer-RNS, Kenntnisse über die Protein-Nukleinsäure-Wechselwirkung und über allosterische Effekte bei Multienzymkomplexen und anderen Makromolekülen. Das heißt, es werden genaueste Angaben über die dreidimensionale Struktur von Proteinen und Nukleinsäuren verlangt. Diese Angaben sind gleichzeitig nur möglich bei Kenntnis der Aminosäure-Sequenzen der Proteine und damit der genetischen Information. WOLKENSTEIN (WOLKENSTEIN) kennzeichnet die spezifisch biologischen Eigenschaften biologischer Makromoleküle treffend mit dem Ausdruck "Konformationskooperativität". Die heute im Vordergrund stehende Analyse der Feinstruktur von Genen und die begonnene Totalsynthese von Genen ist ein Ausdruck für die Selbstverständlichkeit, mit der ursprünglich diametral entgegengesetzte Betrachtungsweisen zu einem umfassenderen Bild von den Lebenserscheinungen auf molekularer Ebene verwuchsen.

Dialektisch-materialistische Verallgemeinerungen, die aus der Aufklärung der Vererbungsmechanismen gewonnen werden können, sind eine Hilfe für die Lösung der großen noch offenen Fragen der Biologie, bei denen nicht allein das Experiment, sondern auch die richtige Methodologie, eine dialektische Auffassung von den Prozessen der lebenden Natur von Bedeutung ist. Insbesondere gilt es, zu einem tieferen Verständnis des Determinismus in den hochkomplexen lebenden Systemen zu gelangen. Jede der in der Biologie aufeinander folgenden Ebenen, molekulare Ebene, Zellebene, individuelle oder Organismenebene, Populationsebene, Biosphäre, so schreibt WOLKENSTEIN,"schließt die vorhergehende in sich ein, ist in bezug auf sie integral und wird durch spezifische Gesetzmäßigkeiten charakterisiert". Die Feststellung, daß die Lebenserscheinungen den Gesetzen der Physik und Chemie unterliegen, diese aber nicht schlechthin zur Beschreibung des Lebens ausreichen, ist zwar heute zunehmend Allgemeingut geworden, jedoch bedarf es eines Verständnisses der echten dialektischen Einheit von Struktur und Funktion, Teil und Ganzem, Zufall und Notwendigkeit. Es bedarf beispielsweise tieferer Einsichten in die biologische Variabilität, die ein entscheidendes Element der Komplexität lebender Materie darstellt. Hier spielt der objektive Zufall eine große Rolle, und zwar nicht so sehr - wie z.B. in der klassischen Physik - als Durchsetzung strenger Notwendigkeiten, sondern als Verwirklichung potentieller Möglichkeiten, wie das von HÖRZ und von FUCHS-KITTOWSKI dargelegt wurde.

Gerade in diesem Zusammenhang liefern die neueren molekulargenetischen Einsichten in das Phänomen der Mutagenese wertvolle Ansatzpunkte, auf die ich abschließend eingehen möchte.

Es zeigte sich, daß neben zufälligen Momenten bei der Mutationsentstehung klar erfaßbare Beziehungen auftreten. So wurde die Ausbildung bestimmter Mutationstypen mit der Fähigkeit der Organismen in Zusammenhang gebracht, bestimmte Reparaturprozesse an ihrem eigenen genetischen Material auszuführen. Die Reparatur von durch Strahlung und anderen Noxen verursachten Schäden kann in Abhängigkeit von der genetischen Konstitution und vom Schadenstyp zu einer Verringerung oder Erhöhung der Mutationsrate führen. Auch die sogenannte "spontane" oder natürliche Mutabilität steht zu einem gewissen Grade unter enzymatischer Kontrolle und ist - wenigstens teilweise - durch fehlerhaft ablaufende Reparaturprozesse bedingt. Die von den Organismen entwickelte Fähigkeit zur Reparatur scheint einen in der Evolution vollzogenen Kompromiß zwischen Stabilität und Variabilität darzustellen. Bei verschiedenen Organismen wurden "Mutatorgene" entdeckt, die die spontante Mutationsrate beträchtlich beeinflussen. - Es wurden Polymerasemutanten gefunden, bei denen durch Fehler während der DNS-Replikation entweder gehäuft oder auch außerordentlich wenige Mutationen entstehen. - Es gibt Suppressormutationen, die in der Lage sind, bestimmte Mutationstypen zu kompensieren. - Es gibt vermutlich "hot spots", das sind Chromosomenabschnitte, in denen besonders häufig Mutationen auftreten. - Die Palette von Beispielen ließe sich fortsetzen (GRUMMT), die zeigen, daß zufällige Faktoren der Mutagenese (z.B. bei der primären Einwirkung mutagener Noxen oder im Verlaufe der Selektion von Mutanten) in objektivem Zusammenhang stehen mit Kausalketten innerhalb des Systems, die durch Reparaturmechanismen, Rekombination, Replikation, Transkription, Translation und andere Prozesse bestimmt sind. Hier liegt m.E. ein solches Verhältnis von Erstmaligkeit und Bestätigung vor, wie das Herr v. WEIZSÄCKER vorhin beschrieben hat. Obgleich in der Mutationsforschung heute noch viele entscheidende Fragen einer Lösung harren, demonstriert sie doch deutlich das Vorliegen eines echten dialektischen Determinismus. Die Erkenntnis der im Bereich des Lebenden wirkenden Gesetzmäßigkeiten ist eng mit der weiteren Erarbeitung einer konsequenten dialektisch-materialistischen Determinismuskonzeption verbunden.

Die experimentelle Forschung und philosophische Wertung der gewonnenen Erkenntnisse werden weitere Zusammenhänge aufdecken, die sowohl in lebenden Systemen ablaufenden komplexen physikalisch-chemischen Prozesse erfaßt, als auch die Art und Weise, nach der diese Prozesse lebenden Organismus als Ganzes räumlich und zeitlich miteinander verbunden sind.

LITERATUR

BOHR, N., Licht und Leben, Naturwissenschaften 21 (1933), 245

BOHR, N., Licht und Leben - noch einmal, Naturwissenschaften 50 (1963), 725

DELBRÜCK, M., in: TIMOFEEFF-RESSOVSKY, N.W., ZIMMER, K.G., DELBRÜCK, M., "Über die Natur der Genmutation und der Genstruktur", Nachrichten Ges. Wiss. Göttingen VI, N.F. 1 (1935), 189

DELBRÜCK, M., A Physicist Looks at Biology, Transactions of the Connecticut Academy of Arts and Sciences 38 (1949), 173

DELBRÜCK, M., Ein Physiker betrachtet erneut die Biologie - zwanzig Jahre später, (deutsche Übersetzung des Nobelvortrages 1969), Wiss. u. Fortsch. 20 (1970), 4, 172

FROLOV, I.T., Die Philosophie des Leninismus, die Dialektik und die moderne Naturwissenschaft, DZfPh 18 (1970), 5, 523

FUCHS-KITTOWSKI, K., Kybernetik in der molekularen Biologie, DZfPh 13 (1965), 3, 290

FUCHS-KITTOWSKI, K., Probleme des Determinismus und der Kybernetik in der molekularen Biologie, Gustav Fischer Verlag, Jena (1969), 209

GRUMMT, F., Philosophische Aspekte der Mutagenese, Wiss. u. Fortsch. 18 (1968), 10, 452

HÖRZ, H., WERNER HEISENBERG und die Philosophie, Deutscher Verlag der Wissenschaft, Berlin (1968), 200

KENDREW, J.C., How Molecular Biology started, Scientific American 216 (1967), 141

SCHRÖDINGER, E., Was ist leben, Leo Lehnen Verlag, München 1951

STENT, G.S., in: CAIRNS, J., STENT, G.S., WATSON, J.D., Phage and the Origins of Molecular Biology, Cold Spring Harbor, New York (1966)

STENT, G.S., That was the molecular biology that was, Science 160, (1968), 390

STENT, G.S., The Coming of the Golden Age, The Natural History Press, Garden City, New York (1969), 17

THEILE, M., Zur Eigengesetzlichkeit lebender Materie - Gedanken über das Verhältnis zwischen Biologie und Physik, Biol. Rundschau (1971) im Druck

VOGEL, H., Physik und Philosophie bei MAX BORN, Deutscher Verlag der Wissenschaften, Berlin (1968), 70

WOLKENSTEIN, N.W., Moleküle und Leben - Einführung in die Molekularbiophysik, Thieme Verlag, Leipzig (1969), 6

DISKUSSION

WÄCHTER: Ich fand ihre Ausführungen sehr interessant und möchte folgende Frage stellen. Beim Vorliegen bestimmter Auffassungen, die einen heuristischen Wert haben, können sich verschiedene Denkwege herausbilden. Sehen Sie eine Möglichkeit, wie man solche inhaltlich bestimmten Hinweise, wie z.B. das Komplementaritätsprinzip hinsichtlich seiner methodischen Funktion bewerten kann?

THEILE: Ich glaube, daß sich der effektive Wert eines wenig erprobten methodischen Prinzips für die Bewältigung neu entstandener Situationen erst in der Zukunft erweisen kann. Beispielsweise ist die heuristische Bedeutung, die das Komplementaritätsprinzip für die Aufklärung des Wesens der Vererbung unmittelbar gespielt hat, schwer zu erfassen. So haben die ursprünglichen Vorstellungen von zu entdeckenden "anderen physikalischen Gesetzen" zwar die molekularbiologische Forschung sehr stark stimuliert, sich aber zumindest im Bereich der Molekulargenetik nicht bestätigt. Die ersten, entscheidenden Einsichten über das Wesen der Vererbung wurden dann gerade ohne direkten Bezug auf eine mögliche Komplementaritätssituation in der Biologie analog derjenigen in der Physik gewonnen.

Andererseits hat das Komplementaritätsprinzip (vor allem in seiner ursprünglichen positivistischen und agnostizistischen Fassung) auch zu Vorstellungen geführt, die sich nicht als richtig erwiesen haben, wie z.B. zur Verstärkertheorie sind bekanntlich nach dem heutigen Stand der Wissenschaft biologische Phänomene nicht dadurch gekennzeichnet, daß mikroskopisch sich abhebenden Endeffekten führen. Damit will ich allerdings nicht den heuristischen Wert von Fehlinterpretationen beispielsweise für das Auffinden geeigneter Problemstellungen bestreiten.

WÄCHTER: Ich meine, daß man nicht alle Dinge, von denen wir ausgehen, oder die wir anwenden, erst dann bewerten kann, wenn sich ein Erfolg zeigt bzw. wenn der entsprechende Prozeß abgeschlossen ist. Daher ist es berechtigt, die Frage nach der Bewertung heuristischer Prinzipien aufzuwerfen. Ein ähnliches Problem auf einer ganz anderen Ebene ist die Bewertung von Prognosen. Die Richtigkeit einer Prognose erweist sich letztlich erst sicher, wenn der prognostizierte Sachverhalt eingetreten ist. Zur richtigen Gestaltung gesellschaftlicher Prozesse ist es jedoch notwendig, Bewertungsmaßstäbe zu finden, die es gestatten, Prognosen bereits vor Eintreten des prognostizierten Sachverhaltes zu bewerten.

FUCHS-KITTOWSKI: Das Komplementaritätsprinzip ist meines Erachtens heuristisch außerordentlich wertvoll, wenn wir in anderen Bereichen der objektiven Realität auf methodologisch vergleichbare Situationen stoßen, wie zum Beispiel bei der Frage nach den Beziehungen von Ganzem und Teil, Struktur und Prozeß lebender Systeme. Ich möchte daher gegen die Formulierung, daß das Komplementaritätsprinzip positivistisch ist, polemisieren und würde sagen: Nicht das Komplementaritätsprinzip ist positivistisch, sondern es kann eine positivistische Deutung erfahren. Zur Klärung dieser Frage kann man zum Beispiel das Gesoräch zwischen BOHR und FOCK heranziehen (FOCK, W.A., Über die Interpretation der Quantenphysik. In: Philosophische Probleme der modernen Naturwissenschaften, Berlin 1962). Wie FOCK berichtet, grenzte sich BOHR in diesem Gespräch ganz eindeutig vom Positivismus ab. Eine andere Frage ist es, ob die Dialektik im Komplementaritätsprinzip schon voll entfaltet ist. Das ist das Problem, das wir zu untersuchen hätten. Sie, Herr THEILE, haben ja selbst WOLKENSTEIN angeführt, der meiner Meinung nach zu Recht deutlich macht, daß es nicht genügt, ausgehend von dem BOHR'schen Komplementaritätsprinzip, einmal allein rein physikalisch-chemische Gesetzmäßigkeiten zu untersuchen und dann eben biologische Gesetzmäßigkeiten nur als Ergänzung hinzuzufügen. Ein dialektisch-materialistisches Verständnis der engen Beziehungen zwischen Physik, Chemie und Biologie steht sowohl dem Vitalismus als auch dem Mechanismus entgegen. Es muß jedoch auch über die Konzeption der verallgemeinerten Komplementarität hinausgehen, derzufolge biologische Gesetze als Ergänzung physikalisch-chemischer Gesetze zu verstehen sind. Wir müssen deutlich machen, daß wir einen einheitlichen biologischen Prozeß vor uns haben und nicht einerseits "rein" physikalische und andererseits "rein" biologische Phänomene. Ganzheit, Struktur, Variabilität sind für das lebende System wichtig, aber nicht als etwas Zusätzliches, sondern als etwas, das den "rein" physiko-chemischen Prozeß modifiziert.

PAWELZIG: Über den Wert oder Unwert von Prinzipien können wir sicher in einigen Fällen vorläufige Abschätzungen geben, bevor wir das im Rahmen der Resultate prüfen. Aber ich meine, generell können wir sicher sagen, es gibt kein Prinzip, das einen unendlichen Wert besitzt, insofern ja das Prinzip für einen anderen Sachverhalt ja manchmal indirekt bewußt, wenn wir ein von einem bestimmten Sachverhalt hergenommenes Prinzip verwenden und schon bestimmte Abstriche in bezug auf die komplexe Anwendung oder auf den konkreten Inhalt vornehmen. Die Bestrebungen der letzten Zeit, Wertabschätzungen vorzunehmen, sind notwendig. Darüber muß man sich Gedanken machen, bevor man an die eigentliche Arbeit geht. Wir dürfen darüber aber die eigentliche Arbeit nicht vergessen. Sonst kommt auch nichts dabei heraus.

THOMAS: Es gibt Möglichkeiten der Bewertung von theoretischen Prämissen der Arbeit des Naturwissenschaftlers. Eine Möglichkeit ist die Prüfung der Verträglichkeit mit dem gesicherten Wissen, eine andere das Experiment, das ja kein Abschluß, sondern nur eine wesentliche Phase der Arbeit des Naturwissenschaftlers ist. Die Entscheidung ist also nicht in jedem Fall erst nachträglich möglich.

THEILE: Ich möchte Herrn FUCHS-KOTTOWSKI erwidern, daß ich nicht behauptet habe, das Komplementaritätsprinzip sei positivistisch, sondern daß es in seiner von BOHR ursprünglich formulierten Fassung positivistisch war.

FUCHS-KITTOWSKI: Auch wenn es richtig ist, daß es offensichtlich eine Entwicklung in den Auffassungen von Vertretern der Kopenhagener Schule gibt, daß NIELS BOHR durch bestimmte Formulierungen eine subjektivistische Interpretation der modernen Quantenphysik gefördert hat und sich erst in der weiteren Diskussion, nicht zuletzt mit sowjetischen Physikern, einem materialistischen Standpunkt genähert hat, so rechtfertigt dies jedoch meines Erachtens auch nicht die Formulierung, daß BOHR positivistisch eingestellt war, beziehungsweise, daß das Komplementaritätsprinzip in seiner ursprünglich von ihm formulierten Fassung positivistisch war.
Das Prinzip selbst ist und war nicht positivistisch, sondern kann und konnte eine positivistische Interpretation erfahren, da hier, wie schon erläutert wurde, die Dialektik noch nicht voll entfaltet ist.

INFORMATION, IHRE SPEICHERUNG UND VERARBEITUNG IN BIOMOLEKULAREN SYSTEMEN

KLAUS FUCHS-KITTOWSKI

Zur Bedeutung der Leninschen Hypothese von der Widerspiegelung als eine allgemeine Eigenschaft der Materie

Sektion Wissenschaftstheorie und Wissenschaftsorganisation der Humboldt-Universität Berlin

Das Leben beruht auf einer qualitativen besonderen Wechselwirkung, eines ganzheitlichen Systems physikalisch-chemischer Prozesse, die unter den Bedingungen einer bestimmten strukturellen und biochemischen Organisation ablaufen. Leben ist die Chemie von Molekülen, die in der Lage sind, andere Moleküle selektiv zu unterscheiden (elementare Identifizierungs- bzw. Erkennungsleistungen) zeigen und damit die Fähigkeit besitzen, sich anzupassen und zu selektionieren sowie selektioniert zu werden. Dies führt einmal zu der Aussage, daß, wenn schon die Chemie das Phänomen der Information kennt und offensichtlich erst dieses Niveau zur Biologie hinführt, dann auch wesentliche Seiten der biologischen Qualität durch die Untersuchung der Informationsrelationen zu erfassen sind. Weiterhin führt es zum Begreifen der Bedeutung der LENINschen Hypothese, daß die Fähigkeit zur Widerspiegelung möglicherweise eine allgemeine Eigenschaft der Materie ist.

Es sollen hier diese beiden miteinander zusammenhängenden Problemkreise berührt werden. Es geht einmal um die Probleme der Informationsverarbeitung in biomolekularen Systemen und sich daraus ergebende philosophische Diskussionspunkte sowie zum anderen um Probleme der philosophischen Deutung des Informationsbegriffs.

1. Problemkreis (Informationsspeicherung und -verarbeitung): Mit Hilfe allgemeiner kybernetischer Denkmodelle lassen sich hinsichtlich ihres Verhaltens allgemeine Typen der Organisation angeben (FUCHS-KITTOWSKI). So können z.B. unterschieden werden:

1. Organisationen, die ihr Zielsystem und daraus resultierende Sollwerte von außen gesetzt bekommen und deren Verhalten allein von außen bestimmt wird (Steuerung).

2. Organisationen, die ihr Zielsystem (z.B. Sollwerte) von außen gesetzt bekommen, die jedoch ihr Verhalten selbst so verändern, daß diese Sollwerte erreicht werden (Anpassungsverhalten 1. Art: Regelung).

3. Organisationen, die ihr Zielsystem nicht detailliert von außen gesetzt bekommen, sondern in der Lage sind, in Wechselbeziehung mit der Umwelt auf der Grundlage eines vorgegebenen Wertsystems Sollwerte selbst zu entwickeln (Anpassungsverhalten 2. Art: algorithmisiertes Lernverhalten).

4. Organisationen, die ausgehend von einer vorgegebenen allgemeinen Zielsetzung und Bewertungsmaßstäben ihr konkretes Ziel und Wertsystem selbst entwickeln und daher in Wechselbeziehung mit der Umwelt zum Aufbau und zur Modifikation von Modellen der Problemsituation befähigt sind (Anpassungsverhalten 3. Art: zielstrebige Veränderung der Umwelt und Systembedingungen - heuristisches Verhalten).

Diese Organisationstypen lassen sich auch durch bestimmte Typen von Informationsverarbeitungsprozessen charakterisieren, und durch bestimmte Programmstrukturen werden diese Grundtypen von Informationsverarbeitungsaufgaben auf Rechenautomaten nachgebildet bzw. im Dialog zwischen Mensch und Automat realisiert (FUCHS-KITTOWSKI).

Es lassen sich danach vier allgemeine Typen von Informationsverarbeitungsaufgaben unterscheiden:

1. Verknüpfung von Informationen im Sinne einer Zuordnung zur Realisierung einfacher Identifizierungsleistungen und Klassifikationen und zur Auslösung von Operationen.

2. Verknüpfung von Informationen nach mathematisch-logischen Prinzipien bei statischer und vorgegebener Struktur der Verarbeitungsprogramme zur Verbesserung des Verhaltens.

3. Verknüpfung von Informationen nach mathematisch-logischen Prinzipien entsprechend vorgegebener und erworbener Programme zur Verbesserung und Veränderung des Verhaltens.

4. Verknüpfung von Informationen nach mathematisch-logischen und/oder heuristischen Prinzipien für die Bildung neuer Verhaltensweisen in neuen Situationen.

Jeder der höheren Typen enthält die ihm vorangegangenen Typen als Elemente seiner logischen Struktur. Der 4. Typ ist nicht vollautomatisch, sondern nur im Dialog zwischen Automat und Mensch zu realisieren. Im lebenden System muß nach einem Mechanismus gesucht werden der dies ohne Bewußtsein realisiert. Dies zwingt zur Anerkennung der Objektivität des Zufalls, des Entstehens immer neuer Möglichkeiten mit anschließender Selektion.

Im Vortrag soll nun gezeigt werden, wie die beiden ersten Typen von Informationsverarbeitungsaufgaben schon auf molekularem Niveau bewältigt werden und welche spezifischen Probleme die Frage nach der möglichen Realisierung auch eines höheren Typs aufwirft.

Es wird dabei ausgegangen von der untersten Stufe der einfachen Wechselwirkung, die die Grundlage bietet für die selektive Unterscheidung. Unterscheiden muß ein System können, wenn es elementare Identifizierungsleistungen und Klassifikationen (Erkennungsleistungen) vollbringen soll. Wie zu zeigen ist, erfüllen eine Reihe molekularer Mechanismen die Bedingungen der Definition des 1. Typs. Es geht hierbei insbesondere um das Lesen, Wiedererkennen und Wiederauffinden von Informationen, als Ausdruck elementarer Erkennungsleistungen. Im Sinne des 2. Typs geht es weiterhin um das Problem der Verbesserung der Erkennungsleistung im Zusammenhang mit den Mechanismen zur Regulation des Zellstoffwechsels. Im Sinne der Realisierung höherer Typen von Informationsverarbeitungsaufgaben geht es dann um heute noch ungeklärte Fragen nach einem System, das selbst in der Lage ist, sein Programm für die Erkennung aus Erfahrungswerten zu bilden bzw. zumindest zu modifizieren, d.h. in der Lage ist zu lernen. Hierbei gilt es das instruktive vom selektiven Lernen zu unterscheiden, wobei deutlich wird, daß letzteres für molekulare Systeme wahrscheinlicher ist.

Die erkenntnistheoretischen Schwierigkeiten bei der Bewältigung dieser Probleme führen zu einer verstärkten philosophischen Diskussion im Bereich der molekularbiologischen Forschung. Philosophische Fragen ergeben sich weiterhin aus der Tatsache, daß man zur Darstellung der zuvor angeführten Sachverhalte gezwungen ist, aus der Psychologie (also aus dem Bereich der ideellen Widerspiegelung) entlehnte Begriffe auf materielle Prozesse anzuwenden. Hier ist die Frage nach der Berechtigung eines solchen Vorgehens zu stellen bzw. zu klären, in welchem verallgemeinerten Sinn und unter welchen Einschränkungen solche Begriffe hier verwendet werden können. Ein falsches Verständnis dieser Situation hat in der Tat bei einigen Wissenschaftlern zu der Auffassung geführt, wir hätten es schon auf dem molekularen Niveau der Organisation lebender Systeme mit geistigen Prozessen zu tun. Dagegen wird hier die These vertreten, daß es erforderlich sein wird, den Begriff des Erkennungsprozesses zu verallgemeinern. Damit berühren wir den Problemkreis der Widerspiegelung als einer allgemeinen Eigenschaft der Materie. Im folgenden seien die vier Informationsverarbeitungsaufgaben näher erläutert.

1. Am Anfang der Evolution gab es nur Wechselwirkung. Zu ihrem Verständnis ist daher von einem Zustand auszugehen, in dem nur molekulare Wechselwirkungen möglich waren. Solche molekularen Wechselwirkungen werden durch die Quantenphysik und Chemie erforscht (van der WAALSsche Wechselwirkungen, Wasserstoffbrücken, hydrophobe Wechselwirkungen, Dispersionskräfte und kovalente chemische Bindungen). Die Wechselwirkung ist die Grundlage jedes selektiven molekularen Prozesses (jeder chemischen Reaktion, elektrischen Polarisation, Magnetisierung usw.). Nicht jede Wechselwirkung enthält den Aspekt der Widerspiegelung, m.E. können nur innere Veränderungen in wechselwirkenden Körpern als Widerspiegelung angesehen werden. Es geht darum, äußere Einwirkungen durch innere Veränderungen zu reproduzieren und auf sie zu reagieren.
Es gibt nun einzelne Moleküle, die wesentlich mehr können als nur mit anderen Molekülen in Wechselwirkung zu treten. Es entstanden Moleküle, wie z.B. Enzyme, die eine bestimmte Spezifität haben und mit Hilfe struktureller Merkmale zwischen verschiedenen Molekülen unterscheiden können. Dieses elementare Erkennen bzw. Unterscheiden ist eine hochspezialisierte Wechselwirkung, die zur Klassenbildung genutzt werden kann. Ihre einfachste Form ist bekanntlich die "Ja - Nein-Entscheidung". Im chemischen Bereich kann eine solche Entscheidung z.B. durch Wasserstoffbrücken realisiert werden wie z.B. bei der Paarung von komplementären Basen der Desoxyribonukleinsäure oder bei der Bildung des Enzym-Substrat-Komplex sowie bei der Antigen-Antikörper-Reaktion. Hier werden an spezifischen Stellen des Proteins durch komplizierte Wechselwirkungen entsprechende strukturelle Veränderungen hervorgerufen.
Entsprechend den Erkenntnissen der Molekularbiologie über die Speicherung, Reproduktion und Übertragung von Informationen auf molekularem Niveau, liegt als Grundlage der Lebensvorgänge das dreistufige Schema DNS --- RNS - Protein vor.

Die Transkription und die Translation, die Übertragung der Information von der DNS, als dem primären Informationsspeicher, zur RNS und von der RNS zur Aminosäuresequenz der Polypeptidkette ist ein typisches Beispiel für das Ablesen gespeicherter Informationen. Auch für das Ablesen ist Unterscheidung erforderlich. Die Replikation verlangt ein störungsfreies Lesen und wieder Speichern der Information. Aber gerade beim Lesen und wieder Speichern, also während die Information in einer labilen Form ist, kann es auf der Ebene der DNS zu Mutationen kommen. Eine andere Form der Mutation liegt vor, wenn die Information in ihrer permanenten Form durch äußere Einwirkungen zerstört wird.

Eine Kombination verschiedener Arten von Unterscheidungen führt zur Wiedererkennung. Sie stellt also eine höhere Form der Unterscheidung dar. Dies verlangt, wie EIGEN und DE MAEYER hervorheben, nach Regeln, nach einem eingebauten Programm, nach dem der Vergleich durchgeführt wird. Ganz analog den Prinzipien nach denen von technischen Automaten die "automatische Zeichenerkennung" realisiert wird. Im Spezialfall der Erkennung von Zeichen heißt dies zu erkennen, welches Zeichen durch das jeweilige Signal übertragen wird, d.h. festzustellen, ob der Inhalt eines bestimmten Zeichens aus einem bestimmten Zeichenvorrat ist oder nicht.

Ein weiteres Problem im Zusammenhang mit der Wiedererkennung von Informationen ist die Informationsrecherche. Ein automatisiertes Informationsrecherchesystem soll im Idealfall auf eine spezifische Anfrage mit einer spezifischen Antwort reagieren, d.h., die benötigte Information und nur diese liefern. Eine Immunreaktion auf eine Infektion schließt nun wahrscheinlich solche Informationsrechercheprozesse mit ein, denn nach den heute vertretenen Selektionstheorien ist das Antigen ein selektiver Stimulus, der die Produktion des genetisch determinierten Antikörpers verursacht, dessen Spezifität durch die Gene determiniert ist. Hier zeigt sich deutlich die Problematik des Wiederauffindens von Informationen, der Informationsrecherche. Das hier hervorgehobene Lesen, Wiedererkennen und Wiederauffinden von Informationen als Ausdruck elementarer Erkennungsleistungen, hat die Fähigkeit zur selektiven Unterscheidung (homomorphen Abbildung) im Sinne der Identifizierung eines Umweltzustandes mit einem Parameterwert aus einer vorgegebenen Menge von möglichen Informationen (aus der Gesamtheit der möglichen Informationen über den Systemzustand) zur Voraussetzung. Der Sinn der Identifizierung besteht darin, in Abhängigkeit von wiedererkannten Umweltzuständen Reaktionsweisen zu finden, die zweckmäßig sind.

Dazu sind in der Regel Klassenbildungen in der Menge der Informationen mit dem Ziel notwendig, jede Klasse isomorph auf eine der möglichen Antwortreaktionen abzubilden (Zuordnung).
Informationsverarbeitung beschränkt sich nun nicht auf solche elementaren Identifizierungsleistungen, sondern ist vor allem Verknüpfung von Informationen nach mathematisch-logischen Prinzipien. Damit wird es nicht nur möglich die Steuerfunktion, die einfache Zuordnung zu realisieren, sondern auch die Regelungsfunktion.

2. Bei diesem Typ von Informationsverarbeitungsaufgaben ist ein System von prozeßauslösenden Maßnahmen vorgegeben, unter denen je nach dem geforderten Ziel in eindeutiger Weise aufgrund der im Prozeß gelieferten, nach geeigneten fixen Algorithmen verarbeiteten Informationen gewählt werden kann. Bei Abweichungen des Prozeßverlaufes von vorgegebenen Sollwerten wird selbsttätig die Einwirkung gewählt, die die Abweichung kompensiert und so eine Verbesserung der Leistung erzielt, Regeltheoretische Überlegungen machen deutlich, daß das dreistufige Schema DNS-RNS-Protein, das die Beziehungen des genetischen Materials zum Stoffwechsel als reine Steuerung erscheinen läßt, vom Blickpunkt der Gesamtdynamik der Zelle nur ein Aspekt sein kann. Das Schema wurde in entscheidenden Punkten erweitert. Es wurde deutlich, daß es durchsetzt ist mit Regelmechanismen am Enzym, bei der Proteinsynthese und beim primären Informationsspeicher, dem Genom.
Die einzelne Zelle ist in der Lage, ihren Stoffwechsel, den gegebenen funktionellen Bedürfnissen in Reaktion auf Veränderungen der Umwelt anzupassen, so z.B. durch Erhöhung der Produktbildung durch verbesserte Erkennung des Substrats. Es wird also nicht nur Information abgelesen und gespeichert, sondern hier wird auch die Funktion der Unterscheidung und Wiedererkennung verbessert. Dies ist insbesondere deutlich bei den allosterischen Effekten, bei der sogenannten feedback-inhibition, einem Mechanismus zur Kontrolle der Enzymaktivität, und bei der Induktion und Repression, dem Mechanismus zur Kontrolle der Enzymsynthese (JACOB, MONOD, UMBERGER).
Bei solchen Systemen erfolgt eine Anpassung durch Auswahl aus einer genau definierten Anzahl möglicher Verhaltensweisen. Kompliziertere Systeme des gleichen Typs verfügen über endlich viele feste Algorithmen, von denen durch einen Führungsalgorithmus derjenige ausgewählt wird, der der jeweiligen Situation am besten entspricht. Das System ist also in der Lage, jeweils eine solche Informationsverarbei-

tung zu wählen, die ihm eine bessere Erfüllung der Aufgabe gestattet. Hier findet also eine Zuordnung zu verschiedenen vorgegebenen Klassen von Verhaltensweisen statt. Die hier realisierbaren verbesserten Verhaltensweisen einfacher technischer, biologischer und gesellschaftlicher Systeme sind noch kein Lernen im eigentlichen Sinne. Es besteht ein wesentlicher Unterschied zwischen einem System, welches seine bisherigen Fähigkeiten, z.B. Erkennungsleistung, verbessert, gegenüber einem solchen System, das lernt, auf neue Weise zu reagieren.

3. und 4. Die bisher besprochenen Systeme sind zur Erfüllung von Aufgaben unter von vornherein bekannten Bedingungen bestimmt. Diese Systeme reagieren auf Veränderungen nach festgelegten Regeln. Sie haben aber nicht die Fähigkeit, sich selbst (automatisch) auf irgendwelche Änderungen der Eigenschaften der zu regelnden Prozesse selbst oder der äußeren Bedingungen einzustellen. Systeme, die in der Lage sind, ihre Parameter zur Erreichung optimaler Prozesse selbst zu verändern, können dagegen nicht nur die Abweichungen vom tatsächlichen Verlauf des zu steuernden Prozesses von dem geforderten, sondern insbesondere auch mögliche Veränderungen der Umweltbedingungen berücksichtigen. Das System paßt sich automatisch den Änderungen an, indem es seine Programmstruktur verändert. Ein technisches System kann mögliche Programme ermitteln und erproben und durch Speicherung der bei der Anwendung erzielten Ergebnisse sowie ihrer Bewertung entsprechend eines vorgegebenen Wertsystems bzw. Gütekriteriums diese weiter verbessern und dadurch eine den jeweiligen Bedingungen entsprechende Verhaltensweise realisieren. Die Adaptation eines solchen Systems beruht demnach auf einer zielgerichteten Veränderung seines ihm zugrunde liegenden Algorithmensystems. Es bedarf neben diesen Grundregeln einer allgemeinen Regel zur Veränderung der Grundregel gemäß der äußeren Bedingungen.
Technische Automaten, wie die Lernmatrix von STEINBUCH oder das Perzeptron von ROSENBLATT zum automatischen Erkennen und einfachen Problemlösen wurden vom Menschen dazu befähigt (STEINBUCH). Die Struktur von Systemen mit algorithmisierten Lernverhalten läßt erkennen, daß eine Reihe von Voraussetzungen für die Realisierung gegeben sein müssen. Diese Voraussetzungen sind unter bestimmten Bedingungen z.B. für die komplexe Prozeßsteuerung zu realisieren, nicht jedoch für komplizierte Problemlösungsprozesse des Menschen. Daher ist letzterer Typ von dem einfachen algorithmisierten Lernverhalten technischer Systeme zu unter-

scheiden. Hier werden die Aufgaben zusammengefaßt, für deren Lösung die zu verarbeitenden Informationen erst zusammengestellt und ein Verarbeitungsalgorithmus (nicht oder nur für Teile der Problemlösung gefunden werden kann) zum Teil erst während des Prozesses erarbeitet werden muß. Dies zwingt zum Dialog zwischen Automat und Mensch. In diesem Fall ist das Wertsystem nicht vorgegeben, sondern wird auch erst in der Wechselbeziehung zwischen Automat und Mensch herausgebildet.

Betrachten wir nun Lebensvorgänge, so ist es nicht möglich, das menschliche Bewußtsein entweder vorauszusetzen oder in den Prozeß zu implizieren. Wie EIGEN hervorhebt, muß es in der Evolution ein System geben, das dies selber tut. Es muß ein System gefunden werden, das das Programm für die Erkennung einschließlich des dazu erforderlichen Wertsystems selbst aufbaut. Wie EIGEN und DE MAEYER weiter hervorheben, führt die Anwendung des Begriffs des Lernens auf dem molekularen Niveau, zu einer neuen Dimension bzw. neuen Ebene. Das Vorhandensein einer solchen Organisation ist eine neue Erscheinung in der Evolution.

Unter dem Gesichtspunkt, ob zur Lösung der gestellten Informationsverarbeitungsaufgabe mit fixen oder mit variablen Verarbeitungsprogrammen gearbeitet werden kann bzw. muß, können die Informationsverarbeitungsaufgaben des Typs 1 und 2 denen des Typs 3 und 4 gegenübergestellt werden. Ersteres gilt für weite Bereiche des einfachen tierischen Verhaltens, letzteres besonders ausgeprägt für höhere Lebewesen und den Menschen.

Bei einer Verarbeitung nach angeborenen Schemata entspricht einer bestimmten Reizkombination zu allen Zeit ein und dieselbe Verhaltensform, d.h. eine ganz bestimmte Verhaltensweise ist das Ergebnis einer bestimmten Zuordnung aufgrund einer Identifizierung von Umweltsituationen durch Reizkombinationen. Dieser Identifizierungs-Zuordnungsmechanismus ist sehr leistungsfähig, wenn sich die Umwelt nicht grundsätzlich ändert (also unter jenen Umweltbedingungen, für die er in der Phylogenese programmiert wurde), d.h. wenn keine neuartigen Aufgaben auftreten. Eine neugeborene Gemse bleibt auf einem Felsblock stehen, ohne abzustürzen.

Die Starrheit der angeborenen Verhaltensweisen gewährleisten unter normalen Umweltbedingungen eine besondere Sicherheit, jedoch versagen diese Mechanismen in phylogenetisch nicht vorgesehenen Fällen.

Soll ein System in der Lage sein, auf vorher noch nicht vorausgesehene Anforderungen

zu reagieren, so muß eine andere Form der Informationsverarbeitung gewählt werden - eine Verarbeitung durch Kopplung mit individueller Erfahrung.
In diesem Falle werden die empfangenen Informationen zuerst mit schon im Gedächtnis gespeicherten Informationen in Beziehung gebracht, hinsichtlich ihres Nutzens bewertet und erst dann eine entsprechende Reaktion ausgewählt.
Bei Lebewesen, die über ein Zentralnervensystem verfügen, kommt also zu der zuvor besprochenen Methode ein völlig neues und andersartiges Prinzip des Informationsgewinns - das Lernen - hinzu. Das Entscheidende besteht darin, daß der Erfolg oder Mißerfolg einer bestimmten Verhaltensweise auf das Programmsystem rückgekoppelt wird und dessen Wirkung im Falle des Erfolges verstärkt, im Falle des Mißerfolges jedoch abschwächt. Hier wird also an dem Schema bzw. Programm des Verhaltens eine Veränderung vorgenommen, die eine dauernde Verbesserung und Veränderung des Verhaltens bewirkt.
Das lernende System ist also nur mit einem Anfangsprogramm versehen (das bei Lebewesen dem unbedingten Reflex entspricht), das dann durch die in der Auseinandersetzung mit der Umwelt gewonnenen Informationen detailliert wird, d.h., es werden bedingte Reflexe ausgebildet.
Wie ist dies nun aber auf molekularem Niveau? Kann auch die einzelne Zelle schon die höheren Typen von Informationsverarbeitungsaufgaben realisieren?
Wie wir sahen, verfügt die einzelne Zelle über komplizierte Regulationsmechanismen, die ihr ein entsprechend vielfältiges Anpassungsverhalten 1. Art gestattet. Verfügt sie aber auch schon über solche Anpassungsmechanismen, die etwa nur zum Teil von den Genen kontrolliert und im einzelnen jedoch erst in der Wechselwirkung mit der Umwelt spezifiziert werden. Liegt hier schon ein System vor, das in der Lage ist, auf der Grundlage individueller Erfahrungen sein Programm zu detaillieren, d.h., zu lernen? Gibt es molekulare Prozesse, die Einfluß nehmen auf die Informationsspeicherung im DNS-RNS-Enzym-System aufgrund äußerer Einwirkungen?
Wie erfolgt die Speicherung der Information im Zentralnervensystem, gibt es hier Beziehungen zum molekularen Niveau? Diese Fragen lassen sich heute noch nicht endgültig beantworten. Philosophische Überlegungen können hier keine Entscheidung herbeiführen. Die Fragen sind allein im Experiment zu entscheiden. Aufgabe des Philosophen kann es nur sein, Material zur Unterstützung der verschiedenen Konzeptionen zusammenzutragen, interdisziplinäre Denkansätze zur Verfügung zu stellen;

um, so lange das Experiment noch nicht definitiv entschieden hat, verschiedene mögliche Denkrichtungen offen zu halten oder zu helfen, sie zielstrebig einzuschränken.
Bis zur Stufe des Erkennens konnten wir noch relativ konkrete Aussagen machen. Wie deutlich wurde, brauchten wir uns bis zu dieser Stufe auch keine Gedanken darüber zu machen, wie die Programme entstanden sein können. Der nächste Schritt führt zum Problem des Erinnerns, des Gedächtnisses auf molekularem Niveau. Hier beginnen die großen Schwierigkeiten, wo im Augenblick die Grenzen unserer Erkenntnis erreicht sind. Es stellt sich die Frage, auf welcher Grundlage es erlaubt ist, wenigstens in kleinen Schritten, über das bisher bekannte hinaus zu spekulieren. Ausgehend von der logischen Struktur der zuvor herausgearbeiteten allgemeinen Typen von Informationsverarbeitungsaufgaben kann zunächst gesagt werden, daß im Zusammenhang mit Lernprozessen der Einbau von Informationen (Erinnerungen) in ein System, das sein Programm selbst aufbauen oder zumindest modifizieren kann, zu untersuchen ist. Dies erfordert Rückkopplungsprozesse. Die Konzeption der chemischen Rückkopplung ist für die Anpassungsvorgänge 1. Art wie für die 2. und 3. Art für die Lernvorgänge wesentlich. Hierbei sind die im Vorangegangenen hervorgehobenen allosterischen Enzyme von besonderem Interesse. Sie stellen eine höhere Form der Entwicklung dar, sie ermöglichen, daß Informationen von "außen" - von anderen Stoffwechselwegen - die Reaktionsfähigkeit der Enzyme beeinflussen. Das Proteinmolekül kann dadurch Eigenschaften zeigen, die es zuvor nur der Potenz nach hatte.
Weiterhin ist eine Speicherung früherer Erfahrungen in der Auseinandersetzung mit der Umwelt als Nachstellgröße, die zu einer verbesserten Antwort führt, notwendig. Damit wird eine Wertskala aufgebaut, die eine Selektion (einen elementaren Darwinismus auf molekularem Niveau) ermöglicht.
Der Mechanismus der Immunisierung besitzt offensichtlich Merkmale eines Lernvorganges. Benutzt er derartige molekulare Prozesse? Es ergibt sich die Frage, ob der molekulare Prozeß der Synthese eines spezifischen Antikörpers bei der Infektion nur ausgelöst oder erlernt wird. Im Zusammenhang mit der Lernhypothese ist der instruktive vom selektiven Mechanismus zu unterscheiden.

Als erstes sei das Problem des Lernens durch Instruktion erläutert. Das Denkmodell der lernenden Organisation im Sinne der Instruktion (der Informationsaufnahme aus der äußeren Umwelt) spielte eine wesentliche Rolle bei den ersten tastenden Versuchen der Biochemie zu untersuchen, wie gelernte Information gespeichert werden könnte. Nach Untersuchungen von HYDEN kommt dabei vielleicht den Nukleinsäuren eine entscheidende Rolle zu. Er zeigte, daß Lernprozesse die Basenzusammensetzung der Ribonukleinsäuren in den Neuronen und Gliazellen verändern. Damit ist jedoch nicht nachgewiesen, daß auf molekularer Ebene eine Instruktion erfolgt - es kann sich um die Steuerung eines vollständig prädeterminierten Syntheseprogramms handeln. Die genannten Arbeiten reichen also noch nicht aus, um die Frage endgültig zu klären, ob Lebewesen die Gedächtnisinformation auf molekularem Niveau speichern und damit die Schaltungen und Neuronennetze nur zur Leitung und Verarbeitung von Informationen nutzen oder ob sie die Verknüpfung dieser Netzwerke selbst zur Speicherung der Information und damit das molekulare Bauprogramm nur zur Bildung mehr oder weniger spezifischer Schaltelemente verwenden.

COMMONER versuchte, neben der DNS-Theorie zusätzliche Mechanismen heranzuziehen. Er glaubt, daß bestimmte Enzyme und deren Konformation eine wesentliche Bedeutung für die Replikation der Basensequenz und damit der Aminosäuresequenz besitzen. Das bringt jedoch (wie RAPOPORT ausführte), neue Schwierigkeiten, denn: "Ein Gen bedingt die Bildung von vielen, sagen wir von 100 gleichartigen Enzymmolekülen. Wenn man aber eine Veränderung an Enzymmolekülen, eine genetische Expression finden soll, müßte der größte Teil der Enzymmoleküle gleichzeitig und gleichsinnig verändert werden. Das ist noch unwahrscheinlicher als die Annahme einer Änderung an einem DNS-Molekül. Dazu kommt, daß die DNS ja den Schlüssel für die Aminosäuresequenz und der Enzyme für DNS und RNS-Synthese enthält. Wir kommen somit aus dem Teufelskreis nicht heraus" (RAPOPORT).

STENT, AMES und HARTMANN diskutierten die Möglichkeit, daß bei der Übertragung der Aminosäuren die transfer RNS, von denen es mehrere für einzelne Aminosäuren gibt, zur Regulation beitragen könnten. Auch hier wäre anzunehmen, daß letzten Endes das Verhältnis der verschiedenen RNS und ihrer Lebensdauer durch einen in der DNS vorhandenen Schlüssel erfolgt.

Es ist von großem Interesse, die verschiedenen Erklärungsversuche bzw. Hypothesen über die Antikörperbildung zu diskutieren, um der Lösung dieses Rätsels näher zu kommen.

Einer der ersten, der sich mit diesen Problemen beschäftigte, war PAUL EHRLICH.

Er ging von der Annahme aus, daß alle Information (Potenz) in den antikörperbildenden Zellen bereits vorhanden ist. Hier ist alles sozusagen schon informativ prädeterminiert. Das Antigen sucht nur den passenden Antikörper heraus, es veranlaßt die Vermehrung dieses vorgebildeten Antikörpers, nimmt aber auf dessen Spezifität keinen Einfluß. Diese Vorstellung finden wir in der späteren "natürlichen Selektionstheorie" von JERNE bzw. auch in der "Klon-Wahl-Theorie" von BURNET wieder. Es liegt bei all diesen Vorstellungen ein Wiedererkennungs- bzw. Informationsrechercheprozeß im zuvor definierten Sinne vor. Dies muß jedoch auch angenommen werden bei der im Gegensatz zu dieser Selektionstheorie stehenden Instruktionstheorie. Unter Instruktion soll hier verstanden werden, die Aufnahme einer irgendwie gearteten Information in Form von Faktoren der äußeren Umwelt z.B. von Makromolekülen, die in oder an die Zelle, direkt oder indirekt, die Information für eine makromolekulare Synthese abgeben, für die die Zelle keine eigene genetische Information besitzt und dann aucht benötigen würde.

In der von LANDSTEINER beeinflußten, von PAULING, HAUROWITZ u.a. vertretenen Instruktionstheorie wurde angenommen, daß das Antigen als Matrize wirkt, so daß komplementäre Muster auf den Serumglobulinen hervorgerufen werden und so die Antikörperspezifität hervorgebracht wird. Nach dieser Auffassung liefert das Antigen somit die Instruktion für die Synthese eines Proteins mit einer spezifischen Funktion. Von dieser Vorstellung ging auch die PAULINGsche Faltungstheorie aus. PAULING nahm eine einheitliche Primärstruktur für alle Antikörper an, d.h., daß die Polipeptidketten aller Antikörper identische Aminosäuresequenzen aufweisen würden und sich nur in der Konfiguration unterscheiden. Diese Hypothese mußte aufgegeben werden, als es mit einer verfeinerten Analysetechnik gelang, bei Antikörpern unterschiedlicher Spezifität Unterschiede in der Aminosäurezusammensetzung nachzuweisen und gezeigt werden konnte, daß diese Primärstruktur die Spezifität der Antikörper bestimmt.

Wir haben bis heute also noch keinen Beweis für die Umkehrung des ribosomalen Proteinsynthesemechanismus, d.h. etwa einer spezifischen Programmierung der DNS oder RNS durch eine Proteinmatrix. Die Annahme eines rein informativen Molekularprozesses durch das Eintreten des Subtrats oder z.B. eines Antigens wäre spekulativ.

Andererseits ist es ebenfalls unwahrscheinlich, daß im Verlaufe der Evolution für

die immense Vielfalt von Antigenen, ja auch Kunstprodukten das Syntheseprogramm aller möglichen Antikörper vollständig vorkodiert bzw. präformiert ist. Es ist begreiflich, daß in einer solchen schwierigen erkenntnistheoretischen Situation der Einzelwissenschaftler gezwungen ist, nach neuen Denkmodellen zu suchen. In solchen Situationen ist es auch möglich, daß manche auch hervorragende Einzelwissenschaftler auf alte, überlebte philosophische Konzeptionen zurückgreifen. Es sei hingewiesen auf die Gedanken von SCHRAMM, der sich von der PLATONschen Ideen-Lehre eine Hilfe verspricht.
Auf dem Boden des dialektischen Materialismus, unter Nutzung der Erfahrungen aus der Diskussion um die Determinismusproblematik, insbesondere hinsichtlich der Anerkennung der Objektivität des Zufalls, des Entstehens immer neuer Möglichkeiten als Ausdruck der dialektischen Einheit von Notwendigkeit und Zufall, können andere Wege eingeschlagen werden.

Das zweite Problem ist das des Lernens durch Selektion. Beide Alternativen, Präformation oder Instruktion, sind unwahrscheinlich. Es ist dagegen wahrscheinlich und es ließe sich eine entsprechende Hypothese formulieren, daß es zu einer Zusammenlagerung verschiedener vorkodierter Teilprogramme kommt. Das bedeutet, daß das molekulare Lernen z.B. bei Immunisierungsvorgängen in Selektionsprozessen besteht. Es vollzieht sich auf der Grundlage von vererbten oder in der frühen Embryonalzeit, durch ein statistisches Durchspielen einer großen Mannigfaltigkeit nur teilweise vererbbarer Antikörperstrukturen mit anschließender Selektion erworbener bzw. neu zusammengelagerter Programme.
Die Fähigkeit der einzelnen Zelle zur Kategorisierung und Zusammenlagerung vorkodierter Teilprogramme d.h. eine Lern- bzw. Adaptationsfähigkeit höherer Art wäre also auch auf molekularer Grundlage denkbar. Entscheidend ist, daß die verschiedenen spezifitätsbestimmenden Strukturen durch einen Wahrscheinlichkeitsprozeß zustande kommen (HILSCHMANN). Einmal wie er in der Evolution gegeben ist und zum anderen bei der Kopplung der Teilprogramme. Selektion nicht Instruktion ist die Grundlage für diesen Prozeß.
Gehen wir von einer solchen Hypothese aus, dann wird deutlich, daß Lernen hier im wesentlichen nicht in einem Informationsgewinn aus der normalen räumlichen Umwelt besteht. Es wird nicht, wie beim technischen System (dem lernenden Automaten), "reaktiv" ein Zustand höherer Organisation angestrebt, d.h. auf der Grundlage

der Bedingungen im System selbst. Deshalb spricht man hier besser von einer neuen Form des Verhaltens, das über das einfache Lernverhalten im Sinne eines Informationsgewinns aus der Umwelt hinausgeht.
Wir mußten über die uns heute von der Automatisierungstechnik gebotenen Modellvorstellungen hinausgehen, denn anschauliche Modelle versagen dort, wo wir, wie beim Prozeß der Höherentwicklung (der Informationsvermehrung), die innere Widersprüchlichkeit der Materie zu berücksichtigen haben.
So schreibt auch K.S. TRINTSCHER: "Wie in der vorliegenden Arbeit dargelegt wurde, häuft der Organismus während der Adaptation und Evolution Informationen an und speichert die angehäuften Informationen in seinen wasserfreien Strukturen. Auf die Stabilität der Information im Organismus wies ELSASSER (1958) hin und unterstrich, daß die Gesetze, die die Stabilität der Information im Organismus regeln, seine innere Dynamik widerspiegeln und nur in geringem Maße von der aus dem äußeren Medium in den Organismus eintretenden Informationen abhängen."

2. Problemkreis (Information und Widerspiegelung):
Was ist nun das Neue, das der Molekularbiologie, als einer noch jungen Forschungsrichtung, solch große Bedeutung und Aktualität in der philosophischen Diskussion verleiht. Die Molekularbiologie zeigt eindeutig, daß es keiner neuen Physik aber auch nicht der Annahme einer besonderen Lebenskraft bedarf, daß jedoch die im Umgang mit der nicht lebenden Natur erprobten physikalisch-chemischen Methoden modifiziert werden müssen, sollen die Lebensprozesse in ihrer Spezifik voll erfaßt werden.
Es gilt vor allem, eine Reihe neuer Faktoren zu berücksichtigen, denen wir normalerweise in der Physik und Chemie nicht begegnen.
Die Entstehung und Reproduktion einer statistisch so unwahrscheinlichen Struktur, wie die eines Proteinmoleküls, läßt sich mit Hilfe der dem Physiker und Chemiker vertrauten thermodynamischen Prinzipien allein nicht mehr erklären. Hinzukommen muß eine neue Komponente - die Information. Sie allein gestattet einen programmierten, gesteuerten bzw. geregelten Ablauf eines unwahrscheinlichen Ereignisses in reproduzierbarer Weise.
Gegenüber der nicht-lebenden Natur, die weitgehend dem starren ziellosen Zwang unterworfen ist, tritt beim Lebewesen die Lenkung durch angeborene und erlernte Anweisungen hinzu. Nach G. SCHRAMM könnte man diese Anweisungen (z.B. genetische Information) im Sinne PLATOs als Ideen bezeichnen. Hier wird deutlich, daß das

Verhältnis des Begriffs der Information zu den Begriffen der Materie und des Bewußtseins zu klären ist. Diese Fragestellung ist wichtig, da der Informationsbegriff von einigen idealistischen Philosophen dazu benutzt wird, die Grundfrage der Philosophie als ein Scheinproblem darzustellen. Sie ist wichtig, da, wie wir sehen, auch Naturwissenschaftler die Information als ideele Größe auffassen und so im Zusammenhang mit den Prozessen der Informationsaufnahme, -speicherung und -verarbeitung in biomolekularen Systemen auch von geistigen Prozessen im Bereich der molekularen Organisation sprechen.
So schreibt SCHRAMM: "Wir werden uns daran gewöhnen müssen, daß nicht nur der Mensch zu geistigen Funktionen befähigt ist, sondern auch Moleküle Anweisungen, Pläne und Ideen enthalten können. Es scheint mir, daß die von DESCARTES vollzogene Spaltung der Welt in eine "res cogitans" und eine "res extensa", einen denkenden Geist und eine tote Materie, nicht richtig sein kann. Es wird notwendig sein, a priori übernommene Begriffe durch den Vergleich mit Erfahrungstatsachen zu klären und zu vertiefen.
In einer anderen Arbeit schreibt er: "Im übertragenen Sinne dürfen wir daher sagen, daß Leben in dem Augenblick beginnt, in dem es der Natur gelingt zu denken, wenn also, um mit DESCARTES zu sprechen, aus der "res extensa" eine "res cogitans" wird. Die molekulare Biologie hat uns gelehrt, daß dieser Übergang nicht erst mit dem Erscheinen des Menschen, sondern schon viel früher auf molekularer Ebene erfolgt. Wir erkennen, daß die Materie zu unrecht mit dem Makel der Geistlosigkeit behaftet wurde. Die Sonderstellung des Menschen beruht darauf, daß bei ihm die Gabe, Information aufzunehmen und weiterzugeben, auf das höchste vervollkommnet ist."

Überblickt man die Geschichte der Erforschung hochorganisierter zentralnervöser Prozesse, so wird deutlich, daß vor allem zwei entscheidende Einsichten in kurzer Zeit zu einem tiefgreifenden Erkenntnisgewinn geführt haben. Dies ist einmal die Entdeckung bedingter Reflexe und Reaktionen durch PAWLOW und zum anderen die durch die Kybernetik vermittelte Einsicht, daß wir auch unsere geistigen Prozesse verstehen können als Prozesse der Informationsaufnahme, -übertragung, -verarbeitung und -ausgabe. Es ist also richtig, wenn etwas Gemeinsames zwischen den geistigen Prozessen und den Prozessen auf molekularem Niveau hervorgehoben wird, damit ist jedoch nicht gerechtfertigt, von geistigen Prozessen im Zusammenhang mit der bio-molekularen Informationsverarbeitung zu sprechen, sondern es handelt sich hier um eine objektive Erscheinung sowohl für ideelle als auch für materielle Gegebenheiten.

Wenn es richtig ist, daß grundlegende zentralnervöse Prozesse wie Wahrnehmung, sensomotorische Koordination, Begriffsbildung, Lernen und Denken ihrem objektiven Inhalt nach als Prozesse der Informationsverarbeitung angesehen werden können, dann müssen auch Denkmodelle der Kybernetik oder technisch-kybernetische Nachbildungen solcher komplexer menschlicher Leistungen wie z.B. der Wahrnehmung, der Begriffsbildung, der Problemlösung möglich und geeignet sein, wesentliche Eigenschaften dieser Prozesse zu verdeutlichen. In der Tat ist es heute bereits möglich, technische Nachbildungen hochkomplexer menschlicher Leistungen wie z.B. der Wahrnehmung (Zeichen- und Mustererkennung), der Begriffsbildung (Vorgang der Invariantenbildung) oder auch von heuristischen Techniken des Menschen (Problemlösung) zu realisieren (KLIX).

Wenn es möglich ist, daß die wesentlichen Vorgänge, in denen der Mensch Information aufnimmt und verarbeitet (Empfindung, Wahrnehmung, Vorstellung und Denken), die gewöhnlich unter dem Begriff der Erkenntnisprozesse zusammengefaßt werden, zu objektivieren, diese geistige und psychische Tätigkeit des Menschen umzuformen in ein System von Operationen, die von einem Automaten ausgeführt werden können, dann liegt es nahe zu fragen, ob nicht ähnliche objektive Prozesse in anderen Bereichen der objektiven Realität auftreten. Es wird dann weiterhin erforderlich sein, den Begriff des Erkenntnisprozesses zu verallgemeinern. Hierzu bietet sich der philosophische Begriff der Widerspiegelung an.

LENIN weist mit seiner Hypothese von der Widerspiegelungsfähigkeit der Materie m.E. den Weg, wie genetisch und auch ontologisch der Zusammenhang zwischen Materie und Bewußtsein näher erklärt werden kann.

LENIN schrieb: "Der Materialismus betrachtet in vollem Einklang mit der Naturwissenschaft die Materie als das ursprünglich Gegebene und das Bewußtsein, Denken, Empfindung als das Sekundäre; denn die Empfindung ist in klar ausgesprochener Form nur mit der höchsten Form der Materie (der organischen Materie) verbunden, und in den "Grundsteinen des Gebäudes der Materie" kann man nur die Existenz einer Fähigkeit, die der Empfindung ähnlich ist, vermuten. Dies ist z.B. die Hypothese des bekannten deutschen Naturforschers ERNST HAECKEL, des englischen Biologen

MORGAN und anderer, - ganz abgesehen von der ... Vermutung DIDEROTS" (LENIN).

Diese Hypothese LENINs, daß die Fähigkeit zur Widerspiegelung eine allgemeine Eigenschaft der Materie ist, gewinnt, wie wir sahen, große Bedeutung zum Verständnis der Prozesse der Informationsaufnahme, Informationsspeicherung und -verarbeitung zum Zwecke der Steuerung und Regulation in biomolekularen Systemen. In diesem Zusammenhang charakterisiert RAPOPORT die Prozesse der Regulation des Zellstoffwechsels wie folgt: "Sie stellen eine spezifisch biologische Form der Widerspiegelung dar und bilden das Wesen der ständigen Anpassung von Organismen an ihre Umwelt." (RAPOPORT)

Wenn vom dialektischen Materialismus die Hypothese von der Widerspiegelung als allgemeine Eigenschaften der Materie aufgestellt wird, dann sieht er dabei gleichzeitig, wie diese Eigenschaft auf dem Wege ihrer Entwicklung - durch quantitative Zunahme und qualitative Sprünge - über verschiedene Entwicklungsetappen sich zu immer höheren Formen der Widerspiegelung entwickelt. Es hat also nichts mit einem Panpsychismus zu tun, der eine allgemeine Belebtheit und Beseeltheit der Materie postuliert, also annimmt, daß die ganze Materie Bewußtheit besitzt, sonder bietet gerade die entscheidende Grundlage zur Überwindung Panpsychistischer, Holistischer und Neo-Lamarckistischer Auffassungen.

LENIN machte weiterhin deutlich, daß die materialistische Auffassung nicht darin besteht, "daß die Empfindung aus der Bewegung der Materie abgeleitet oder auf die Bewegung der Materie reduziert, sondern vielmehr darin, daß die Empfindung als eine Eigenschaft der sich bewegenden Materie erkannt wird. In dieser Frage stand ENGELS auf dem Standpunkt DIDEROTS. Er grenzte sich von den "vulgären" Materialisten VOGT, BÜCHNER und MOLECHOTT unter anderem gerade deswegen ab, weil sie sich zu der Ansicht verirrten, als ob unser Gehirn die Gedanken ebenso absondere wie die Leber die Galle".

Gegen diese irrige Auffassung des "vulgären" Materialismus richten sich auch die bekannten Worte von N. WIENER: "Das mechanische Gehirn scheidet nicht Gedanken aus wie die Leber Galle ausscheidet, wie frühere Materialisten annahmen, noch liefert sie diese in Form von Energie aus, wie die Muskeln ihre Aktivität hervorbringen. Information ist Information, weder Materie noch Energie. Kein Materialismus, der dies nicht berücksichtigt, kann den heutigen Tag überleben." Was WIENER hier deutlich macht, ist eben die Tatsache, daß Information neben Stoff und Energie eine weitere zu berücksichtigende Größe ist. In keiner Weise wird hier der Gedanke geäußert, daß diese Tatsache zum Verlassen der materialistischen Position zwinge. Allein der "vulgäre" Materialismus wird hier getroffen. Allerdings würde dieser Tatbestand deutlicher, wenn der in den angeführten Ausführungen verwendete Begriff Materie im Sinne von Stoff verstanden wird. "Der Begriff der Materie drückt", wie LENIN hervorhebt, "nichts anderes aus als die objektive Realität, die uns in der Empfindung gegeben ist" (LENIN). An anderer Stelle hebt er hervor: "Denn die einzige Eigenschaft der Materie, an deren Anerkennung der philosophische Materialismus gebunden ist, ist die Eigenschaft, objektive Realität zu sein, außerhalb unseres Bewußtseins zu existieren."

Die Hervorhebung der Tatsache, daß zum Verständnis der komplexen Systeme die Betrachtung der materiellen und energetischen Zusammenhänge nicht ausreichend ist, sondern zusätzlich die Informationsrelationen zu beachten sind, bietet also keine Möglichkeit zur Abgrenzung gegenüber dem philosophischen Materialismus, wie dies u.a. STEINBUCH meint (STEINBUCH).

Die Gegenüberstellung von Materie und Bewußtsein (wie dies bei der Materiedefinition erfolgt) ist, wie LENIN hervorhebt, nur im Zusammenhang mit der erkenntnistheoretischen Grundfrage absolut, außerhalb dieser Grenzen eine absolute Entgegensetzung vorzunehmen wäre ein gewaltiger Fehler. Eine solche Konzeption trennt das Bewußtsein genetisch und strukturell von der Materie. Es kann jedoch nur verstanden werden als Entwicklungsprodukt der Materie und an eine bestimmte Organisation der Materie gebunden. Das Psychische, das Bewußtsein, ist eine besondere Eigenschaft der Materie, die sich auf dem Wege der Entwicklung durch quantitative Anreicherung sowie qualitative Sprünge zu immer höheren Formen entwickelt und im Gehirn, dem Organ der menschlichen Widerspiegelung, ihre höchste Vollendung gefunden hat.

In der Tat hat also die Fähigkeit, Informationen aufzunehmen und weiterzugeben, beim Menschen seine höchste Vollendung gefunden. Die gleiche Fähigkeit, wenn auch wesentlich primitiver, beobachten wir auch auf molekularem Niveau. Die Prozesse sind insofern miteinander verwandt, als es sich um die Fähigkeit zur Widerspiegelung handelt, jedoch, und das ist das entscheidende, auf unterschiedlichen Entwicklungsetappen und daher qualitativ unterschiedenen Formen der Widerspiegelung. Auf der molekularen Ebene haben wir es demzufolge noch nicht mit geistigen Prozessen zu tun und noch weniger mit Ideen im Sinne PLATOs. In Wirklichkeit geht es SCHRAMM auch gar nicht um eine nachträgliche naturwissenschaftliche Rechtfertigung der Ideenlehre. Seine ganzen Arbeiten sind ja letztlich darauf gerichtet, den Platonismus zu überwinden. Er schreibt selbst: "Für PLATO sind die Ideen etwas Seiendes und damit Unwandelbares. Der für die Biologie entscheidende Begriff der Entwicklung war ihm fremd."

Die Widerspiegelungsformen in ihrer aufsteigenden Folge sind genetisch miteinander verbunden. Jede Widerspiegelungsform ist wie das Bewußtsein eine Widerspiegelung objektiv realer Dinge und Erscheinungen. Jede Form der Widerspiegelung: elementare Identifizierung von Signalzuständen, Unterscheidung, Wiedererkennung, Erregbarkeit, Wahrnehmung, Vorstellung und die höchste Form der Widerspiegelung, die logisch rationale Erkenntnis beim Menschen, sind also jeweils spezielle Formen der universellen Widerspiegelung.

Bewußtsein ist dann zu verstehen als Kategorie zur Bezeichnung der höchsten Form der Widerspiegelung der objektiven Realität - d.h. Selbsterkenntnis der Materie, ideelle Widerspiegelung der objektiven Realität in Urteilen, Begriffen usw.

Die Widerspiegelungstheorie ist der Kern der marxistisch-leninistischen Erkenntnistheorie. Die Hypothese von der Widerspiegelung als Eigenschaft, die möglicherweise der gesamten Materie zukommt, erweitert den Problemkreis zur Theorie über die Widerspiegelung. Die Kategorie der Widerspiegelung bietet dann auch den Rahmen, in dem das Problem der Information vom Standpunkt der materialistischen Beantwortung der Grundfrage der Philosophie sinnvoll diskutiert werden kann.

Die Information ist dann zu verstehen als der objektive Inhalt der Widerspiegelung. Wenn die Widerspiegelung ohne Beteiligung von Bewußtsein erfolgt, bei den niederen Formen der Widerspiegelung (einschließlich der bei technischen Einrichtungen und auf dem hier diskutierten molekularen Niveau) deckt sich dann die Widerspiegelung mit der Informationserzeugung, Informationsaufnahme und -verarbeitung.

Information ist zu verstehen als ein objektiv-realer Zusammenhang zwischen Sender und Empfänger, als eine objektiv reale Relation sowohl für materielle als auch für ideelle Gegebenheiten, eine Form der Vermittlung von Strukturen zwischen verschiedenen Objekten (METZLER). Wichtig ist dabei festzuhalten, daß der philosophische Begriff der Widerspiegelung weiter ist als der Begriff der Information.

Entsprechend den Vorstellungen des dialektischen Materialismus ist jede niedere

Bewegungsform der Materie durch die höhere dialektisch negiert. So ist auch anzunehmen, daß in jeder höheren Widerspiegelungsform der Materie die niedere dialektisch enthalten ist. Demgemäß müßte die Beschreibung der physikalischen und physikalisch-chemischen Widerspiegelung mit Hilfe der Informationstheorie bzw. nachrichtentechnischer Modelle als Bestandteil der Beschreibung jeder höheren Form der Widerspiegelung zu erwarten sein. Jedoch wird keine schematische Übertragung möglich sein.

Zusammenfassend ist zu sagen: Der Vortrag soll gezeigt haben, wie sich aufbauend auf der einfachen Wechselwirkung die Fähigkeit zur Unterscheidung herausbildet, wie sie uns z.B. im Replikationssystem der DNS und RNS als gegenseitige Zuordnung der komplementären Basen entgegentritt. Dies bildet die Grundlage für ein elementares Erkennen. Dieses Erkennen setzt ein eingebautes Programmsystem, d.h. Regeln für die Unterscheidungen voraus. Auch der einfachste Lern- und Erinnerungsprozeß auf molekularem Niveau setzt ein programmiertes System miteinander verflochtener Reaktionen voraus. Die Moleküle besitzen keinen Geist, ihre Wirkung kann jedoch sinnvoll programmiert sein. Diese Programme sind in der Evolution entstanden (es macht jedoch außerordentliche Schwierigkeiten, den Prozeß der Entstehung sinnvoller Zeichenkombinationen aufzuklären).
Am immunbiologischen Beispiel, als Phänomen, das alle Merkmale eines Lernprozesses trägt, sollte verdeutlicht werden, daß die klassische Vorstellung DNS-RNS-Protein zur Erklärung der Entstehung des Antikörpermoleküls wahrscheinlich nicht ausreicht und daher mehr oder weniger modifiziert werden muß. Zumindest ist die Vorstellung, daß komplette Nukleotidsequenzen, komplette Eiweißstrukturen bedingen, äußerst unwahrscheinlich. Es muß also gelernt werden, aber im Sinne eines selektiven Lernens. Wie EIGEN in verschiedenen Arbeiten hervorhebt, sind einfache molekulare Mechanismen immer selektiv, instruktiv können sie erst auf höherer Ebene werden; denn Instruktion auf molekularer Ebene scheint längere Zeiten vorauszusetzen als die Korrelation und Selektion. Für die Instruktionstheorie gibt es keinen experimentell gesicherten Anhaltspunkt. Im allgemeinen neigt man heute Hypothesen zu, bei denen dem eingedrungenen Antigen die Rolle in irgend einer Weise zukommt, Oligopeptide oder Polypeptide, die quasi vorkodiert sind, nach eigenem Maß zum Antikörper zu verknüpfen. Wie das Antigen dies vollbringt, ist allerdings heute noch unklar. So oder so muß aber das Antigen durch Bestandteile der Zelle erkannt und ausgewertet

werden, so daß auch auf diesem Niveau Widerspiegelungseigenschaften wohl kaum geleugnet werden können.

Weiterhin wurde versucht, deutlich zu machen, daß alle Widerspiegelungsprozesse, so auch die geistigen Prozesse, an einen materiellen Träger gebunden sind. Wahrscheinlich ist die Aufklärung der materiellen Grundlagen des Denkens, wie STENT sagt, "der Phage der Zukunft".

Die hier zur Diskussion gestellten Probleme habe ich zum wiederholten Male, insbesondere auch bei der unmittelbaren Vorbereitung zu diesem Symposium mit Herrn Dr. ROSENTHAL diskutieren können, wofür ich ihm besonders dankbar bin. Die Bestimmung der allgemeinen Typen der Organisation und die daraus abgeleiteten allgemeinen Typen von Informationsverarbeitungsaufgaben erwuchsen aus der gemeinsamen Arbeit mit Dr. WENZLAFF und Herrn TSCHIRSCHWITZ.

LITERATUR

BURNET, M., The Clonal Selection Theory of Acquired Immunity. Nashville: Vanderbilt University Press 1959

EHRLICH, P., Proc. Roy. Soc. (London), Ser B 66 (1900), 424

EIGEN, M. and DE MAEYER, L., Chemical Means of Information Storage and Readout in Biological Systems. Naturwissenschaften 3 (1966), 50

EIGEN, M., Diskussionsbemerkungen bei der "Round-Table-Diskussion über Modell und Erkenntnis", in: "Biologische Modelle" Nova Acta Leopoldina Nr 184, Bd 33

FUCHS-KITTOWSKI, K., Probleme des Determinismus und der Kybernetik in der molekularen Biologie, VEB Gustav Fischer Verlag Jena 1969

FUCHS-KITTOWSKI, K., Grundlinien zu einer allgemeinen System(Modell-) und Organisationstheorie, in: Weltanschauung und Methode, Berlin 1969

FUCHS-KITTOWSKI, K., WENZLAFF, H., TSCHIRSCHWITZ, S., Wissenschaftl. Zeitschr. der Humboldt-Universität Berlin, Gew. Reihe

HILSCHMANN, N., Die molekularen Grundlagen der Antikörperbildung, Naturwissenschaften 56 (1969), 195

HYDEN, H., A Molecular Basis of Neuro-Glia Interaction, in: Macromolecular Specificy and Biological Memory, Massachusetts 1962

JACOB, F., MONOD, J., On the Regulation of Gene Activity, in: Cold Spring Harbor Symposia on Quantitative Biology, Bd 26

JERNE, N.K., Proc. Nat. Acad. Sci. USA 41 (1955), 849

KLIX, F., Kybernetische Analyse geistiger Prozesse. Berlin 1968

LANDSTEINER, K., The Specificity of Serelogical Reactions. Cambridge Mass Harvard University Press (1945)

LENIN, W.I., Materialismus und Empiriokritizismus, Berlin (1949), 35, 250

METZLER, H., Information in kybernetischer und philosophischer Sicht, Deutsche Zeitschrift für Philosophie 5 (1962)

PAULING, L., Am. Chem. Soc. 62 (1940), 2643

RAPOPORT, S.M., Über molekulare Grundlagen der Organisation lebender Systeme, Referat auf dem II. Symposium über philosophische Fragen der Medizin, 1964 (unveröffentlicht)

RAPOPORT, S.M., Zur enzymatischen Regulation des Zellstoffwechsels, in: Forschen und Wirken. Festschrift zur 150-Jahr-Feier der Humboldt-Universität, Berlin 1960

SCHRAMM, G., Dtsch. med. Wschr. 89 (1965), 72

SCHRAMM, G., Idee und Materie in der modernen Biologie, Bremen 1963

STEINBUCH, K., Modellentwürfe für Erkennen und Problemlösen, in: "Biologische Modelle" Nova Acta Leopoldina Nr 184, Bd 33

STEINBUCH, K., Automat und Mensch, Über menschliche und maschinelle Intelligenz. Berlin, Göttingen, Heidelberg (1961), 6

TRINTSCHER, K.S., Biologie und Information, Leipzig 1967

UMBERGER, E., Evidence of negative feedback-mechanism in biosynthesis of Isoleucine, Science 123 (1956), 848

WIENER, N., Kybernetik-Regelung und Nachrichtenübertragung im Lebewesen und in der Maschine, Düsseldorf, Wien (1963), 192

DISKUSSION

PAWELZIG: Mir scheint es hier notwendig, den Blick auf ein grundsätzliches Problem zu lenken. Es wird deutlich, daß wir hier eine Systemstufe des Lebenden mit Begriffen, Vorstellungen und dem terminologischen Apparat diskutieren, der auf anderen Systemstufen gewachsen ist. Ich erinnere, daß diese Situation in der Wissenschaft nicht neu ist. Im Bereich der Elementarteilchenphysik hat man ja lange Zeit mit der Terminologie gearbeitet, die in der Makrophysik gewachsen ist, aber sich als unproduktiv, nicht mehr brauchbar erwies. Deshalb, so glaube ich, sollte man auch auf der molekularbiologischen Ebene nicht mit solchen Termini und Begriffen wie Lernen, Adaptation, Selektion, arbeiten. Auch in der Biologie sind solche unzulässigen Übertragungen nicht neu. WEISSMANN hat z.B. versucht, die Variabilität seiner genetischen Determinanten nach dem Selektionsprinzip zu erklären, nach dem darwinistischen Prinzip des Verhaltens von Populationen zu deuten. Das geht aber nicht nach dem Muster dieser Systemstufe. In einer ähnlichen Situation bewegen wir uns jetzt in der Molekularbiologie. Ich glaube, die entworfenen Denkmodelle sind nicht kühn genug, sie durchbrechen nicht kühn genug den Rahmen der gewohnten Termini und Begriffe. Wir wollten, meine ich, kritischer fragen: Welchen terminologisch-begrifflichen Apparat benutzen wir?

FUCHS-KITTOWSKI: Ich bin völlig einverstanden mit der Feststellung, daß durch meine Ausführungen ein grundsätzliches Problem dadurch aufgeworfen wurde, daß hier Begriffe und Vorstellungen auf biologische Systeme angewendet werden, die zunächst für das Verständnis einer anderen Ebene der objektiven Realität entwickelt worden sind. Auf diese Problematik, daß hier aus der Psychologie entlehnte Begriffe zur Beschreibung biologischer Sachverhalte herangezogen werden, hatte ich ja eingangs selbst aufmerksam gemacht. Es ist nun die Frage, ob ein solches Vorgehen überhaupt sinnvoll ist? Einmal ist es ein Fakt, daß es getan wird, und Sie, Herr PAWELZIG, machten deutlich, daß es auch schon vorher getan wurde. Dies hat natürlich eine objektive Grundlage. Überlegungen aus der Kybernetik, aber auch aus der Quantenphysik, beweisen, daß man genügend verallgemeinerte Begriffe auf andere Bereiche der objektiven Realität übertragen kann. Wie unsere Diskussion zuvor deutlich machte, kann z.B. das Komplementaritätsprinzip, als methodische Analogie, von seinem speziellen physikalischen Hintergrund gelöst, verallgemeinert, zur Lösung ähnlicher erkenntnistheoretischer Situationen wie seinerzeit beim Welle-Korpuskeldualismus beitragen. Wenn hier psychologische Begriffe wie Lernen verwendet werden, so ist dies Ausdruck des für die Kybernetik typischen Abstraktionsprozesses. In diesem Zusammenhang sei noch ergänzt, daß die hier entlehnten Begriffe in dieser Form aus einem ganz speziellen Zweig der Psychologie kommen, und zwar der Ingenieurpsychologie oder Psychophysik. Hier sind die Begriffe schon in einem bestimmten Sinne objektiviert worden, indem solche hochkomplexen menschlichen Leistungen wie zum Beispiel Wahrnehmung, Begriffsbildung des algorithmischen Lernverhaltens einfache Formen der Problemlösung auf elektronischen Informationsverarbeitungsanlagen simuliert wurden.

Ich sage damit nicht, daß wir mit den auf diese Weise objektivierten Begriffen die menschlichen Erkenntnisprozesse in ihrer ganzen Tiefe und in all ihren Aspekten erfassen. Ich glaube durchaus, daß menschliche Denkprozesse in ihrer Gesamtheit weit über das hinausgehen, was wir durch ein an technischen Systemen orientiertes Begriffssystem erfassen können. Wir haben aber damit zumindest eine Grundsituation erfaßt, die uns, wie wir deutlich zu machen suchten, auch in den Prozessen der Informationsverarbeitung biomolekularer Systeme entgegentritt. Die Vielzahl der in diesem Zusammenhang aufgeworfenen Probleme zeigt, daß die entwickelten Denkmodelle wohl doch recht kühn sind, und man sollte auch nicht zu weit über das bisher Bekannte hinaus spekulieren.

ROSENTHAL: Zur Bemerkung von Herrn PAWELZIG möchte ich meinen, daß es doch nicht konservativ, sondern eher mutig ist, den Begriff "Lernen" auch auf das zelluläre und molekulare Niveau auszudehnen. Schließlich hat das Lernen im Gehirn materielle Prozesse zur Voraussetzung und Grundlage, und es muß daher einen physikalisch-chemischen oder biochemischen "Lernprozeß" geben.
Das Besondere oder für mich Interessante in den Ausführungen von Herrn FUCHS-KITTOWSKI besteht darin, daß er zu zeigen versucht, daß Lernprozesse möglicherweise nicht nur als höchste Form der Widerspiegelung aufzufassen sind, sondern auch auf einem weniger integrativen Niveau, einem mehr analytischen, mehr primitiven Niveau, eben schon auf dem molekularen Niveau stattfinden.

PAWELZIG: Darum geht es ja gar nicht, sondern einfach um die Frage, inwieweit wir Systemeigenschaften auch als Eigenschaften eines Elements ansehen dürfen, d.h. ein Verhalten, das für den ganzen Organismus charakteristisch ist, mit dem Verhalten des Systems Zelle und mit demjenigen subzellulärer Systeme gleichsetzen dürfen. In bezug auf die Erweiterung des Lernbegriffes überhaupt, was auch die Begriffe Information und Widerspiegelung betrifft, möchte ich noch weitergehen, etwa in dem Sinne von UKRAINZEW ("Über Widerspiegelungsformen in der nicht lebenden Natur"). Er stellte recht interessante Überlegungen darüber an, daß im Grunde genommen, und damit geht er weiter als Herr FUCHS-KITTOWSKI, jede Wechselwirkung Widerspiegelung ist, und daß selbst in einfachsten mechanischen Prozessen Widerspiegelungsprozesse und Informationsaustauschprozesse vorhanden sind.
Das heißt, er setzt sich hier bewußt in Gegensatz zu der übersetzten und bekannten

Arbeit von URSUL. Doch meiner Meinung nach hat er gewisse Berechtigungen dafür. Gehen wir davon aus, daß wir in der philosophischen Terminologie mit Begriffen arbeiten wie Bewegung, Materie und Widerspiegelung, dann haben wir eine Entsprechung für quantifizierbare Sachverhalte in den Ausdrücken Energie, Stoff und Information, wobei in allen Fällen diese Entsprechung nicht vollständig ist: Materie ist nicht nur Stoff, Bewegung ist nicht nur Energie und Widerspiegelung ist nicht nur Information.

FUCHS-KITTOWSKI: Ich bin davon überzeugt, daß, wenn wir das Phänomen der Widerspiegelung wirklich verstehen wollen, wir zu einem tieferen Verständnis der Wechselwirkung kommen müssen. Das heißt meines Erachtens jedoch nicht, daß Wechselwirkung mit Widerspiegelung zu identifizieren sei, sondern stellt gerade die Aufgabe, zu zeigen, welchen Charakter die Wechselwirkung oder ein Komplex von Wechselwirkungen haben muß, damit die Eigenschaft der Widerspiegelung auftreten kann. In meinem Vortrag formulierte ich daher absichtlich, daß ich eine Identifizierung beider Begriffe nicht für richtig halte. Wenn ich dabei UKRAINZEW, auf den Sie sich, Herr PAWELZIG, bezogen haben, nicht ausdrücklich erwähnte, so war doch diese Stellungnahme aus der Auseinandersetzung mit seiner Haltung zu verstehen. Wenn man sagt, jede Wechselwirkung hat schon das Moment der Widerspiegelung, so bringt dies nicht viel Neues und führt möglicherweise nur zu einer Verdoppelung der Begriffe. Es muß genauer definiert werden, was unter Widerspiegelung zu verstehen ist. Ein äußerer Abdruck ist noch keine Widerspiegelung. Widerspiegelung kann nur eine innere Veränderung, eine bleibende Einwirkung sein, die für das weitere Verhalten des Systems genutzt wird. Wie weit dies auch schon im Bereich der anorganischen Materie auftritt, gilt es im einzelnen noch genauer zu untersuchen. Gerade deshalb sollte man auch weiterhin von der LENINschen Hypothese sprechen. LENIN hob hervor: "In Wirklichkeit bleibt noch eingehend zu untersuchen, wie die angeblich durchaus nicht empfindende Materie mit einer Materie verbunden ist, die aus den gleichenAtomen (oder Elektronen) zusammengesetzt ist, zugleich aber eine klar ausgesprochene Fähigkeit des Empfindens besitzt. Der Materialismus stellt klar die noch nicht gelöste Frage, wodurch er auf ihre Lösung hindrängt und weitere Experimentalforschung veranlaßt." Es ist meines Erachtens weiterhin wichtig zu beachten, daß der philosophische Begriff der Widerspiegelung weiter und tiefer ist als der Informationsbegriff.

SEGAL: Das soeben gehörte Referat zeigt einmal mehr, wie arm und wenig differenziert unsere philosophische Terminologie ist. Ursprünglich war der Begriff der Widerspiegelung mit derFähigkeit zur Abstraktion verbunden und damit auf Organismen mit bewußtem Denken beschränkt. In der heutigen erweiterten Form reicht er bis zur selektiven Quantenabsorption durch Elektronen, so daß jeder Materie ein Widerspiegelungsvermögen zuzuschreiben wäre, wodurch dieser Begriff jede diskriminierende Funktion verliert. So kommt es zu panpsychistischen Konfusionen, von denen der Referent uns so eindrucksvoll berichtet. In der Wissenschaft haben Termini und Definitionen dieAufgabe, Begriffe oder Systeme von ähnlichen, jedoch nicht identischen Begriffen und Systemen in eindeutiger Weise abzugrenzen. Die Biologen haben zum Beispiel dieSitte, jeden Organismus mit zwei, notfalls auch mit drei Neologismen zu koordinieren, die Chemiker haben eine international verbindliche Terminologie, und es scheint mir an der Zeit, auch in der Philosophie eine differenzierte Terminologie anzustreben, die den Bedürfnissen der modernen Wissenschaften entspräche.

FUCHS-KITTOWSKI: In der Tat erschwert die noch ungenügende Differenziertheit mancher philosophischer Begriffe die Lösung der erkenntnistheoretischen Probleme, vor die der Biologe durch die moderne Wissenschaftsentwicklung gestellt wird. Der Grundgedanke meines Vortrags war nun gerade, daß man dem Panpsychismus nur wirkungsvoll begegnen kann, wenn man den Begriff der Widerspiegelung genauer differenziert und verschiedene Stufen der Entwicklung der Fähigkeit zur Widerspiegelung annimmt, wobei dann das Bewußtsein, als idelle Widerspiegelung, die höchste Form darstellt. Wir brauchen eine allgemeine Kategorie, die es uns ermöglicht, alle Phänomene der Widerspiegelung, einschließlich der auf biomolekularem Niveau, zu erfassen, gerade um auf dieser Grundlage differenzieren zu können, um die Spezifik der menschlichenWiderspiegelung, der ideellen Widerspiegelung in Begriffen und Urteilen usw. klarer herausarbeiten zu können.

ZUR SPEZIFITÄT DER BIOLOGISCHEN BEWEGUNGSFORM DER MATERIE AUF MOLEKULAREM NIVEAU

GEROLD FIERMENT

Deutsche Akademie für ärztliche Fortbildung, Berlin-Lichtenberg

Der Zellphysiologe und Jesuit JOHANNES HAAS schrieb 1964, auf das Wesen des Lebens eingehend, die Kraft des Beweises für den transzendenten Charakter des organischen Lebens liege in der "Erkenntnis der Leistungsfähigkeit der Materie und der unüberbrückbaren Kluft zwischen physikalischen und chemischen Gesetzen und der Eigenart der organischen Materie" (HAAS). Im Bereich der experimentellen und theoretischen Biologie wird diese vitalistische Denkweise, die in die Erklärung der Lebensvorgänge eine immaterielle Komponente einbeziehen will, nicht mehr akzeptiert. Ihre Vertreter haben sich längst völlig auf den Boden philosophischer Diskussionen zurückgezogen. Der Vitalist J. HAAS betrachtet seine Konzeption als wesentliche Stütze einer reaktionären Weltanschauung und politischen Konzeption. HAAS bringt das verschiedentlich zum Ausdruck: "Weil die Organismen als handelnde Subjekte seinsmäßig zusammengesetzt sind, sind es auch ihre Handlungen: Sie sind materielle Vorgänge, die den physikalischen und chemischen Gesetzen unterliegen ..., und zugleich stehen sie im Dienste des Gestaltungsfaktors, der sie nach dem in ihm verwirklichten Lebensplan lenkt und zur Durchführung des Lebenslaufes benutzt" (HAAS).
Die Konsequenz dieser Auffassung über das Leben degradiert den Menschen vom Schöpfer seiner selbst und Beherrscher der Natur zu einem unselbständigen, ergebenen Wesen. HAAS ist sich der Brisanz der Problematik "Wesen des Lebens" völlig bewußt: "Es steht nämlich in inniger Beziehung zu dem großen Kampf zwischen Materialismus mit dem von ihm abhängigen politischen und wirtschaftlichen Systemen und den freiheitlich gesinnten Kräften." Abgesehen von der Unbekümmertheit, mit der HAAS die imperialistische Gesellschaftsordnung als "freiheitlich gesinnte Kräfte" umschreibt bringt er die weltanschauliche und letztlich politische Bedeutung der Auffassung über das Wesen des Lebens deutlich zum Ausdruck.
Auf der Grundlage der neueren Ergebnisse der Molekularbiologie erweist es sich deshalb als ständige Aufgabe, die dialektisch-materialistischen Auffassungen über das

Wesen des Lebens auf molekularer Grundlage zu aktualisieren und zu präzisieren. Der dialektische Materialismus vertritt die auf ENGELS zurückgehende und von der Naturwissenschaft des 20. Jahrhunderts bestätigte Auffassung, daß die Lebensvorgänge eine spezifische, biologische Bewegungsform der Materie darstellen. Damit grenzt er sich einerseits von der mechanistischen Reduzierung der biologischen Bewegung auf die niederen Bewegungsformen in der nicht lebenden Natur, andererseits auch von vitalistischen Auffassungen ab, die Materie und Leben trennen und einander prinzipiell entgegensetzen.

Die Fähigkeit des llebenden Körpers, sich infolge von natürlichen Ursachen zu bewegen, die hauptsächlich in ihm selbst liegen, wird durch spezifisch biologische Gesetzmäßigkeiten erfaßt (WEDENOW und KREMJANSKI). Es sei hier an die MENDELschen Vererbungsgesetze oder das DARWINsche Prinzip der natürlichen Auslese im Kampf ums Dasein erinnert (LÖTHER). Das spezifisch Biologische läßt sich auf der molekularen Strukturebene ebenso nachweisen wie auf der des Organismus oder der Population.

"In stofflicher Hinsicht ist zwar im Organismus nichts enthalten als die in Wechselwirkung befindlichen Atome und Moleküle und deren Bestandteile " (KEDROW), jedoch wird das Verständnis für die wahrnehmbaren Lebenserscheinungen nur dann erreicht, wenn diese Wechselwirkungen auf molekularer Ebene auch unter dem Aspekt ihrer Funktion im lebenden Organismus, ihrer Entstehung und Entwicklung in Phylogenese und Ontogenese betrachtet werden (LÖTHER).

Leben ist an das System der Zelle mit ihrer spezifischen Ordnung und Organisation der molekularen Struktur und der Stoffwechselvorgänge gebunden. Es ist durch das geordnete Zusammenwirken dreier "Ströme", des Stoff-, des Energie- und des Informationsstroms charakterisiert (ENGELHARDT).

Zwischen den für lebende Systeme charakteristischen Stoffgruppen der Proteine und Nukleinsäuren besteht funktionelle Spezialisierung. Die Nukleinsäuren sind die Träger der biologischen Information und spielen auch bei ihrer Realisierung eine führende Rolle, während die Proteine als Strukturelemente und Katalysatoren den Stoff- und Energiestrom bedingen, wobei sie die genetische Information raumzeitlich geordnet in Stoffwechsel- und Entwicklungsvorgänge umsetzen. Die DNS des Zellkerns speichert die genetische Information ausschließlich mit den Mitteln der Molekularstruktur.

In extremer Miniaturisierung wird dabei "die äußerste Grenze der Teilbarkeit der

Materie" erreicht, "an der die Individualität des chemischen Stoffes noch gewahrt bleibt", das Niveau diskreter Moleküle.

Die Purin- und Pyrimidinbasen, in deren Triplettsequenz die genetische Information aufgezeichnet ist, sind aufgrund struktureller Eigenschaften in der Lage, zur komplementären Base spezifische Bindungen auszubilden, sich also gegenseitig zu "erkennen" und zu unterscheiden. Diese Voraussetzung biologischer Information ist offensichtlich schon bei chemischen Strukturen vorhanden. Auf diesem Niveau konnte sich die neue, biologische Qualität herausbilden, die durch systemeigene Erhaltung, Weitergabe und Entwicklung der Erbinformation als einer Grundform der Bewegung charakterisiert und von der nichtlebenden Materie abgegrenzt ist (FUCHS-KITTOWSKI, ZBARSKI). Die Synthese der Boten- (messenger-) RNS-Matrizen und der Proteine zeigen die Wechselbeziehungen von Stoff-, Informations-, und Energiestrom und den Systemcharakter der Lebensvorgänge besonders deutlich. Ohne spezifische Fermente kann in der Zelle keine m-RNS synthetisiert werden, die Synthese von m-RNS wiederum ermöglicht die weitere Fermentsynthese nach der Information der DNS und damit auch die Gewinnung von Energie und ihre Bereitstellung in Form von ATP im Zuge der Stoffwechselprozesse. Die Aufklärung dieser Zusammenhänge trug entscheidend dazu bei, die Hypothese von der "Einmolekularität" des Lebens bzw. von der DNS als alleinigem Lebensmolekül zu entkräften. Nach THOMAS "ist die Nukleinsäurekomponente nur vom Standpunkt der Übertragung und in bedeutendem Maße auch der Erhaltung 'biologischer Informationen' die ausschlaggebende Seite des Gesamtprozesses. Vom Standpunkt der Reaktionskinetik sind es die Eiweiße als Fermente, deren Zusammenwirken sowohl dieAusgangssubstanzen für die Nukleinsäuresynthese 'herstellt' und schließlich die Synthese selbst bewirkt".

Auf dem Niveau der Biopolymere Eiweiße und Nukleinsäuren erfolgt der unmittelbare Übergang von der chemischen Einheit der Moleküle zur morphologischen Einheit, der Ultrastruktur der Zelle (ZBARSKI). Die dreidimensionalräumlich geordnete Struktur der Proteine ist durch die primäre Struktur der Peptidketten bestimmt, die Informationen für die Ausbildung der nachfolgenden Stufen der Organisation enthält. Diese Organisationsstufen (Sekundär-, Tertiär- und Quartärstruktur) entstehen unter Ausbildung von Wasserstoffbrücken und durch elektrische Kräfte bei starker Verminderung der freien Energie. Geringfügig erscheinende Änderungen der Primärstruktur können bekanntlich bedeutende Veränderungen in der Wirkungsspezifität und Aktivität der Fermentproteine bedingen.

Nach ENGELHARDT verweisen diese Tatsachen auf einen neuen Aspekt bei der Untersuchung der hierarchischen Struktur der Organismen: "Nicht das höhere Niveau gibt seine Anweisungen an das niedere Niveau, sondern umgekehrt, die Struktur des niederen Niveaus enthält Elemente, die Züge der höheren Organisation prädestinieren." Die besondere Wechselbeziehung zwischen Teil und Ganzem im lebenden Organismus, die in seiner Abhängigkeit von Veränderungen kleiner, aber stark spezialisierter Komponenten zum Ausdruck kommt, resultiert aus seinem hohen Grad an Organisation (WEDENOW und KREMJANSKI). Die biologische Spezifik auf molekularem und makromolekularem Niveau bei der Erhaltung, Weitergabe und Realisierung der genetischen Information ist unabweisbar und irgendwelche mystischen Dinge sind an der Proteinsynthese nicht beteiligt (WATSON).

Von den relativ stabilen biologischen Systemen des Vererbungsprozesses sind die leichter veränderlichen und reaktionsfähigeren zytoplasmatischen Stoffwechselsysteme qualitativ zu differenzieren (THOMAS). Auf die Bedeutung des Stoffwechsels für den lebenden Organismus wies bereits ENGELS hin: "Leben ist die Daseinsweise der Eiweißkörper, deren wesentliches Moment im fortwährenden Stoffwechsel mit der äußeren sie umgebenden Natur besteht und die mit dem Aufhören dieses Stoffwechsels auch aufhört und die Zersetzung des Eiweißes herbeiführt."

Ausgehend von dieser Eigenschaft lebender Organismen, in spezifischen stofflichen und energetischen Beziehungen zu ihrer Umwelt zu stehen, entwickelte der Biologe LUDWIG v. BERTALANFFY die Theorie vom Organismus als offenes System. Charakteristisch für den Intermediärstoffwechsel sind bekanntlich Fließgleichgewichtszustände, deren Vielstufigkeit und teilweise zyklischer Ablauf vielfältige Ansatzpunkte für Vernetzungen der Stoffwechselwege und ihre Autoregulation enthält. Diese Reaktionsbedingungen sind von denen der nichtlebenden Natur einschließlich der organisch-chemischen Synthesen qualitativ verschieden. Trotz der vollen Gültigkeit physikalischer und chemischer Gesetze im Organismus ermöglichen diese speziellen Bedingungen Reaktionsabläufe, die außerhalb des Organismus ganz anders verlaufen würden oder in dieser Form gar nicht möglich wären. Ein solches vielstufiges Fließgleichgewicht ist die Atmungskette. Die Oxydation des Wasserstoffs, in der nichtlebenden Natur

als Knallgasreaktion ablaufend, wird zu einer stufenweisen, fermentativen Reaktion und damit zu einer unter den Bedingungen des Organismus nutzbaren Energiequelle (Gewinnung von ATP). Reaktionsabläufe wie die Atmungskette bestätigen, daß die biochemischen Vorgänge "bereits Elemente jener spezifischen Wechselbeziehungen enthalten, die die lebende Materie kennzeichnen" (THOMAS).
Die Beziehungen zwischen prinzipieller Gültigkeit physikalischer und chemischer Gesetze und den besonderen Bedingungen des Organismus trifft auch für die Entropieproblematik zu. Wie bei irreversiblen Reaktionen in der nichtlebenden Natur nimmt auch bei biochemischen Vorgängen in den Lebewesen die Entropie (molekulare Unordnung) zu. Mit Hilfe des Energieumsatzes ist das lebende System jedoch in der Lage, einen höheren Ordnungszustand einzuhalten, also der Entropiezunahme entgegenzuwirken (NETTER). Es nimmt mit der Lichtenergie oder chemisch gebundener Energie negative Entropie auf und gibt laufend positive in Form der Abbauprodukte in die Umwelt ab (SCHRÖDINGER). Wird das stofflich und energetisch offene System Organismus gemeinsam mit seiner Umwelt als geschlossenes Gesamtsystem betrachtet, so kommt es, entsprechend den thermodynamischen Gesetzmäßigkeiten, insgesamt zu einem Anstieg der Entropie.

Für die Entropie ist weiterhin zu beachten, daß sie in ihrem Wesen durch die statistische Auffassung gekennzeichnet ist (NETTER). Wenn die Zahl der reagierenden Moleküle nicht genügend groß ist, verliert der Entropiewert an Genauigkeit und für das Einzelmolekül seinen Sinn. Die Reaktionsbedingungen in der lebenden Zelle sind aber gerade durch die ausgeprägte Individualität der Makromoleküle so beschaffen, daß oftmals kleine Gruppen von Molekülen und Ionen miteinander reagieren. Sogar einzelne Veränderungen an hochorganisierten Einzelmolekülen können bedeutsam für das Gesamtsystem werden, wie an den Erbanlagen nachweisbar ist. FUCHS-KITTOWSKI schlußfolgert aus dieser Sachlage: "Es scheint, als ob der Organismus deshalb aus einer so großen Zahl einzelner Moleküle besteht, ..., aus Makromolekülen mit ausgeprägter Individualität, weil sich der Organismus nur aufgrund dieser Inhomogenität des Systems der strengen Anwendung der Entropie entziehen kann."
Die hier gestreiften Probleme der biologischen Spezifik auf dem molekularen Niveau der Erhaltung und Weitergabe der genetischen Information und im Bereich der Stoffwechselvorgänge weisen darauf hin, daß nur durch ein enges Verhältnis von moderner

Biologie, Physik, Chemie und ihren Grenzgebieten weitere, entscheidende Fortschritte bei der Entschlüsselung der Lebensvorgänge zu erwarten sind. Die biologischen Gesetze höherer Strukturebenen der lebenden Natur (z.B. Vererbungsgesetze) haben die physikalische und chemische, mit den Methoden der Biochemie, Biophysik u.a. zugängliche Eigenart der lebenden Materie auf molekularem Niveau zur Grundlage und Voraussetzung. Der Eigencharakter der Biologie beruht "nicht auf einem Gegensatz zu den in der Physik behandelten allgemeinen Gesetzen, sondern in einer speziellen Komplexität im Zusammenwirken dieser Gesetze (neue Qualität)" (LANIUS). Dieser Eigencharakter wird aber nur aus der Einsicht in seine Entwicklungsgeschichte voll verständlich, eine allgemeine biologische Theorie muß deshalb die Evolution der Organismen einschließen.

Die Erörterung des angeschnittenen Fragenkomplexes erscheint nach wie vor aktuell, einerseits, um neovitalistischen und neothomistischen Versuchen entgegenzutreten, durch Mißdeutung naturwissenschaftlicher Erkenntnisse die materialistische Denkweise in Mißkredit zu bringen und ein reaktionäres Weltbild zu untermauern und andererseits, um unter Berücksichtigung der Ergebnisse moderner Forschung das wissenschaftliche Weltbild des dialektischen Materialismus weiterzuentwickeln.

LITERATUR

BERTALANFFY, L. von, Das Gefüge des Lebens, Berlin 1937

BERTALANFFY, L. von, Vom Molekül zur Organismenwelt, Potsdam 1949

ENGELS, F., in: MARX/ENGELS Werke XX, (1962), 559

ENGELHARDT, W., Das Problem des Lebens in der modernen Naturwissenschaft, Sowjetwiss. Gesellschaftswiss. Beitr. 9 (1969), 934

FUCHS-KITTOWSKI, K., Probleme des Determinismus und der Kybernetik in der molekularen Biologie, Jena 1969

HAAS, J., Leben in Materie, Berlin (1956), 8

HAAS, J., Aufwertung des Lebendigen. Stimmen der Zeit 172 (1963), 209

HAAS, J., Ursprung des Lebens, München (1964), 406

KEDROW, B.M., Über das Verhältnis der Bewegungsformen der Materie in der Natur, in: Philosophische Probleme der modernen Naturwissenschaft Berlin (1962), 120

LANIUS, K., Physik und Weltanschauung, Zur LENINschen These von der Unerschöpflichkeit der Materie, Einheit 25 (1970), 9, 1190

LÖTHER, R., Die DNS im wissenschaftlichen Weltbild. Wissenschaft und Fortschritt 20 (1970), 4, 168

NETTER, H., Theoretische Biochemie, Springer, Berlin, Göttingen, Heidelberg 1959

SCHRÖDINGER, E., Was ist Leben? Die lebende Zelle mit den Augen des Physikers betrachtet, München 1951

THOMAS, E., Philosophisch-methodologische Probleme der Molekulargenetik, Jena (1966), 94

WATSON, J.D., Angew. Chemie 75 (1963), 439

WEDENOW, M.F., KREMJANSKI, W.J., Die Spezifik biologischer Strukturen, in: Struktur undFormen der Materie, Berlin (1969), 531

BEMERKUNGEN ZUR ETHISCHEN LEHRE ALBERT SCHWEITZERS "EHRFURCHT VOR DEM LEBEN" IN DER SICHT DER MARXISTISCH-LENINISTISCHEN PHILOSOPHIE

HEINZ KRUMPEL

Sektion Marxistisch-leninistische Philosophie der Humboldt-Universität Berlin

Der zunehmende Prozeß der Vergesellschaftung der Wissenschaft bedingt ein wachsendes Interesse an dem Problem der Ethik. Aus der Entwicklung der Naturwissenschaften heraus ergeben sich auf den verschiedensten Fachgebieten eine Vielfalt von ethisch-philosophischen Fragen, die eine gesellschaftstheoretische Antwort verlangen. Die Entdeckungen auf dem Gebiet der Biologie werfen eine Menge von ethischen Fragen auf, die in ihrer Anwendung für die Zukunft der Menschen von tragender Bedeutung sind. Unter vielen anderen Aspekten drehen sich in dem Bereich der Molekularbiologie die Diskussionen wiederholt um das Problem der genetischen Manipulation. Diskussionen, in denen es u.a. um ethische Normen für die Reichweite der Anwendbarkeit naturwissenschaftlicher Resultate auf den Menschen geht. Damit ist untrennbar die Frage nach der Verantwortung des Wissenschaftlers, seiner Entscheidungsfindung auf der Grundlage der Einheit von Humanismus und Wissenschaft verbunden. Besonders unter diesem Gesichtspunkt ist die philosophisch-ethische Lehre ALBERT SCHWEITZERs von Interesse. Sein Bemühen richtete sich wesentlich auf die Beantwortung von philosophisch-ethischen Fragen, die aus der Wissenschaftsentwicklung hervorgehen. Unter diesem Gesichtspunkt versuchte er, seinem Menschenbild eine weltanschauungsbegründende Antwort zu geben. In dieser Hinsicht stellt für ihn das ethische Prinzip "Ehrfurcht vor dem Leben" die Grundlage aller Sittlichkeit dar. Er bemerkt dazu: "Die Ehrfurcht vor dem Leben gibt mir das Grundprinzip des Sittlichen ein, daß das Gute in dem Erhalten, Fördern und Steigern von Leben besteht und das Vernichten, Schädigen und Hemmen von Leben böse ist" (SCHWEITZER).

DieseErkenntnis - so bemerkt SCHWEITZER - fiel ihm als Intuition zu, wobei dies angesichts seiner Erlebnisse z.Z. des ersten Weltkrieges und während seiner Tätigkeit unter tropischen Lebensbedingungen nicht als zufällig erscheint. Seine Fragestellung richtete sich zentral auf den Aspekt der Verantwortung und Entscheidungsfindung der Persönlichkeit des Wissenschaftlers im Rahmen seiner gesellschaftlichen Tätigkeit. Wiederholt machte SCHWEITZER in seinen Schriften auf die Gefahr aufmerksam, die sich aus dem durch die Wissenschaftsentwicklung vorangetriebenen technischen Fortschritt unter kapitalistischen Bedingungen ergeben. Die Anwendung wissenschaftlicher Resultate muß nach seiner Auffassung der Erhaltung des Lebens, der Verbesserung der menschlichen Lebensbedingungen dienen. Dabei besteht die Verantwortung des Wissenschaftlers darin, gegen Kriege, Hunger und Elend aufzutreten und sich durch die Tat dagegen zu entscheiden. Das glaubt SCHWEITZER durch eine Veränderung der Gesinnung der Menschen nach dem Prinzip "Ehrfurcht vor dem Leben" zu verwirklichen. Alle sozialen negativen widersprüchlichen und kaotischen Seiten sollen durch die Ethik in Ordnung gebracht werden. Der Einzelne trägt nach seiner Auffassung nicht nur persönliche, sondern auch überpersönliche Verantwortung. Normativ und wertender Maßstab für die überpersönliche Verantwortung ist der SCHWEITZERsche kategorische Imperativ "Ehrfurcht vor dem Leben". "Alle unter uns auftretenden Grundsätze, Gesinnungen und Ideale messen wir in grandioser Pedanterie mit dem durch die absolute Ethik der Ehrfurcht vor dem Leben geeichten Maße. Gelten lassen wir nur, was sich mit der Humanität verträgt" (SCHWEITZER). Dieses große humanistische Anliegen SCHWEITZERs durch die Veränderung der Gesinnung der Menschen eine menschenwürdige Gesellschaft zu schaffen, verband sich stes mit seiner persönlichen Tat. Deshalb ist SCHWEITZER für jeden verantwortungsbewußten Wissenschaftler Vorbild und sein humanistisches Anliegen Leitfaden zum Handeln.

SCHWEITZERs humanistisches Anliegen erfährt durch ihn eine positivistisch-weltanschauliche Begründung. Nach ihm besteht der einzige Fortschritt des Erkennens darin, daß wir die Erscheinungen, die dieWelt ausmachen, und ihren Ablauf immer eingehender beschreiben können. Insofern will er aus seiner Lebensanschauung, aus der Einsicht "Ich bin Leben" die Weltanschauung abgeleitet wissen.

Ethik als Weltanschauung betrieben, setzt aber nach marxistischer Auffassung nicht nur beschreibende Kenntnis von Einzeltatsachen und Erscheinungen voraus, sondern Kenntnis des dahinter verborgenen Wesens der gesellschaftlichen Entwicklung. Das heißt, Kenntnis von der inneren gesetzmäßigen Struktur der gesellschaftlichen Entwicklung, weil man nur von dieser Position aus die Moralität überwinden kann.

Es war besonders HEGEL, der in seiner Kritik an dem formal-abstrakten Charakter des kategorischen Imperativ KANTs darauf hinwies, daß der ethische Standpunkt in seiner Weltanschauungsfunktion nur begriffen werden kann, wenn er als integrierter Bestandteil der sich konkret-historisch vollziehenden dialektischen Entwicklung gefaßt wird.

Von diesem HEGELschen Denkansatz ausgehend bestimmt die MARXistisch-LENINistische Ethik ihren Stellenwert, in dem sie die Postulierung absoluter Wertmaßstäbe ablehnt und von der Unterordnung der ethischen Fragestellung unter die des dialektischen Determinismus und des Klassenkampfes ausgeht. Von dieser Grundlage aus wird das moralische Prinzip "Ehrfurcht vor dem Leben" aus der Ebene Kraft seiner eigenen Wirkung die menschliche Gesinnung zu verändern, zu einem Prinzip, das inhaltlich konkret historisch fixierbar ist. Aus der Kenntnis der gesetzmäßigen Entwicklung der Gesellschaft kann die Tat für das Leben, zur Erhaltung des Lebens konkret bestimmt werden. Die Einheit von Humanismus und Wissenschaft zu verwirklichen, entsprechend den objektiven gesellschaftlichen Erfordernissen, ist unter diesem Gesichtspunkt für den Wissenschaftler nicht eine abstrakt über den konkret historischen Geschichtsprozeß stehende Forderung, sondern sie ist klassenmäßig bestimmbar entsprechend der sozialen Rolle und Stellung des Wissenschaftlers. Geht man z.B. von der Forderung vieler Wissenschaftler in den kapitalistischen Industriestaaten aus, ein neues Wertsystem zu schaffen, das die Maßstäbe für die humanistische Sicherung der Wissenschaft im Spätkapitalismus setzen soll, dann löst man die Wissenschaft aus dem Interessensystem der kapitalistischen Formation und der ihr zugrunde liegenden Gesamtheit gesellschaftlicher Verhältnisse heraus (LUTHER/PREHN). Zur Schaffung eines Wertsystems, das als ein abstraktes Prinzip über den gesellschaftlichen Macht- und Interessenverhältnissen steht, trifft die MARXsche Bemerkung zu, daß sich die Idee immer dann blamierte, wenn sie in Widerspruch geriet zu den tatsächlichen Klasseninteressen.

Die MARXistisch-LENINistische Ethik ist untrennbarer Bestandteil des historischen Materialismus. Ihr Studium ermöglicht dem Wissenschaftler die bewußte Anwendung von Wertungen und Moralismen nicht nur im allgemeinen gesellschaftlichen Bereich, sondern speziell auch in bezug auf die wissenschaftliche Tätigkeit. Die Anwendung der Ethik auf die wissenschaftliche Tätigkeit bedingt die Konfrontation ihrer theoreti-

schen Erkenntnisse mit den Einzelwissenschaften. Ethische Theorien haben im Prozeß der Persönlichkeitsformung einen wesentlichen Anteil bei der Bewußtseinsentwicklung und der Bildung von moralischen Gewohnheiten. Unter diesem Gesichtspunkt ist das ethische Grundprinzip ALBERT SCHWEITZERs "Ehrfurcht vor dem Leben" in die MARXistisch-LENINistische Ethik impliziert und es ist der Auffassung ALBERT SCHWEITZERs zuzustimmen, der bemerkte: "Als Ideal des materiellen und geistigen Seins des Menschen stellt die Ehrfurcht vor dem Leben also auf, daß er in möglichster Ausbildung all seiner Fähigkeiten und in möglichst weitgehender materieller und geistiger Freiheit darum ringe, gegen sich selbst wahrhaftig zu sein und allem Leben um ihn herum miterlebende und helfende Teilnahme entgegenzubringen...
Als wahres Menschentum schwebe ihm vor, in der tiefen Welt- und Lebensbejahung der Ehrfurcht vor dem Leben ethisch zu sein."

LITERATUR

SCHWEITZER, A., Kultur und Ethik, München (1923)

LUTHER, E., PREHN, A., Zum Verhältnis von Interesse, Ethik und Wissenschaft, DZfPh 3 (1970), 329

SCHLUSSWORT

HERMANN LEY

In dem wechselseitigen Gespräch von Biologen und Philosophen sind beträchtlich gravierende Themen zur Sprache gekommen. Sie streuen über einen weiten Bereich und behandeln trotzdem einen zentralen Gegenstand. Der Entwicklungsstand der modernen Genetik und der Mikrobengenetik im besonderen zwingt zu einem engen Kontakt mit dem philosophischen, weltanschaulich betonten Denken, weil die von ihren jüngsten Ergebnissen ausgelösten Konsequenzen gesellschaftliche Implikationen besitzen, die zur Erörterung anstehen. Die mögliche Verwendung der genetischen Resultate zur Aggression erfordert als unbedingt notwendige Gegenwirkung ebenso einen ethisch fundierten Entscheid wie die in greifbare Nähe gerückte Veränderung des genetischen Substrats des Menschen, zu welchen Zwecken sie auch angewendet werden. Die dabei anfallende Verantwortung übersteigt die Entscheidungssphäre des einzelnen Wissenschaftlers und betrifft die Gesellschaft als Ganzes. Damit aber die Gesellschaftsordnung angesprochen ist, kommt es darauf an, welche Ordnung und welche Klasse bestimmend ist. Die Arbeiterklasse vermag, gestützt auf den MARXismus-LENINismus und sozialistische, von Ausbeutung freien Produktionsverhältnissen allein und zum ersten Male in der menschlichen Geschichte im gesamtgesellschaftlichen Interesse in der Anwendung und Ausnutzung der Wissenschaften einen konsequenten Humanismus durchzusetzen. Welche Lösungen indes für die durch neue wissenschaftliche Entdeckungen aufgeworfenen Probleme geeignet erscheinen, bieten sich nicht einfach auf bestimmter weltanschaulicher Grundlage an, sondern erfordern am konkreten Fall gründliches Abschätzen möglicher Folgen, die Nahwirkung und Fernwirkung, den unmittelbaren Sachverhalt und die komplexe Verflechtung in das natürliche und gesamtgesellschaftliche Geschehen einzubeziehen haben. Die von der Gesellschaftsordnung gesetzte Zielvorstellung der sozialökonomischen, allgemein kulturellen und ethischen Entwicklung erweist sich als bestimmend. Erst durch sie gewinnen die naturwissenschaftlichen Ergebnisse ihre vollständige Integration in die Gesellschaft und erweisen ihren positiven

Sinn als Ausweitung der Macht des Menschen, als Moment der Entfaltung der Produktivkräfte und des kontinuierlichen wissenschaftlich-technischen Fortschritts, dessen mögliche schädlichen Ambivalenzen unter ständiger und fortlaufend betriebener Kontrolle gehalten werden können. Gerade deshalb läßt sich allein unter sozialistischen und kommunistischen Bedingungen in der Entwicklung der Wissenschaften ein uneingeschränkter Nutzen für die Gesellschaft verwirklichen. Da die Naturwissenschaften einschließlich ihrer technisch-praktischen Ausnutzung eine gesellschaftliche Erscheinung darstellen, hängt es nicht nur von der Gesellschaft ab, wie sie sich entfalten, sondern außerdem, wie und zu welchen Zwecken sie Anwendung finden. Die ideologischen Klassenauseinandersetzungen betreffen gerade diesen Problemkreis. Entwicklung in der Natur und in der Gesellschaft wird von unterschiedlichen Sachverhalten gesteuert. Natürliche und gesellschaftliche Entwicklung gehen nicht synchron, parallel nebeneinander her. MARX entdeckte die in der Gesellschaft wirkenden Ursachen in der Dialektik von Produktivkräften und Produktionsverhältnissen sowie den damit gegebenen Klassenauseinandersetzungen. Versuchen also etwa GRÜSSER und HENN von den genetisch bedingten Befunden der modernen Gehirnforschung und Verhaltensbiologie her 'sachgerechte Hypothesen und Ansätze zu einer naturwissenschaftlich begründbaren Interpretation des Menschen und der menschlichen Gesellschaft' (GRÜSSER, HENN) zu geben, dann sind sie bemüht, den naturwissenschaftlichen Sachverhalt in bezug auf den Menschen über die gesellschaftlichen Implikationen zu stellen. Die beiden Autoren berufen sich auf ERNST MACH, ohne übrigens damit idealistischen Sensualismus oder subjektiven Idealismus zu verbinden. Ihr Machismus ist die Bezeichnung für eine typische Erscheinung imperialistischer Ideologie, die eine Trennung von Natur und Gesellschaft oder die Subsumtion der Gesellschaft unter die Natur dazu benutzt, um den Einfluß der Gesellschaftsordnung auf die Art und Weise der Ausnutzung von Natur und Naturerkenntnis als gegenstandslos erscheinen zu lassen. Für GRÜSSER und HENN erscheinen das bisherige Selbstverständnis des Menschen wie bisherige erkenntnistheoretische Begriffsbildung als wirklichkeitsfremde Spekulation, die nach dem Fachgebiet beider Theoretiker durch Erkenntnisse der modernen Hirnforschung ersetzt werden sollte. Sie seien geeignet, so GRÜSSER und HENN, eine beliebige hierarchische Stufung eines gesellschaftlich existierenden Lebewesen als abhängig von der natürlichen Struktur des Gehirns nahezulegen und eindeutige Grenzen für die erkenntnistheoretische Begriffsbildung zu setzen. Die genetisch fixierte Struktur der angeborenen neuronalen Matrix und ihre Möglichkeiten sind als Erkenntnisschranke dargestellt, wie das gesellschaftliche Verhalten als von ihnen abhängig aufgefaßt ist. Die damit vertretene Lehre von den 'Abbildungsprozessen' faßt die Schranke als konstant auf, soweit sie physiologischen Gründen zugeschrieben ist, erweitert sie aber noch. Die wachsende Zahl der Abbildungsprozesse, die von Umweltreizen ausgelöst werden und die neuronalen Erregungsmuster durchlaufen, gelten als Ursprung wirklichkeitsfremder Ideologien. Gesellschaft ist auf Natur reduziert. Übersehen ist vollständig, daß die gesellschaftliche Erkenntnis des Menschen sich auf einer relativ konstanten biologischen Grundlage entfalten konnte, die sich demnach offensichtlich nicht als Schranke erwiesen hat. Arbeit und steigende Arbeitsproduktivität entwickelte den Menschen, die Fähigkeit zu denken, die Klassen und die Gesellschaftsformationen. Sie bleiben entscheidend für die Anwendung und Entfaltung von Wissenschaft und Technik. Der in der Mikrobengenetik gewonnene Einblick in den biologischen Mechanismus eröffnet positive und negative Möglichkeiten. Für ihre Ausschöpfung zum Guten und Bösen ist indes nicht, wie GRÜSSER und HENN meinen, die genetische Präformation maßgebend, sondern die Absichten der jeweils herrschenden Klasse und ihre Interessen. Die genannten Autoren halten wie zu Zeiten des Rassismus und ALDOUS HUXLEYs 'Brave New World' die Stufung der menschlichen Gesellschaft in 'Alphatiere' und 'Omegatiere' für erblich bedingt oder das Produkt einer physischen Manipulation des Gehirns, wobei wenig ausmacht, ob es sich um Affektionen handeln möge, die durch chemisches Substrat oder durch lokale Schädigungen der temporalen Gehirnrinde wie der tieferen Strukturen des limbischen Systems entstehen. Ob das Isolieren einzelner Gene dazu verwendet wird, aus Menschen Omegatiere zu machen oder sie zu therapeutischen Zwecken einzusetzen und jeden Mißbrauch zu verhindern, ist eine Frage der gesellschaftlichen Verantwortung. Sie auf die neuen Sachverhalte einzustellen und auf künftige Komplikationen vorzubereiten, ist eine der Zielsetzungen unserer Konferenz. Um zu erkennen, daß die menschlichen Gesellschaften nicht an die biologische Struktur, die der homo sapiens besitzt, ausgeliefert sind, bedurfte es keiner Veränderung des genetischen Substrates. Die sozialistische Gesellschaft verändert die sozialökonomischen Strukturen, weil sie als grundlegend für solche Verhaltensweisen erkannt sind, die die gesellschaftliche Entwicklung fördern oder beeinträchtigen. Die persönliche Verantwortung des Wissenschaftlers ist damit nicht aufgehoben. Bloße Beschränkung auf das einzelwissenschaftliche Fachgebiet erweist sich als nicht mehr ausreichend, um sich in den von naturwissenschaftlichen Entdeckungen ausgelösten Folgerungen zurechtzufinden. Dazu gehört ein Verständnis der Klassenauseinandersetzungen, der Entwicklungsgesetze der Gesellschaft und unbegrenzte Freiheit von Kulturpessimismus.

LITERATUR

GRÜSSER, O.J. und V. HENN, Erkenntnistheoretische und anthropologische Aspekte der modernen Hirnforschung, in: Wohin führt die Biologie? Ed. M. LOHMANN, München 1970

TEILNEHMER

ABEL, HELMUT, Dr. rer.nat., Forschungszentrum für Molekularbiologie und Medizin der Deutschen Akademie der Wissenschaften zu Berlin, Berlin-Buch

BACH, HERBERT, Dr. rer.nat.habil., Institut für Anthropologie der Friedrich-Schiller-Universität Jena

BELLMANN, KLAUS, Dr. rer.nat.habil., Zentralinstitut für Kybernetik und Informationsprozesse der Deutschen Akademie der Wissenschaften zu Berlin, Berlin-Adlershof

BENDMANN, ARNO, Dr.phil., Zentralinstitut für Philosophie der Deutschen Akademie der Wissenschaften zu Berlin

FIERMENT, GEROLD, Dr.rer.nat., Deutsche Akademie für ärztliche Fortbildung, Berlin-Lichtenberg

FREYE, HANS-ALBRECHT, Prof.Dr.rer.nat.habil., Biologisches Institut des Bereichs Medizin der Martin-Luther-Universität Halle-Wittenberg

FUCHS-KITTOWSKI, KLAUS, Dr. phil.habil., Sektion Wissenschaftstheorie und Wissenschaftsorganisation der Humboldt-Universität Berlin

GEISSLER, ERHARD, Prof.Dr.rer.nat.habil., Sektion Biologie, Forschungsgruppe Mikrobengenetik der Universität Rostock[1)]

GRUNOW, RAINER, Dr.rer.nat., Forschungszentrum für Molekularbiologie und Medizin der Deutschen Akademie der Wissenschaften zu Berlin, Berlin-Buch

GÜNTHER, ELISABETH, Prof.Dr.rer.nat.habil., Sektion Biowissenschaften der Ernst-Moritz-Arndt-Universität Greifswald

HAGEMANN, RUDOLF, Prof.Dr.rer.nat.habil., Sektion Biowissenschaften der Martin-Luther-Universität Halle-Wittenberg

HAUSER, OSKAR, Prof.Dr.rer.nat.habil., Sektion Physik der Humboldt-Universität zu Berlin

KRUMPEL, HEINZ, Dr.phil.habil., Sektion Marxistisch-Leninistische Philosophie der Humboldt-Universität zu Berlin

LEY, HERMANN, Prof.Dr.phil.sc., Sektion Marxistisch-Leninistische Philosophie der Humboldt-Universität zu Berlin

LOHS, KARLHEINZ, Prof.Dr.rer.nat.habil., Forschungsstelle für chemische Toxikologie der Deutschen Akademie der Wissenschaften zu Berlin, Leipzig

NÜRNBERG, URSULA, Prof.Dr.rer.nat.habil., Sektion Biologie der Humboldt-Universität zu Berlin

PAWELZIG, GERD, Dr.phil., Sektion Marxistisch-Leninistische Philosophie der Humboldt-Universität zu Berlin

PETRAS, EHRENFRIED, Forschungszentrum für Molekularbiologie und Medizin der Deutschen Akademie der Wissenschaften zu Berlin, Berlin-Friedrichsfelde

ROSENTHAL, HANS-ALFRED, Dr.rer.nat., Institut für Virologie des Bereichs Medizin der Humboldt-Universität zu Berlin

SCHEEL, HELMUT, Dr.rer.nat., Sektion Chemie/Biologie der Pädagogischen Hochschule Potsdam

SCHERNECK, SIEGFRIED, Dr.rer.nat., Sektion Biologie, Forschungsgruppe Mikrobengenetik der Universität Rostock[1)]

SCHLECHTE, HORST, Dr.rer.nat., Sektion Biologie, Forschungsgruppe Mikrobengenetik der Universität Rostock[1)]

SEGAL, JAKOB, Prof.Dr.rer.nat.habil., Sektion Biologie der Humboldt-Universität zu Berlin

STEENBECK, MAX, Prof.Dr.phil.Dr.rer.nat.h.c., Vorsitzender des Forschungsrates der DDR, Berlin

STUBBE, HANS, Prof.Dr.agr., Dr.agr.h.c., Dr.sc.h.c., Zentralinstitut für Genetik und Kulturpflanzenforschung der Deutschen Akademie der Wissenschaften zu Berlin, Gatersleben

THEILE, MICHAEL, Dr.rer.nat., Sektion Biologie, Forschungsgruppe Mikrobengenetik der Universität Rostock[1)]

THOMAS, EBERHARD, Dr.phil., Zentralinstitut für Philosophie der Deutschen Akademie der Wissenschaften zu Berlin

UHLMANN, ARMIN, Prof.Dr.rer.nat.habil., Sektion Physik der Karl-Marx-Universität, Leipzig

VOGEL, HEINRICH, Dr.phil.habil., Sektion Marxismus-Leninismus der Universität Rostock

WÄCHTER, WOLFGANG, Dr.phil., Zentralinstitut für Philosophie der Deutschen Akademie der Wissenschaften zu Berlin

WEIZSÄCKER, ERNST von, Dr.rer.nat., Forschungsstätte der Evangelischen Studiengemeinschaft, Heidelberg

WERNECKE, ALEXANDER, Dr.phil., Ministerium für Volksbildung, Berlin

---

1) Neue Anschrift:

Forschungszentrum für Molekularbiologie und Medizin der Deutschen Akademie der Wissenschaften zu Berlin, Berlin-Buch

FSC
www.fsc.org
MIX
Papier | Fördert gute Waldnutzung
FSC® C083411

Kolibri 360 GmbH
Ferdinand-Jühlke-Straße 7
99095 Erfurt, Deutschland
produktsicherheit@kolibri360.de